Research on Sustainable
Development of New R&D Institutions

新型研发机构
可持续发展研究

毛义华 胡雨晨 等 著

科学出版社
北京

内 容 简 介

随着新一轮科技革命和产业变革的兴起，国际力量对比不断调整。自创新驱动发展战略提出以来，我国在变革的浪潮中不断谋求进步，通过各类创新机构、组织、联盟和联合体孕育新质生产力。本书围绕既是高校又不完全像高校、既是科研机构又不完全像科研院所、既是事业单位又不完全像事业单位、既是企业又不完全像企业的新型研发机构，深入阐述了国内外新型研发机构的功能、特征与发展变化，剖析了我国新型研发机构网络化协同发展的变化机制和驱动因素，凝练出提升新型研发机构创新绩效的关键因素和运作机理，并展望了新型研发机构未来的发展方向。

本书可为相关领域战略与管理专家、科技工作者、企业研发人员及高校师生提供研究指引，为科研管理部门提供决策参考，也是社会公众了解新型研发机构发展现状及趋势的重要读本。

图书在版编目（CIP）数据

新型研发机构可持续发展研究 / 毛义华等著. -- 北京：科学出版社，2025. 1.
ISBN 978-7-03-080029-9

Ⅰ . G322.2

中国国家版本馆 CIP 数据核字第 2024H37H96 号

责任编辑：朱萍萍　姚培培 / 责任校对：韩　杨
责任印制：师艳茹 / 封面设计：有道文化

科学出版社 出版
北京东黄城根北街 16 号
邮政编码：100717
http:// www.sciencep.com

北京九州迅驰传媒文化有限公司印刷
科学出版社发行　各地新华书店经销

*

2025 年 1 月第 一 版　开本：720×1000　1/16
2025 年 6 月第二次印刷　印张：19 3/4
字数：302 000

定价：148. 00 元
（如有印装质量问题，我社负责调换）

序　言

很高兴受到毛义华教授的邀请为其新作《新型研发机构可持续发展研究》题序。我与毛义华教授一同拜在许庆瑞院士门下，既是同门又是挚友。在攻读博士学位期间，我们就在许院士的指导下开始了对技术创新领域的探索。20多年来，我们一直在技术创新领域进行交流与合作，并取得了许多有价值的研究成果。本书集结了毛义华教授及其团队多年的辛勤工作成果，字字珠玑，为中国新型研发机构的发展指明了方向。

新型研发机构作为中国科技创新道路上的新兴组织形态，在推动科技成果转化、促进科技研发和产业之间的融合等方面发挥着重要的支撑作用。作为城市创新体系的新兴力量，新型研发机构通过新的组建模式高效整合各类资源；以新的运作机制激发科研院所的创新活力；以新的合作模式突破组织边界形成协同创新动力，承担着解决城市技术创新瓶颈、促进创新主体产学研协同等重要任务，为城市科技与经济的融合提供了更多的可行路径。然而，当前我国的新型研发机构发展仍面临诸多问题，急需一部深入、全面讨论新型研发机构运行机理的科学著作。

毛义华教授的新作是一部针对新型研发机构领域进行深入研究和分析的专著，详细阐述了我国新型研发机构的产生背景、概念特征、主要功能、运行机理及其在国际范围内的发展与运作情况，为读者提供了全面、深入了解新型研发机构的参考依据。本书聚焦于新型研发机构的建设和发展路径，内容丰富且充实。首先，书中介绍了新型研发机构概念及在美国和德国的发展与运作情况，从全球视角呈现了新型研发机构发展的现状和趋势；接着，从建设现状角度剖析了其在发展中面临的问题和挑战；随后，从影响因素、"双创"①机制、创新绩效、科技成果转化、绩效评价等角度探讨了新型研发机构的运行机理；最后，深入挖掘了新型研发机构的可持续发展路径，并提出了其与科技园区、创新联合体、区域创新中心的交互效果。全书既准确把握了新型研发机构建设的重点，又全面概括了新型研发机构发展的要点。

除了内容翔实外，本书还利用定量和定性相结合的研究方法，既展示了目前国内建设发展新型研发机构的实践经验，也在新型研发机构研究领域构建了一套较系统的理论体系。与当前市场上专注于理论分析与模型构建的著作不同，作为浙江大学滨海产业技术研究院（简称浙大滨海院）的常务副院长，毛义华教授及其团队依托浙大滨海院的有利条件，将理论与实践相结合、研究与实际相结合、创新与产业相结合，深入浅出地对新型研发机构及其相关上下游单位的建设和发展进行了更为深刻的讨论。对于技术创新领域的学者及对创新领域感兴趣、想要了解新型研发机构运行机理的企事业单位工作人员来说，本书具有很强的学习意义。

对于新型研发机构的建设发展的观念，我与毛教授不谋而合。新型研发机构所推动的跨学科和跨领域合作、关注的开放性和合作性合作关系、强调的市场和应用导向，以及致力于打造的创新生态环境，对我国培育创新企业和创新文化、促进政产学研融合、提升科技创新效率和质量及增强创新实力具有重要意义。

在这个充满机遇和挑战的时代，新型研发机构的发展与运作是推动科技创新和经济发展的关键环节。本书对学者深入了解新型研发机构的组织特征和发展趋势具有重要的理论和实践价值。我衷心推荐本书，相信它的深入洞见能为读者带来启发，为新型研发机构的建设和创新发展提供有力的支持。

清华大学经济管理学院教授
中国科学学与科技政策研究会副理事长

2024 年 9 月

---

① "双创"即大众创业、万众创新。

前　言

当前，世界百年未有之大变局加速演进，新一轮科技革命和产业变革深入发展，国际力量对比深刻调整，我国发展面临新的战略机遇。为健全新型举国体制、强化国家战略科技力量、优化配置创新资源、提升创新体系整体效能、解决科技经济"两张皮"现象，近年来国家密集出台一系列与新型研发机构相关的政策措施，旨在通过运营机制市场化、投资主体多元化、组建模式多样化的创新组织模式，打破科研体制约束，整合创新产品链条，推动科学、技术和市场的深度融合。

1996年12月，我国第一个新型研发机构——深圳清华大学研究院（简称深清院）正式成立。不同于传统的以学术研究和人才培养为主的研究机构，深清院独自建立理事会，在理事会的带领下进行判断决策，并且将责任院长化，以独特的企业化方式来运营科研机构，成为后来新型研发机构核心的制度设计和发展模式的范本。本书从20世纪80年代出发，全面介绍新型研发机构产生的背景及其如何从最初的工业技术研究院演化发展为如今的新型研发机构，以及伴随着概念演变的政策发展历程。基于此，第一章从新型研发机构的特征、功能和意义等几个方面，带读者全面了解这一概念背后所蕴含的战略价值。

以美国和德国为代表的发达国家，其科技体制和科研机构的建设与发展历史源远流长，有必要研究学习其成功经验，为我国新型研发机构的建设提供宝贵的参考。美国和德国的科技与创新成果显著，二者在产学研合作和研究机构的建设上有鲜明的不同之处，表现为美国多元化的资助体系及各有侧重的科研机构和德国以四大科研机构为代表的联盟式建设。因此，本书的第二、第三章分别从美国和德国科技发展的历史、现状及其非高校科研机构的运行机制和保障机制等几个方面，介绍西方发达国家在促进科技和经济相结合的过程中所塑造的独特优势。

本书第四章起的所述内容则全部围绕我国的新型研发机构展开。读者可以从中了解到，截至 2022 年 7 月，全国通过政府认定的新型研发机构已经达到 2056 家（不完全统计），机构建设发展势头迅猛，但在这强劲势头下，伴随的是机构建设发展中的各类阻碍，第四章对此进行了详细的分析。第五章系统地归纳了新型研发机构发展的影响因素、创新创业的差异化运作机制及其内部创新氛围和知识管理的重要意义。第六章则重点关注新型研发机构的科技成果转化情况，并以天津市为例，利用社会网络分析方法研究机构创新合作及其科技成果转化的成效。总的来说，目前新型研发机构的运营和管理大多处于摸索阶段，建设成效还不明显。如何进一步促进新型研发机构发挥应有功能，实现自立行走的良性运行机制，网络化协同发展已逐渐成为其内在需求。因此，第七章分别基于动态演化的视角构建网络化协同发展的系统模型，探讨网络化协同演化过程，研究新型研发机构网络发展的协同演化机制和驱动因素，实证分析网络协同对新型研发机构绩效的作用机理。在全盘了解新型研发机构的内部运行和外部合作机制后，基于区域这一宏观视角，第八章试图建立新型研发机构的区域价值评价模型并进行评价，通过创新价值测量，并对新型研发机构进行实证验证，解析基于新型研发机构网络协同发展提升区域创新发展的成效。

20 世纪 90 年代至今，新型研发机构的建设与发展已经有三十余年，许多机构对政府的依赖程度较高，自我造血能力不足，可持续发展问题突出。从区域层面来说，新型研发机构的大规模建设对创新生态的建设和发展具有战略性意义，但生态中的种群和群落的形成需要更高层面的协同，故第九章从创新联合体、区域创新中心和科技园区三个可比拟群落的概念，探讨新型研发机构与这三个概念之间的交相融合与演化发展，旨在为机构的可持续发展提供更多的思路与对策。

　　山不辞土，故能成其高；海不辞水，故能成其深。本书内容的背后是一个团队十年的积累与坚持。作为浙大滨海院的常务副院长，毛义华教授二十多年来矢志创新，在院内成立了技术创新管理研究团队，以浙大滨海院的建设为起点，依托国家自然科学基金委员会、天津市科学技术局、天津市科学技术协会、天津市滨海新区科学技术协会等多个部门的力量，带领三位博士后、一位博士、三位硕士，长期扎根于新型研发机构的建设实践。在近十年的时间里，毛义华教授团队通过对新型研发机构进行实地调研、经验总结、学术交流，在实践中反思，在探索中求知，总结出新型研发机构产业化平台建设、区域化价值、成果转化机制、创新绩效评价等层面的共性问题和对策，为新型研发机构的可持续发展提供长期支持。本书旨在将团队的知识和经验分享给读者，帮助读者更好地理解和应用相关的理论，并为新型研发机构的发展做出更大的贡献。

　　本书第一章由毛义华（浙江大学、浙大滨海院）和水悦瑶（浙江大学）撰写，第二、第三章由胡雨晨（无锡学院）撰写，第四章由毛义华、水悦瑶和胡雨晨撰写，第五章由毛义华、曹家栋、康晓婷、水悦瑶撰写，第六章由方燕翎、胡雨晨和李新宇撰写，第七章由毛义华、方燕翎和曹家栋撰写，第八章由毛义华、李书明、胡雨晨和水悦瑶撰写，第九章由毛义华和胡雨晨撰写，全书由毛义华教授统一审阅、定稿。此外，限于学识、能力、认识，本书中所载内容和观点难免具有一定的局限性。在此，笔者先就书中的未尽之事致歉，欢迎各位学者、行业专家、读者不吝赐教指正，也由衷感谢前人给予我们的真知灼见和经验传授。

　　本书在编辑出版过程中，科学出版社责任编辑朱萍萍付出了辛勤的汗水，在此表示衷心的感谢！本书也获得浙大滨海院的资金资助，对此表示感谢！

毛义华　胡雨晨

2023 年 10 月

目　　录

第一章　新型研发机构产生的背景和概念特征

第一节　新型研发机构产生的背景

一、国家科技体制改革推动研究机构改制

（一）我国科技体制改革的几个阶段

科技与产业脱节问题长期制约着我国的发展进程。为了满足社会日益活跃的科技创新需求，实现"经济建设必须依靠科学技术，科学技术工作必须面向经济建设"的经济、科技并行的发展格局，自 20 世纪 80 年代以来，我国开始对科技体制进行持续性的、阶段性的改革，逐渐转变政府按照发展计划直接管控人力、经费、物资等创新资源的状况，激发科技创新的活力。我国科技体制的改革大致经历了如下几个阶段。

1. 第一阶段（1985～1992 年）

1985 年，中共中央发布《中共中央关于科学技术体制改革的决定》，全面启动了科技体制改革。该阶段以改革研究机构的拨款制度、开拓技术市场为突破口。系列举措旨在引导科技界投入经济建设主战场。此后，《中华人民共和国技术合同法》《国务院关于进一步推进科技体制改革的若干规定》等法律、法规又相继出台（科技部，1996）。

2. 第二阶段（1993～1998 年）

1995 年，中共中央、国务院发布《中共中央、国务院关于加速科学技术进步的决定》，确立了科教兴国，提出"稳住一头，放开一片"的改革方针，

改革的重点是调整结构，转变机制，分流人才。在一些产业部门、中国科学院和教育部开展了试点工作，重点探索调整组织结构和专业结构，推进大部分力量进入经济建设主战场（新华社，2009）。1996年，《中华人民共和国促进科技成果转化法》颁布了对科技人员转化成果予以奖励的规定（科技部，2002），进一步激发了科技人员创新创业的积极性。

3. 第三阶段（1999～2005年）

1999年中共中央、国务院发布的《中共中央、国务院关于加强技术创新、发展高科技、实现产业化的决定》提出了加强国家创新体系建设、深化体制改革，促进技术创新和高新科技成果商品化、产业化。政策供给集中在促进科研机构转制、调整科研机构布局结构、提高企业和产业创新能力等方面，并大力鼓励企业开展产学研合作。

4. 第四阶段（2006～2011年）

《国家中长期科学和技术发展规划纲要（2006—2020年）》提出，我国现行科技体制与社会主义市场经济体制及经济、科技大发展的要求还存在诸多不相适应之处，当前与今后时期，科技体制改革的重点任务是：一是支持鼓励企业成为技术创新主体；二是深化科研机构改革，建立现代科研院所制度；三是推进科技管理体制改革；四是全面推进中国特色国家创新体系建设（中华人民共和国国务院，2006）。

5. 第五阶段（2012年至今）

2012年，中国共产党第十八次全国代表大会上的报告提出实施创新驱动发展战略，指出"深化科技体制改革，推动科技和经济紧密结合，加快建设国家创新体系，着力构建以企业为主体、市场为导向、产学研相结合的技术创新体系"（人民日报，2012）。2013年11月，中共十八届三中全会通过《中共中央关于全面深化改革若干重大问题的决定》，强调深化科技体制改革，提出建立健全鼓励原始创新、集成创新、引进消化吸收再创新的体制机制，健全技术创新市场导向机制，发挥市场对技术研发方向、路线选择、要素价格、各类创新要素配置的导向作用。建立产学研协同创新机制，强化企业在技术创新中的主体地位，发挥大型企业创新骨干作用，激发中小企业创新活力，推进应用型技术研发机构市场化、企业化改革，建设国家创新体系。之后，国家又从市场导向、科研体系建设、区域创新布局、高水平人才队伍建设等多个方面推动创新体系建设。

（二）我国科研机构在各个科技体制改革阶段的变革

科研机构作为国家创新体系中的重要组成部分，是国家创新的重要载体，是产业发展的创新驱动力，是产学研合作开展的重要渠道。在实施科技体制改革之前，由于我国主要实行计划经济体制下的科技体制，故在公有制的基础上，科研机构多为国有制，政府是科研机构开展研究与开发（research and development，R&D）活动的主要支持者，在政府组织科技计划之下，科研机构也多被困在体制机制之中，对创新资源的调配能力有限，与实际生产应用之间的信息交互渠道闭塞，导致科技研究成果多停留在理论层面，无法对经济发展提供实质性的推动作用。如何改革科研机构，使其能够汇聚更多的创新资源，增强对企业的科技服务能力，满足产业发展的技术需求，助力区域经济发展目标的实现，是我国在长期的科技体制改革中不断尝试和调整的重点之一。国家科技体制改革的不断深化，持续推动着我国科研机构的组织性质、发展目标、体制机制的变革。

1. 科技体制改革的第一阶段

国务院各部门实行政研职责分离，下放科研机构的管理权限，由从前的以直接控制为主转变为间接管理，扩大研究机构的自主权，同时提出鼓励研究、教育、设计机构开展与生产单位的联合。技术开发型科研机构进入企业等系列强化企业的技术吸收与开发能力的措施，引导科研机构与企业生产紧密结合。此外，为更好地解决科技与生产的"断层"问题，加快科技产业化，我国开始组建以高校、科研院所为依托单位的工程研究中心（Engineering Research Center，ERC）。ERC 在我国的发展非常迅速，短期内取得了较大的成就。但由于与依托单位、企业、政府关系不清，过度依赖依托单位，与企业的接触过浅，政府引导作用弱，资金基本来源于政府提供的初始资金，运行机制不健全等种种原因，ERC 最终未在我国得到长期的发展。

2. 科技体制改革的第二阶段

以邓小平同志南方谈话为标志，按照"稳住一头、放开一片"的整体要求，国家一方面对研究机构进行分类定位，优化基础性科研机构的结构和布局；另一方面，放宽对各类直接为经济建设和社会发展服务的研究开发机构的管控，由机构自主进行科研成果的商品化、产业化活动。在研发机构建设层面，国家出台了各类政策来改制既有的科研机构：一是鼓励各类科研机构实行"技工贸一体化经营"或与企业合作开展开发生产和经营活动，鼓励科研机构实行企业化管理，参照企业财务的有关规定独立核算，逐步做到收支平衡、经济自立、自负盈亏；二是赋予有条件的科研机构国有资产经营权，支持其投资创办科技企业，兼并企业或在企业中投资入股（技术入股），依法享有投资收益；三是支持有条件的科研机构以多种形式进入大中型企业或集团；四是推动社会公益科技机构成为新型法人实体，这类机构主要依靠国家政策性投入、社会支持和自身的科技业务创收运行，建立自我积累、自我运作、自我发展的机制，面向社会开展不以营利为直接目的的服务和经营活动。从顶层设计上看，科研机构已逐渐摆脱了原有的体制机制束缚，逐渐拥有机构发展的自主经营权，但是从实际成效上看，由于社会环境、发展条件等现实因素，科研机构进入企业、科研机构转制企业、构建新型法人机构等几类发展模式的发展都未满足社会经济发展的需求，进程缓慢，成效不及预期。

3. 科技体制改革的第三阶段

总结过去对科研机构改革的经验，1998 年以来，国家主要破解科研机构管理体制的困境，以科研机构的企业化转制、公益类科研机构向非营利机构转制为代表的科研机构管理体制改革举措相继出台，以推动科研机构贴近市场需求，发挥创新能力，增强创新效益。但科研机构向企业化转制同时也暴露出了较多潜在的问题，如科研机构企业化转制后，机构的发展由以长期的科学研究为主转向以短期的产业化目标为主，原科研体系结构的平衡被打破，导致机构对产业竞争技术和共性技术的开发能力下降，吸纳高层次研发人才和集聚创新资源的功能被削弱。科研机构的企业化改制是我国进入新的发展阶段以来，为适应新的社会经济环境，探索新形势下知识创新、技术创新和管理创新所开发的新机制，符合国家科技体制不断适配我国经济发展的整体趋势。

4. 科技体制改革的第四阶段

随着企业逐渐成为技术创新主体，科技与经济的联系更为紧密。科研机构在国家创新体系中更多地承担起科技成果转移和转化的新功能，以高校科技园、高校创业园、技术转移中心、工程研究中心、国家重大工程实验室等为代表的科研机构相继建立，以促进科技创新成果向产业化转移。在该阶段，现代化科研机构制度强调科技成果转化、工业技术开发，强调创新主体融合对国家创新的凝聚效果。同时，随着三螺旋理论、产学研合作等概念的兴起，构建起能够有效整合高校、企业、政府等创新主体创新资源的科研机构，依托科研机构形成一个完整的科技成果转化机制是该阶段的发展重点。受我国台湾工业技术研究院、德国弗朗霍夫协会等国内外科研机构的影响，我国开始效仿类似研发机构的组织构建、发展模式，逐渐形成了产学研融合的早期工业技术研究院、产业技术研究院等。

5. 科技体制改革第五阶段

在创新驱动发展战略、"双创"等政策的不断驱动下，我国科研机构进入新的协同发展阶段，新型研发机构不断兴起。现阶段，以企业为核心，高校、新型研发机构、政府等主体协同发展，成为我国的新兴创新模式。新型研发机构作为现代化科研院所的改革发展方向，融合了科技体制改革各阶段对科研机构改制的主要指导方针，既重视技术创新，特别是共性技术，又通过科技成果转移、企业孵化等模式实现科技成果商业化价值，融合了政产学研金的协同创新优势，形成了企业化管理、自主盈亏的现代化管理机制，在吸纳人才、产业进步、区域经济发展等层面发挥了重要作用，成为各地区域创新体系的重要组成力量。2014年1月，科学技术部（简称科技部）出台《中共科学技术部党组关于深入学习贯彻十八届三中全会精神　加快推进科技创新的意见》，首次提出"支持各类新型研发机构发展"。2018年《政府工作报告》第一次提到新型研发机构，文件指出"以企业为主体加强技术创新体系建设，涌现一批具有国际竞争力的创新型企业和新型研发机构"。2019年9月17日，科技部印发《关于促进新型研发机构发展的指导意见》，明确了新型研发机构的定义，它是"聚焦科技创新需求，主要从事科学研究、技术创新和研发服务，投资主体多元化、管理制度现代化、运行机制市场化、用人机制灵活的独立法人机构"（科技部，2019）。

我国科技体制改革和科研机构的发展息息相关，科技体制改革的启动、深化指导着科研机构的发展方向，同时各项科研机构政策的出台直接影响着科研机构的运营。科技体制改革始终强调科技与经济的融合，而科研机构的建设与发展则顺应科技体制改革的方向与国家社会发展的科技、经济需求。总体上来看，新型研发机构的产生与发展并非一次政策的偶然，而是随着工程研究中心、科研机构与企业融合、科研机构企业化转制、产学研协同发展等进程的不断推进而最终建设、产生的具有新的组织特征与新的运行机制的新型研发机构，是顺应国家创新浪潮，深入实施创新驱动与创新协同，提升创新效能，推动科技经济发展的必然结果。

二、生产动力转变的客观需求

改革开放以来，我国经济发挥了劳动力和资源环境的低成本优势，经过四十余年国民经济的快速发展，目前已经成为世界第二大经济体。但随着经济全球化时代的来临，我国在国际上的低成本优势逐渐消失，经济发展从快速增长期逐渐过渡到稳定增长期。尽管在目前全球贸易保护主义和单边主义盛行的形势之下，我国国内生产总值（gross domestic product，GDP）发展水平仍然呈现稳中求进的积极形势，但是随着国际竞争愈演愈烈，国际争端不断被挑起，国内生产成本持续攀升，这都对国内经济发展带来了一定压力。因此为了增强我国的综合实力、提升国际竞争优势、实现长期的可持续发展，寻求新的经济增长点十分必要。

20世纪以来，随着微电子、信息技术、新材料、新能源等现代高新技术产业的出现，经济结构、市场结构等都发生了深刻的变革。有学者研究发现，对于发达国家，20世纪初科学技术对经济增长的贡献率达5%~20%，80年代则上升至60%~80%（陈助君，1999），可见科学技术的进步对经济的增长贡献已经远远超出资本、劳动力两大传统生产要素，科学技术、知识是经济发展的新增长点。21世纪后，知识经济在全球范围内的发展，逐步推动科技、产业创新成为新经济下的竞争焦点。2020年以来，受到全球新冠疫情蔓延的影响，我国实体制造业发展受到严重打击，需要依赖新的高新技术产业拉动国家经济发展。科技型经济增长的基础是科技创新。我国科技创新事业的发展比发达国家的时间晚，虽然政府对科技创新重视程度较高，但对于科技、经济二者的关系，我国仍然处于探索阶段。回顾我国科技作为生产力的变革历史，大致可以总结为以下三个主要时期。

（1）科技生产力形成阶段。1949～1985年，新中国参考苏联的发展经验建立了科技体制，形成了计划经济体制下各个构成相对独立、封闭的垂直结构体系，而科技发展也顺应国情形成了独立的研发部门，依据国家要求开展计划内的科技研发工作。前期，国家经济的重心仍然停留在发展工业，国民经济水平的增长要依靠传统的资本投入和低廉的劳动成本，凭借着大规模机械生产发展装备制造业。1978年，中共中央召开全国科学大会，邓小平同志在大会上作出科学技术是生产力的重要论断，我国迎来"科学的春天"，把科技创新摆在了更加重要的位置，逐渐意识到科技创新与经济发展之间存在一种密不可分的关系（新华社，2016）。

（2）科技体制改革期。如前文所述，我国科技体制改革着眼于将科技体制向产业技术需求靠拢，解决科技与生产脱节、科技经济"两张皮"的问题，对原有的封闭、僵化的科研行政管理体制进行改革。自1985年开始实施科技体制改革以来，中共中央不断出台各类文件、政策，从宏观层面改变了我国科技体制的结构和发展方向，明确了推动科技进步对我国经济发展的重要作用，强调我国进行科技改革的重点在于促进科技与经济的结合，并努力放宽对科研院所的限制，鼓励企业设置研发部门。通过较长时间的努力，在工业时代的背景下，生产力也逐步向科学技术发生偏移，然而在科技体制改革的很长一个阶段里，科学技术尚未成为真正的生产力核心，仅在我国工业生产中起着辅助作用。

（3）创新驱动发展战略期。该阶段的特点在于进一步深化科技体制改革，将科技创新与经济发展牢牢锁在一起。自党的十八大提出实施创新驱动发展战略，强调科技创新是提高社会生产力和综合国力的战略支撑，必须摆在国家发展全局的核心位置（人民日报，2012）以来，科技创新从发展国民经济的辅助手段，转型为发展科技经济的重心。科技真正成了推动生产力发展、发展科技型经济的决定性因素。《中共中央 国务院关于深化科技体制改革加快国家创新体系建设的意见》提出"以促进科技与经济社会发展紧密结合为重点，进一步深化科技体制改革，着力解决制约科技创新的突出问题，充分发挥科技在转变经济发展方式和调整经济结构中的支撑引领作用，加快建设中国特色国家创新体系"，并强调"推动促进科技成果转化法修订工作"。后续相继修订和颁布《中华人民共和国促进科技成果转化法》《实施〈中华人民共和国促进科技成果转化法〉若干规定》《促进科技成果转移转化行动方案》等文件，也积极明确了国家科技创新战略体系顶层设计中科技成果产业化转化的重要性。当前阶段，在创新驱动发展战略的引导下，科技真正被摆在促进生产力发展的核心位置上，将科技型经济发展作为国家未来长期经济发展的重要驱动力，促进科技创新与经济产业的融合，对我国经济提升具有重要作用。

从国内发展形势来看，社会需求不断发生改变，国家综合实力不断增强……这些都促使我国摆脱以依赖廉价劳动力、资源过度使用、环境恶化为代价的传统的经济增长模式，向以科技创新为核心，以技术创新作为产业升级转型动力的科技型经济转变。"科学技术是第一生产力"既是我国经济发展的客观需求，也是国家发展的必然趋势。当前，我国正处于现代化建设的关键时期，如何围绕我国产业链布局创新链，实施创新驱动发展战略，深入开展铸链、强链、引链、补链工程，依靠新兴技术的产出解决当前所面临的困境，将科技创新转化为生产力，是值得深入思考的问题。从所面对的国际形势来看，2008 年世界金融危机后，全球对劳动密集型制造业产品的需求不断降低，同时欧美国家开始实施以制造业复兴为目标的"再工业化战略"，种种原因共同导致中国人口红利消失和要素成本大幅度飙升。在当前的全球创新链中，我国处于创新链的中下游，这也就意味着我国并未掌握核心技术，仅停留在为创新链上游国家提供零部件、代加工环节，这并不利于我国在国际竞争中的影响力的扩大。种种迹象表明，发展科技创新成为国民经济增长的新动力，我国必须依赖生产方式的转变推动国家的发展。

新型研发机构正是顺应生产力发生巨大变革的时代背景而产生的一类具有时代特征的组织机构，其以紧密的"政产学研"合作推动科技成果向生产力转变，发挥加速经济增长的推动引擎作用。当前国家创新体系已明确将企业作为技术创新的核心，为了辅助企业完成技术创新的目标，就需要依托新型研发机构的发展，引导科技资源和核心技术向企业流动，为企业提供科技服务，以取代以高额投资或资源损耗换来的发展，激发科技创新和人才优势，发挥科学技术的生产力作用。

三、区域知识型组织演化的政策导向性结果

观察我国产业链和创新链的布局可以发现，其存在显著的地理分割：我国大多数的公共研究机构和主要的高校（研究型）坐落于以北京、上海为代表的少量中心城市，相对而言，大量工业产业则分布在我国其他内陆城市。这种知识生产和产业发展剥离的地理分割导致科技和产业的发展出现割裂。为了化解这种因为地理原因而造成的科技发展与制造热点之间的隔阂，区域发展始终在寻求知识型组织为区域产业赋能，提供外源性技术创新动力，帮助企业解决技术的短板问题，实现产业的创新与发展。在区域产业发展的诉求下，地方政府积极探索，尝试出台各类政策，引导形成围绕企业技术创新服务的知识型组织，而新型研发机构正是区域关于知识型组织建设的系列政策举措中诞生的成效最显著的一类组织。

新型研发机构的发展并非一蹴而就的，深圳作为我国创新发展的代表性区域之一，最早提出并开始实践以新型研发机构作为区域知识型组织，进而带动区域的整体产业发展。最早的新型研发机构是 1996 年由深圳市人民政府和清华大学共建的深清院。将清华大学的研究成果带入深圳，深清院总结提出了著名的"四不像"创新机制：既是大学又不完全像大学，既是科研机构又不完全像科研院所，既是企业又不完全像企业，既是事业单位又不完全像事业单位（周丽，2016）。既要像大学一样坚持科技研究、培育人才，又不能进行完全的纯学术研究，要面向市场服务社会；既要像科研机构一样进行科技研究，承担研发科技项目，又要面向产业需求，连接科技研发和产业发展；既要以企业的模式发展运营，实现独立行走，自负盈亏，又要兼顾社会服务和公共研发的职能；虽可以以事业单位进行注册，但体制机制不能僵化。深清院作为首家新型研发机构奠定了新型研发机构发展的基本模式，同

时也为政府引导组建区域知识型组织提供了参考。

2014年，深圳市政府制定了《关于加强新型科研机构使用市科技研发资金人员相关经费管理的意见（试行）》，将"在深圳市合法注册登记，以承担科学研究、技术开发等公益社会服务为主要业务或职责的科技类民办非企业单位，或者除国家机关外的其他组织利用国有资产举办的，不实行编制或员额管理，不纳入财政预算管理的事业单位"纳入新型研发机构内涵，对区域内各行业的新型研发机构实行鼓励支持（深圳市财政委员会和深圳市科技创新委员会，2014）。深圳市政府的该政策引导组建不局限于机构性质的新型研发机构，拓宽了新型研发机构的范围，具有更丰富的内涵。

2015年，广东省正式发布《广东省人民政府关于加快科技创新的若干政策意见》、《关于支持新型研发机构发展的试行办法》（粤科产学研字〔2015〕69号）等政策文件，将新型研发机构的发展纳入省域政策层面，正式开展了省级层面新型研发机构认定管理，明确新型研发机构的内涵，同时将其纳入广东省区域创新体系，并将其作为加快创新驱动发展的重要力量。一批高校政府共建的新型研发机构获得认证。广州市政府发布《关于促进新型研发机构发展的指导意见》，东莞市出台《东莞市加快新型研发机构发展实施办法（修订）》（东莞市人民政府办公室，2017）等文件，积极推动新型研发机构的落地与发展。新型研发机构作为区域知识型组织，已基本具备了完整的形态，在推动区域产业发展层面发挥了重要作用。各级政府同时也积极落实对新型研发机构发展的鼓励和支持政策，引导组建新型研发机构。

2019年，科技部综合地方政府的发展经验，出台了《关于促进新型研发机构发展的指导意见》，明确新型研发机构为："聚焦科技创新需求，主要从事科学研究、技术创新和研发服务，投资主体多元化、管理制度现代化、运行机制市场化、用人机制灵活的独立法人机构，可依法注册为科技类民办非企业单位（社会服务机构）、事业单位和企业。"基本确定了新型研发机构的内涵和基本特征（科技部，2019）。在该政策的引导下，全国各省份兴起了建设、扶持、发展新型研发机构的热潮。通过发展新型研发机构，进一步优化区域科研力量布局，强化产业技术支撑及科技成果转化，加速科技创新和经济社会发展的相互融合。

纵观新型研发机构的政策发展，可以发现，新型研发机构的起源是区域政府对于知识型组织赋能产业发展的需求。政府需要知识型组织为区域产业创新提供新知识，以支撑产业突破技术瓶颈，实现产业升级，进而推动区域技术型经济的发展。新型研发机构就是具备以上特征的知识型组织之一，同时由于各地政府在建设新型研发机构的发展历程中，需要不断对其赋予新的定义和内涵，不断拓展其发展的边界，在各类政策的引导作用下，最终形成当前我们所熟知的新型研发机构。从政策的引导层面来看，新型研发机构具有其必然性：既要突破地域对于科技研究与产业发展布局的限制，吸引知识型组织落地，又要完成组织与区域经济的融合，拓展发展空间。可以认为，新型研发机构的发展是在区域政府导向性的驱动下，组建、发展、升级的一种具有区域特色的知识型组织。

第二节　新型研发机构的内涵与定义演化

新型研发机构的内涵与定义经历了二十余年的演化和更新过程。从相关理论研究的发展来看，研究学者基于不同的理论基础，对新型研发机构赋予了不同的理论内涵，使得机构内涵不断丰富；从相关扶持政策发展来看，政府也在对新型研发机构的概念界定中呈现逐步完善的趋势，最终正式定义了新型研发机构。相关理论及政策的发展历程都反映出新型研发机构这一概念为适配我国经济发展和产业转型升级而不断完善的过程。本节将按照时间的发展顺序对新型研发机构理论内涵和政策定义的演化过程进行详细梳理。

一、新型研发机构的理论内涵演化

新型研发机构这一概念在我国学术领域中也具有较长的研究历史。纵观相关领域的研究发展可以发现，以深清院的成立为起点，国内学者对以深清院为代表的一类科研院所的名称逐渐由"工业技术研究院"向"产业技术研究院"过渡，最终以"新型研发机构"正式定义了此类科研院所。因此，我们将新型研发机构理论内涵的演化过程大致划分为从工业技术研究院到产业技术研究院，再到新型研发机构三个阶段，通过对称谓内涵变化的解读，结合相关理论基础，接下来对新型研发机构理论内涵的演化进行分析。

（一）工业技术研究院阶段

工业技术研究院一词最早来源于台湾工业技术研究院（简称台湾工研院）（吴金希和李宪振，2013）。当我国科技体制改革进入第三阶段，逐渐开始强调科技成果产业化及产学研合作，台湾工研院带动台湾地区快速发展的经验逐渐被大陆地区所接受。为了探索台湾工研院的成功发展经验，挖掘可供大陆科研院所改制参考的有效经验，学术领域涌现出一批围绕以台湾工研院为代表的科研院所进行案例分析的理论研究，奠定了我国早期工业技术研究院的基本形态。

成立于1973年的台湾工研院，是政府引导和资助的科技组织产物，主要开展前瞻性、通用性技术研发，进而转移给产业界，以解决省内产业以中小型为主、研发资源受限、创新能力不足的问题，推动产业发展。台湾工研院为台湾地区的产业转型升级提供了技术和人才支持，也为其经济发展拓展了技术支持路径。台湾工研院的成功案例在早期的理论研究中被定义为：由政府设立的，面向经济主战场，具有弹性组织结构，独立运作、机制灵活、非营利、致力于科技服务的应用技术公共研究机构（贺威，2002；刘强，2003）。这种新型组织架构和运作模式为中国大陆地区组建类似的科研院所提供了重要的参考。2005年以来组建的包括苏南工业技术研究院、广州中国科学院工业技术研究院、西北工业技术研究院、陕西工业技术研究院等在内的科研院所均或多或少受到台湾工研院组织模式的影响。

在理论研究层面，除围绕台湾工研院进行案例分析和经验总结，也有大量学者结合区域实际发展状况和理论基础，提出了早期工业技术研究院的理论架构设想，形成了工业技术研究院在中国大陆地区发展的主要思路[①]。牛振喜等（2006）提出，工业技术研究院是由政府倡导推动，高校、企业发起，吸引社会各层面参与的，完全适应市场创新体制和运行机制的组织，具有公

---

① 后文所指工业技术研究院均为中国大陆地区建立的工业技术研究院。

益性、自主性、民间性、非营利性、开放性等特征。李红涛和郭鹏（2008）进一步将工业技术研究院看作产学研合作的新形态，在产学研合作的推动下，工业技术研究院将有效促进科技成果转化，并成为国家创新体系的重要组成部分。杨铭等（2009）将工业技术研究院定义为，在政府推动下，由高校主导，吸纳政府、高校和其他社会资源，整合人力、设备、信息资源，重点关注已有科研成果的应用和工程化，兼顾合作企业科技成果转化的专业集成研发机构。胡文国（2009）认为工业技术研究院是通过开展科技研发、技术转移、成果转化与企业孵化等科技业务，形成贯穿科技创新及技术应用整个过程的综合性科技业务体系，具有公共性、社会性、非营利性等性质的科研组织。简兆权和郑雪云（2011）提出工业技术研究院是设有多重产业技术领域的应用研究机构，致力于研究发展、产业服务等工作，配合政府推动产业科技政策，以培养产业科技实力的官产学研合作的实体机构。

在工业技术研究院阶段，对其概念的主要定义受到台湾工研院组织定义的深刻影响，具体表现在：第一，政府对组建工业技术研究院起到了推动作用，强调了政府参与工业技术研究院建设的重要性，工业技术研究院是落实政府推动区域创新发展政策的重要载体；第二，体制机制的灵活性、公共性、非营利性等特征也是台湾工研院和大陆工业技术研究院所具有的一些共性特征；第三，科技研发和科技服务仍然是工业技术研究院开展的主要工作，同时工业技术研究院开展科研工作的主要目的是以科技创新服务于区域产业的发展，提高产业生产能力。此外我们也关注到，与台湾工研院相比，工业技术研究院仍然以高校科技成果作为服务产业的技术来源，故技术成果的转化是工业技术研究院科技服务的主要途径，因此，工业技术研究院的组建也加强了政府、高校、产业等创新主体间的合作，对推动区域政产学研的融合具有重要意义。整体看来，我国工业技术研究院的概念发展具有深刻的划时代意义，但由于概念新颖、发展时间短，其定义上仍然和台湾工研院具有较多的相似之处，细节尚未明确，概念仍然较为模糊。

（二）产业技术研究院阶段

为了迎合国家创新体系深化改革的进程，加快科技与经济的融合，2012 年以来，产业技术研究院逐渐取代了工业技术研究院，成为指代此类机构的统称。关于产业技术研究院的定义，不同的学者从不同的角度和理论基础出发，提出了更丰富的定义及内涵。

（1）从产学研合作理论来看，季松磊等（2011）认为，产业技术研究院是产学研合作研发实体模式的发展，它是以市场为导向，以产业化为目标，致力于面向产业链应用科技的研究开发，推动产业升级，引领新兴产业发展的产学研合作科研研发机构。李培哲等（2014）认为，产业技术研究院是一种具有综合性、开放性、资源整合性的，更高级的科技产业化模式，可以较好地解决产业创新面临的问题，同时也是产学研合作的一种新形式。产学研理论的深入进一步演化出了协同创新理论。在协同创新理论多主体网络协同互动的创新模式引导下，产业技术研究院也逐渐被赋予多主体协同网络组织的概念。刘洪民（2013）将产业技术研究院看作是产业共性技术研发的有效组织创新模式，明显表现出产业公共技术服务和创新网络组织功能。李星洲等（2012）也将产业技术研究院定义为科技集成创新的大平台，形成了一个紧密联系的创新网络体系。整体上可以认为，产业技术研究院具备产学研合作的基本条件，成为产学研合作的实体组织，而当产学研深入开展，产业技术研究院也进一步衍生出主体之间联系更密切的产学研协同模式，产业技术研究院网络协同的创新组织模式成为机构的重要内涵。

（2）从所发挥的功能上来看，产业技术研究院表现出更强的针对性。张豪和丁云龙（2012）将产业技术研究院定义为一个以产业化、市场化、国际化为基础，实现高校行为扩张与发展的平台，是中试与产业化基地和技术孵化的平台，通过发挥中试作用，提高产业技术的成熟度、集成度和创新度，提高科技成果转化率，提升产业技术水平。吴金希和李宪振（2013）则将产业技术研究院定义为以研究开发适用的产业应用技术为主要目的而成立的研发组织，其主要职责在于将新科技成果转化成新产品、新工艺和新服务，为企业的竞争力服务。李福（2014）更明确地指出，产业技术研究院作为技术产业化的主要载体，是以产业共性技术和关键技术为研究对象，以推进先进技术的产业化和提升产业结构层级为目标的研发机构。产业技术研究院面向产业技术的创新，肩负共性技术开发的主要任务，从其定义上形成了更明确的技术发展目标。

（3）从参与组建的创新主体范围来看，由于主导机构单位性质、支持方式、后续科技研发等内涵上的差异，政府主导型产业技术研究院、高校主导型产业技术研究院、企业主导型产业技术研究院的定义呈分化发展的趋势。政府主导型产业技术研究院是政府根据区域产业发展规划，为吸引相关科技研发资源，进行产业共性技术研发而出资筹建并进行管理的研发组织（林志坚，2013）。高校主导型产业技术研究院是依托高校的科研、人才资源组建的产业技术研究院，主要通过联合推进共性关键技术研发、转移与推广技术等模式运作（叶明国等，2022）。企业主导型产业技术研究院是企业为弥补自身创新能力不足，主动寻求高校、科研院所等外部创新资源而组建的，具有明确市场方向的科研组织（李培哲等，2014）。基于主导主体差异而形成的产业技术研究院定义的分化，一方面进一步拓展了产业技术研究院组建的范围，不局限于政府和高校主导，企业实验室也是产业技术研究院的一种组建模式；另一方面也强调了在产业技术研究院的发展中，企业市场化（产业化）导向对研究院发展方向调整的重要引导意义。

整体上看，产业技术研究院的概念涵盖了工业技术研究院，并在此基础上进行了一定程度的拓展。从产学研合作上来看，工业技术研究院只是简单的多方创新主体的集合体，而产业技术研究院则表现出了创新主体的网络协同概念，进一步拓展了产学研合作深度；从功能上来看，工业技术研究院聚焦对某一技术的研发，而产业技术研究院则更强调产业整体及产业结构的变化，并非对工业技术进行纯粹的改进，除关注科技成果向产业的转移，还关注产业共性技术的开发环节，真正实现产业技术的提高；从参与主体上来看，工业技术研究院关注高校和政府，而产业技术研究院则在此基础上进一步关注不同创新主体之间的差异性，开始强调企业所发挥的创新能动性，拓宽了其概念的广度。综上所述，与工业技术研究院相比，产业技术研究院已形成了更具实操性、更具体、理论内涵更丰富的概念内涵，较为形象地刻画了适配我国产业技术发展的研究院基本形态。

（三）新型研发机构阶段

新型研发机构的概念最早在珠三角地区兴起，随着该概念的深入拓展，逐渐成为继工业技术研究院、产业技术研究院之后新兴科研院所的总称。从定义上来看，新型研发机构的发展获得了学界更广泛的认同，并被赋予了更深层次的理论内涵。为更直观展现新型研发机构的定义，对比其与工业技术研究院和产业技术研究院之间的差异，表1-1对三者之间的基本概念进行了简单的罗列。

表 1-1　新型研发机构的概念演化

概念	定义	来源	年份
工业技术研究院	工业技术研究院是由政府倡导推动，高校、企业发起，吸引社会各层面参与的，完全适应市场创新体制和运行机制的组织，具有公益性、自主性、民间性、非营利性、开放性等特征	《以工业技术研究院为中心的科技成果转化新机制研究》（牛振喜等，2006）	2006
产业技术研究院	产业技术研究院是产学研合作研发实体模式的发展，它是以市场为导向，以产业化为目标，致力于面向产业链应用科技的研究开发，推动产业升级，引领新兴产业发展的产学研合作科技研发机构	《产业技术研究院：一种新型的产学研合作组织模式》（季松磊等，2011）	2011
新型研发机构	新型研发机构是由社会力量或国内高校、科研院所联合社会力量所创办的，集科技创新与产业化于一体，市场化运作，运行机制灵活多样，重视成果转化和产业化的新型科研创新组织	《新型科研机构模型兼与巴斯德象限比较》（王勇和王蒲生，2014）	2014
	新型研发机构主要指从事科学技术的研究和开发，且重在将研究成果的应用、产业化和商业化作为目的，直接以衍生、创造新产业或新企业为导向的创业型科研机构	《基于创新价值链视角的新型科研机构研究：以华大基因为例》（苟尤钊和林菲，2015）	2015
	新型研发机构是融合科学研究与产业转化活动的，由一个或多个主体方投资，采取多样化组建模式和企业化机制运作，以技术创新和技术成果产业化为导向，从事区域大力发展的相关产业科技研发工作，致力于技术成果产业转化的组织	《巴斯德象限取向模型与新型研发机构功能定位》（吴卫和银路，2016）	2016
	新型研发机构是指主要从事研发及其相关活动，投资主体多元化，建设模式国际化，运行机制市场化，管理制度现代化，创新创业与孵化育成相结合，产学研紧密结合的独立法人组织	《广东省新型研发机构数据分析及其体系构建》（赵剑冬和戴青云，2017）	2017
	不同于传统研发机构，新型研发机构是指拥有先进研究创新平台、注重研究创新与产业孵化结合，组建模式新颖、成果转化形式多样化，能够引领区域创新体系建设、促进地区产业发展和转型升级的科研组织	《我国新型研发机构创新绩效影响因素实证研究：以广东省为例》（周恩德和刘国新，2018）	2018

续表

概念	定义	来源	年份
新型研发机构	新型研发机构是瞄准科技前沿，具有多元化的投资主体、灵活管理机制的独立法人组织，是以市场为导向，创新为动力，产业化发展和支撑引领新兴产业为目标，提出的一种以科学发现驱动技术发明，以技术发明来推动产业发展，用产业发展支持科学发现的新型研发模式	《不同信息条件下新型研发机构形成和作用机理研究：基于创新驱动发展的视角》（吴卫和陈雷霆，2018）	2018
	新型研发机构是在区域经济发展新阶段出现的一类吸引高层次创新创业人才、凝聚海内外优质创新资源，以市场为导向，开展高新技术的研发和产业化，支持区域产业结构转型发展的创新平台	《区域创新体系下新型研发机构发展模式：基于风险投资视角》（张凡，2018）	2018
	新型研发机构是由多个投资主体组建的，以市场为导向、体制新颖、机制灵活、高层次人才集聚，采用市场化运作，兼具科技创新与产业化，在前沿科技研发、产业共性关键技术、成果转化、企业孵化、公共服务和人才培养等某些方面发挥突出作用的独立法人科研组织	《新型科研机构的市场化机制研究：基于理论框架的构建》（何帅和陈良华，2018）	2018
	新型研发机构是适应经济和科技发展需要而产生的一类与传统研发机构不同的，采用市场化方式运营，专注于产业链条中产品研发和市场营销环节的研发组织，是国家社会主义市场经济下产生的"科研机构特区"	《高校型新型研发机构的运行机制研究——基于开放式创新的视角》（张玉磊等，2019）	2019
	新型研发机构是为了实现重大科技成果产业化而通过制度安排和治理模式的突破，形成以聚集人才为轴心，进而加强组织内个人及机构自身显性知识和隐性知识的创造与转化，促进产学研协同发展，以及科学发现、技术发明、产业发展功能协同，面向市场的微创新生态系统	《基于"一轴双核三螺旋"模型的新型研发机构运作机理及其治理策略》（黄广鹏等，2020）	2020

注：新型研发机构又称新型科研机构。

从对新型研发机构的定义上来看，新型研发机构秉承了工业技术研究院、产业技术研究院的基本概念和特征，同时也表现出了不同于二者的新的内涵。

（1）从机构科研成果的导向上来看，从工业技术研究院向产业技术研究院的转变已经表现出了由单一的工业技术研发向围绕产业升级转型而开展整体产业技术的研发，进入新型研发机构阶段则对技术的产业化和商业化形式有了更多样的实施路径。新型研发机构在科技创新、技术转移和技术成果的产业化外，还表现出了创新创业、企业孵化等新的技术成果导向模式，形成了集技术研发、技术转移、产业化应用、企业孵化于一体的科研组织新模式。

（2）从机构运作的体制机制上来看，不管是工业技术研究院、产业技术研究院还是新型研发机构，都表现出了创新体制机制的特征，始终强调体制机制的灵活性是新型研发机构的重要创新点，而新型研发机构则更具象地表达出了"以市场化、企业化模式"开展运营管理。

（3）从投资的主体构成上来看，从工业技术研究院到产业技术研究院再到新型研发机构，政府、高校、企业始终是组建这些机构的三大重要创新主体，政府引导、高校支持、企业创新的主要任务并未发生改变。依据主要投资主体的不同，新型研发机构可以分化为政府主导、高校主导和企业主导三种形式，同时其中出现了民办非企业等社会资本参与新型研发机构投资组建的新趋势，在一定程度上拓展了新型研发机构涵盖的机构范围，也致使投资主体多样性成为现阶段新型研发机构的主要特征之一。

（4）从机构功能定位上来看，新型研发机构、工业技术研究院和产业技术研究院均以科技服务经济发展、融合科技与经济为组建目标，在具体的实施过程中，工业技术研究院和产业技术研究院都更强调对产业共性技术、核心技术的开发，而新型研发机构不局限于研发产业共性技术，更倾向于嵌入区域创新体系中，作为一类创新平台支持产业的转型。

新型研发机构可以认为是涵盖了工业技术研究院、产业技术研究院等一类新型研发组织机构的总称。新型研发机构这一概念不但是对前期类似机构发展状况的总结，而且是立足于我国创新创业的高潮期，结合我国产业转型需求，实现科技型经济发展目标而逐步巩固发展完善起来的组织定义。新型研发机构是新兴科研组织演化至今的一种具有时代意义的产物，其理论概念的演化呈现出机构从单一的产业研发向多元化组织架构的过渡，以及机构功能与内涵的逐步扩张，不仅代表了我国科研组织在国家创新系统中不断发挥重要作用的变化趋势，同时反映了科技和市场的不断贴合，科技产业化、商业化手段的不断拓展，以及区域创新体系中创新主体的不断丰富。发展至今，新型研发机构已经在工业技术研究院和产业技术研究院的基础上，形成了服务于我国区域产业转型和经济发展、多元化的、新兴科研组织的具体形态。

二、新型研发机构的政策定义发展

前述章节已经展现出新型研发机构在我国较为完整的萌发、演变和发展过程。本部分将按照时间顺序，对 2015 年以来，国家及各省市出台的新型研发机构扶持政策中新型研发机构的政策定义演化进行简要梳理，见表 1-2。

表 1-2　国家及各省市出台的新型研发机构扶持政策

定义	来源
新型研发机构是指投资主体多元化，建设模式国际化，运行机制市场化，管理制度现代化，创新创业与孵化育成相结合，产学研紧密结合的独立法人组织。新型研发机构是广东省区域创新体系的重要组成部分，是加快创新驱动发展的重要生力军	《关于支持新型研发机构发展的试行办法》（粤科产学研字〔2015〕69 号）
新型研发机构是指在广州市辖区内以多种主体投资、多样化模式组建、市场需求为导向、企业化模式运作，充分运用国内外企业、高校、科研院所等在资金、技术、人才方面的优势，促进产业链、创新链、资金链衔接，主要从事科学研究、技术研发、成果转化等活动，具有职能定位综合化、研发模式集成化、运营模式柔性化等新特征，独立核算、自主经营、自负盈亏、可持续发展的法人组织；其他符合国家、广东省有关规定的机构	《广州市人民政府办公厅关于促进新型研发机构建设发展的意见》（穗府办〔2015〕27 号）
围绕江苏省区域、行业创新发展需求，以产业共性和关键技术研发为核心，从事合同研发、技术转移、衍生孵化等技术服务，采用多元化投资、企业化管理、市场化运营机制的新型研发机构	《江苏省科学技术厅、江苏省财政厅关于组织开展新型研发机构奖励申报工作的通知》（苏科计发〔2017〕63 号）
新型研发机构一般是指投资主体多元化、建设模式国际化、运行机制市场化、管理制度现代化，具有可持续发展能力，产学研协同创新的独立法人组织。新型研发机构须自主经营、独立核算、面向市场，在科技研发与成果转化、创新创业与孵化育成、人才培养与团队引进等方面特色鲜明	《广东省科学技术厅关于新型研发机构管理的暂行办法》（粤科产学研字〔2017〕69 号）
在苏州市注册的，以多种主体投资、多样化模式组建、市场需求为导向、企业化模式运作的独立法人组织，主要从事科学研究与技术研发，并开展成果转移转化、创业孵化、投融资等科技服务活动，注重在管理体制、运作机制、发展模式、协同创新等方面大力探索创新，充分调动相关人员的创新积极性，服务于区域产业发展、企业培育、人才集聚	《苏州市支持新型研发机构建设实施细则（试行）》（2017 年）
新型研发机构是指在江西省按规定登记、审批，从事自然科学研究与开发及技术转移转化、衍生孵化、科技服务等活动，采用多元化投资，按照营利性和非营利性规则运作，无行政级别、无固定编制，研发经费稳定、自负盈亏的独立法人和其他组织	《江西省人民政府办公厅关于印发加快新型研发机构发展办法的通知》（赣府厅发〔2018〕19 号）
新型研发机构是聚焦科技创新需求，主要从事科学研究、技术创新和研发服务，投资主体多元化、管理制度现代化、运行机制市场化、用人机制灵活的独立法人机构，可依法注册为科技类民办非企业单位（社会服务机构）、事业单位和企业	《关于促进新型研发机构发展的指导意见》

从新型研发机构政策定义的发展来看，新型研发机构的扶持政策具有典型的地方试点先行特征。广东省人民政府最早开展关于新型研发机构的鼓励扶持政策，并取得了良好的发展效益。从政策定义的发展上来看，从 2015 年广东省首次出台《关于支持新型研发机构发展的试行办法》（粤科产学研字〔2015〕69 号）至 2019 年科技部正式出台《关于促进新型研发机构发展的指

导意见》，新型研发机构的政策定义并未发生较大的变革，投资主体多元化、独立法人组织、管理机制现代化（企业化管理）、市场化导向（运作机制市场化）、聚焦科技创新是政府普遍认同的新型研发机构所具备的基本特征。相对来说，省市级政策定义中对新型研发机构所从事的科技研发的范围有更为具体的解读，包括创新创业、技术开发、衍生孵化、科技投融资等均被列举在其从事的范围内，而2019年科技部对新型研发机构的定义则并未对新型研发机构应该涉猎的科技研发领域加以具体区分，以"科学研究、技术创新和研发服务"综合概括了新型研发机构可以开展的业务范围，进一步拓宽了机构的业务范围。此外，各省市级的政策未对新型研发机构的机构性质进行具体说明，而科技部给出的正式定义则进一步明确了科技类民办非企业单位（社会服务机构）、事业单位和企业均可以是新型研发机构运作的组织性质。不管是从机构的技术范围抑或是组织性质上来看，科技部给出的定义都可以认为是对前期新型研发机构在各省市试点发展后的综合总结，既保留了新型研发机构应具备的，在组建、运行、发展中的不可或缺的，不同于传统研发机构的一些基本的特征，也进一步拓宽了其发展的组织范围，从事科技创新的各类组织性质的单位都能被纳入新型研发机构的范围中。也正是随着新型研发机构定义的正式确定，各地兴起了组建发展新型研发机构的高潮，关于其发展、绩效评价等角度的理论研究也层出不穷，新型研发机构在我国的发展进入高潮。

第三节　新型研发机构的特征分析

相比于传统研发机构，新型研发机构从功能定位到经营机制均表现出了较大的差异，前人研究中多以"四不像"来概括新型研发机构的组织特征。然而，随着新型研发机构定义的具象与延伸，其组织内涵不断扩充，呈现出了更丰富的组织特征：从功能定位上来看，不同于传统研发机构以研究开发功能为主，现有新型研发机构集创新科技研发、科技成果转化、科技企业孵化、高端人才集聚与培养等功能于一体；从创新主体上来看，不同于传统研发机构的单一主体，新型研发机构一般是由多个创新主体协同的；从组织架构上来看，不同于传统研发机构的封闭式创新，新型研发机构开放式创新，具有更强的人才吸收能力；从组织结构上来看，不同于传统研发机构体制机制僵化，新型研发机构采取市场化运作方式，资金来源丰富，实行企业化管理。正是这些不同于传统研发机构的组织特征让新型研发机构具备了更强的创新活力，成为区域发展的重要科技支撑，本节将从以下几点展开对新型研发机构组织特征的深入分析。

一、多元化功能

新型研发机构是我国科研院所不断深化改革而逐渐形成的知识型组织。首先，新型研发机构本质上仍然是一类科研院所，研发活动仍然是新型研发机构的核心业务，其面向产业需求开展科学研究与科技研发，为产业转型提供基本创新动力；其次，新型研发机构承担着科技成果转化的功能，跨越了科研研究环节和产业生产环节的鸿沟，起到了连接两个环节的桥梁作用，实现了知识从学术研究向技术应用之间的流动；再次，相较于传统研发机构，新型研发机构不仅关注科技研究本身，也重视科技成果的实际价值，具备科技企业的孵化育成功能，通过对技术及科研团队的筛选、孵化、育成科技创新型企业直接面向市场竞争，确保了技术从理论到应用的连贯性；最后，新型研发机构也肩负着人才集聚和人才培养的重任，依托政策等手段吸引更多高端人才进入机构，汇聚更强的创新力量，通过人才支撑凝聚更丰富的创新资源来服务于科技创新（植林等，2021）。此外，新型研发机构还是区域企业，尤其是中小企业的技术服务平台，受企业委托，为其提供技术开发、科技咨询、培训等科技创新服务，以科学技术直接服务区域企业，缩短从科技开发到生产的转化周期。围绕区域创新活动和产业转型，新型研发机构被赋予了不同层次、不同类型的组织功能，而集多样化功能于一体，也是新型研发机构有别于传统研发机构的最重要的特征之一。

实际上，新型研发机构的主要功能并不局限于上述所提及的范围，而是围绕解决区域经济和科技"两张皮"问题，以科技手段提供解决问题的可能路径。因此，综合来看，尽管新型研发机构的组织功能具有不同的导向性，但是其最终目的都是为弥补科技与经济之间的不匹配性，完善从理论到生产之间知识流动的链条，架构完整的区域创新链，实现知识链与产业链的有效融合，突破科学和技术之间的信息壁垒，真正将科技嵌入产业发展中，实现区域知识型经济的增长（苟尤钊和林菲，2015）。这也是新型研发机构与传统研发机构的主要组织功能差异。

新型研发机构的组织特性使得其需要将多种功能集于一体。同时，多样化的组织功能也为新型研发机构提供了更自由的发展空间，能够围绕组织特长和区域产业需求定位寻求合适的发展方向，更好地发挥组织优势。

二、多主体协同

传统研发机构多为政府部门管辖下的事业单位，人员编制固定、经费来源稳定、业务范围明确，不具备参与市场竞争的能力。新型研发机构从根源上突破了政府作为科研院所单一投资主体的限制，一般由政府、企业、高校、科研院所等多个创新主体共同出资组建，通过多方共同出资，共担风险，共享收益，各创新主体在新型研发机构中实现紧密的联动和结合。多主体协同逐渐成为新型研发机构固有的组建和发展模式，不同主体在参与新型研发机构组建过程中，其出发点及所扮演的角色不尽相同。

从微观角度上，政府是新型研发机构的主要发起者之一，其为推动新型研发机构的组建发展提供了基本的条件，鼓励、引导新型研发机构落地，并通过出台政策，为机构的短期发展提供资金、场地、税收、人才引进等层面的支持；从宏观角度上，政府是区域经济的主要把控者，政府依托区域内新型研发机构形成支撑产业发展科技创新活力，为区域经济发展赋能。此外，政府还在机构身份认定层面发挥重要作用，参与机构的运营与管理，对通过政府认定的机构予以定期的绩效考察，判断其发展状态，适时调整机构发展方向（贺璇，2019）。

高校和科研院所作为新型研发机构的主要知识创新载体，具备丰富的人才和科学研究成果储备，但其知识产出与市场需求存在一定差距，科研成果并不能充分发挥其市场价值，缺乏较为健全的知识成果转化途径。因此，高校和科研院所出资组建新型研发机构的重要意义是寻求科学研究向商业转化的方法，同时加强人才培养及学科建设。高校和科研院所参与新型研发机构组建主要需提供知识技术、人才团队、既有科研成果等内在创新能力，用于支撑新型研发机构开展创新活动，提供智力支持；新型研发机构也为高校科技成果的转化提供实时平台，激发科技成果的商业价值，培育具有多元能力的人才（刘凡丰等，2012）。

企业是新型研发机构科技成果的重要受体，科技成果能否有效商业化的关键在于新技术能否提升企业新产品的绩效和产能。企业是区域经济的重要推手，对产业未来发展趋势、市场热点的变化高度敏感，但与此对立的是大部分企业，尤其是小微企业科研力量薄弱，科研技术的研发投入有限，难以承受科研项目失败带来的高额损失。因此，企业出资参与组建新型研发机构一方面是为了解决企业自身科技研发的困境，以期获得能够满足实际生产要求的新技术；另一方面是为了促进市场信息的更新，为新型研发机构提供融入市场竞争的轨道（李培哲等，2014）。企业是国家创新系统中的主体，应鼓励企业参与新型研发机构的组建，开展科技创新活动，以激发企业的创新活力，加快科技和经济的快速融合。

除依托政府、企业、高校、科研院所等主要创新主体，金融、法律等机构也为新型研发机构的组建和运营提供了支持，围绕科技创新开展投融资等商业化的科技行为，加快了推动科技与经济的融合。新型研发机构以科技创新为基本手段，协同政府、高校、企业及创投、风投基金等创新主体，将其创新资源进行整合，形成了新的科技成果商业化集成模式，表现出了较强的主体协同性。

新型研发机构是政产学研协同的实体，其多主体协同性既带来了多主体参与组建的经济协同（多元投资主体使得机构创新资源充足，保证了机构能逐渐走向良性发展轨道，固化了多主体共同出资组建的新模式），又为机构实施创新活动提供了多维度的信息来源，确保了技术商业化的有效性。整体来看，新型研发机构多主体协同使得创新资源在机构内部产生了汇聚和交融，形成了多主体共同出资的重要组织特征，这既保证了新型研发机构能够获得多维度的资金来源，研发能够直接参与市场竞争，又使得新型研发机构具有多样化的经济性，活跃在市场竞争中。

三、多样化性质

新型研发机构已被定义为独立的法人机构，如前所述，新型研发机构具有多主体协同、资金来源丰富的组织特征，不同新型研发机构的主要出资主体不尽相同，而政府、高校、企业、科研院所的组织性质差异也就进一步导致其组织性质存在个体差异。传统研发机构多为政府部门下属的事业单位，而新型研发机构可以划分为企业、事业单位和民办非企业单位（社会服务机构）三类性质的组织（梁红军，2020）。

企业性质的新型研发机构多由企业或个人出资，在企业化的运作模式下，新型研发机构呈现出灵活的管理运行状态，所面临的限制较少，财务自由，一般以董事会领导下的院长负责制对机构进行管理。企业性质赋予了此类新型研发机构更为充分的发展空间，能够通过多种途径发挥科技作为一种创新资源向商业化转变的作用，但是此类机构需要明确新型研发机构的组建要以具有"非营利化"为重要特征，过度追求经济效益将失去新型研发机构的意义。

事业单位性质的新型研发机构以政府和高校联合出资组建的居多，作为一类公益类的事业单位，其并不具备事业单位的编制，而是以企业的方式进行运作，多采用理事会领导下的院长责任制进行治理。事业单位性质的新型研发机构一般享有充分的政府资金来源，但受限于体制困境，其发展受到人事管理制度限制、工资总额限制等影响，难以实现真正的机制创新，造成"自我造血"功能欠缺，实现可持续发展困难（陈宝明等，2013）。

民办非企业性质的新型研发机构介于企业性质和事业单位性质的新型研发机构之间，部分由企业出资建设，部分由高校发起，也存在行业协会成立社会服务机构的情况。民办非企业性质的新型研发机构与事业单位性质的新型研发机构在治理结构和经营目的上保持一致，同时相较于后者而言，民办非企业性质的新型研发机构的管理更为灵活，主要依靠出资单位的社会捐赠。因此如何摆脱对创新资源的依赖性，实现自负盈亏也是其在长期发展中需要解决的问题。

机构组织性质的不同使得新型研发机构在发展中形成了各异的组织成长

模式和组织形态，但是市场化、灵活性始终表现在不同类型新型研发机构的发展中，将既有的创新资源内化为新型研发机构的创新推动力，不受既有体制机制的束缚，做出突破与探索。多样的组织性质提供了多样的新型研发机构发展路径，以各种形式积极探索我国科技服务于经济发展的可行的组织形式。

四、市场化导向

区别于传统研发机构，新型研发机构又一显著组织特征表现为其市场化的主要发展导向。这种市场化导向体现在新型研发机构的众多方面，包括机构设立的组织目标、业务导向、技术转化模式、绩效评价指标等。

从组织目标来看，传统研发机构并未被赋予较强的区域组织目标，大多依据所属政府部门的安排完成相关科研任务，而对于新型研发机构而言，其核心目标就是围绕区域的产业需求展开行业共性技术研究，推动科技成果的产业化发展，成为区域经济进步的科技动力。由于市场对创新资源起直接的配置作用，新型研发机构必须面向市场的竞争环境，在市场对创新资源的配置条件下明确机构的整体定位和发展方向（赖志杰等，2017）。在市场化导向下，新型研发机构首先将其置身于市场竞争中，了解创新资源的分布情况和缺陷，明确机构的组建方向和科技聚焦点，进一步搭建机构内部的研发平台，部署研发项目。

从业务导向来看，传统研发机构由政府管辖，主要完成指定的研发任务，信息流动相对闭塞，和产业之间的关联性较弱，而新型研发机构与市场紧密融合，直接面向市场，从区域产业发展的技术需求出发，输入市场所需要的产业信息，输出满足市场产业需求的技术知识成果，积极融入市场环境，参与市场竞争，积极发挥知识和经济结合的双向优势。市场性导向使得新型研发机构能快速找到市场需求的技术缺口，围绕区域行业的重大技术需求，推动产业共性技术的研发，同时新型研发机构能快速与企业发生技术联系，接收企业的委托项目，通过技术合作与市场发生密切联系。

从技术转化模式来看，传统研发机构技术转化的模式较为单一，对接高校和企业开展一对一的技术匹配，而新型研发机构采取市场化的经营模式，在市场的驱动下，其经营与管理模式不再局限于固有的科研投入-科研产出模式，而是创新了科技成果转化的手段，通过孵化企业、衍生企业、同企业开展合作等方式，以更贴合市场价值转化的途径，实现技术的商业化。这些新的技术转移、转化的途径是新型研发机构在市场化的导向下，加快摆脱政府资金支持、实现独立行走、在市场竞争中占据一席之地的必然结果，使得科技成果能最大限度地贴近市场趋势和消费需求，最大限度地缩短技术商业化的周期，最有效地将技术开发和市场运作融为一体。

从绩效评价指标来看，传统研发机构基本以科研成果为根本性的评价指标，科技成果代表了该科研院所的发展水平，而对于新型研发机构而言，市场化导向使得其所关注的重点不局限于纯粹的科技研发活动，企业孵化、产学研合作开展、人才引入都是其经营领域的重要关注点。因此在对新型研发机构进行绩效考评时，除基本科研院所的评价指标外，机构的市场化运作情况、科技成果的商业化程度、孵化企业的发展水平，甚至投入基金项目的盈利情况都是评价新型研发机构是否高效运作的重要指标（何帅和陈良华，2018）。新型研发机构评价指标的市场化其实是机构自身市场化目标和运作模式等延伸的结果，是机构的市场化发展推动了以市场化视角评价其绩效水平的做法。

在市场化的总体导向下，新型研发机构突破了传统研发机构固有的发展模式，站在融合科技进步与经济发展的高度上，通过主动的市场技术需求调研，依托科技研究、技术转化填补市场技术空白，以创新创业为工具推动技术进入市场，在对接技术服务区域产业发展的同时，也扮演着市场参与者与竞争者的身份。可以认为，市场化导向定义了新型研发机构的价值定位，拓宽了其自身的发展空间，也加强了其自身的创新能力，促使其面向市场、适应市场、融入市场。

五、灵活性体制机制

我国传统研发机构在政府部门的管控下，带有计划经济管理的色彩，表现为创新活动范围受限、体制机制束缚性强、灵活度低，而新型研发机构作为一类独立的法人单位，始终强调体制机制、运营管理模式的创新，跳出原有僵化的体制机制，形成活跃的主观能动性。通过长期的实践和探索，新型研发机构也在保持体制机制的灵活性发展上取得了突破，构建起了一系列有别于传统研发机构的行政决策机制、组织架构、用人与激励机制等。

　　理事会（董事会）领导下的院（所）长责任制是新型研发机构普遍采取的决策机制，一般在政府引导下设立理事会、监事会、董事会，承担机构资源引进、研发组织等工作。由于新型研发机构具有功能多元化、多主体协同的特征，合适且合理的决策机制能帮助其进行更有效的决策。理事会（董事会）领导下的院（所）长责任制能够充分发挥民主表决、机构自理的优势，既防止了单一创新主体对机构的决策具有直接否决权，兼顾机构多种功能并行，协调多主体的利益平衡，尽量避免发生组织目标的严重倾斜及创新主体之间的失衡，又避免了原有体制运作的组织僵化，提升组织运作效率，激发机构的创新活力。

　　新型研发机构的多元化功能使其将原来分散的研发平台、科技成果转化平台、创新创业平台等集中于一体，同步市场需求，形成与时俱进的多功能集成组织。为了协调好多种多功能的并行运作，新型研发机构形成了具有现代科研院所格局的组织架构，即在理事会（董事会）下设立多个研发中心（创新平台），分别进行对应的研发工作，同时设立管理部门来对这些研发中心（创新平台）进行统筹管理。在这样的组织架构下，机构运转灵活，理事会（董事会）把握着机构的整体发展方向，研发中心也具有一定的自主性。

　　人才是新型研发机构得以持续发展的重中之重，合理的用人与激励机制能够帮助机构吸引人才、留住人才，以增加新型研发机构的创新实力。传统研发机构多聘用在科研方面具有雄厚实力的科研型人才，以事业单位编制管理人才，而新型研发机构在企业化的运作框架下，对用什么样的人才、用人的机制、人才管理与考核的机制有更多的考量。首先，对于人才的类型，新型研发机构并不拘泥于仅吸收科研型人才，而是需要多样化的人才，包括科技项目的运维人员、科研项目经理等，以丰富其在不同维度的创新能力；其次，新型研发机构坚持市场化的用人机制，不定编、不定人，优胜劣汰，鼓励吸收多元化人才，激发团队创新活力；再次，在人才的管理和考核机制上，新型研发机构对团队成员的聘用多采用合同制、动态考核制，打破科研机构"铁饭碗"的薪酬思维；最后，在对人才的激励上，新型研发机构多采取研发成果与个人绩效挂钩的激励制度，同时将个人利益与机构整体利益绑定，以刺激团队成员的研发积极性。

灵活的体制机制打破科研院所常态化发展模式，为机构自身的发展创造了一个可自由调度的空间。在这个空间内，新型研发机构可以适时调整机构的发展方向和动向，完善机构的组织架构和组织功能，吸收具有不拘一格的创新型人才。体制机制的灵活性既是新型研发机构摆脱行政约束、实现高效治理的重要手段，也是机构得以长期发展的重要内在保证。新型研发机构依托这种体制机制，可以更好地开展各类创新创业项目，形成更具活力的创新综合体。

新型研发机构所表现出的组织特征赋予其强烈的主观能动性，让其显著区别于其他创新组织，展现出强烈的创新活动。多元化功能、多主体协同、灵活性的体制机制等特征都有利于新型研发机构打破组织边界，让资金、技术、人才、信息等资源在机构内部充分流动，同时市场化导向及其体制机制帮助机构尽快融入市场，尽快摆脱母体资源依赖，实现自主回血；多样化性质使得机构实体形态不受限制，更快地成长为对接区域技术空缺的一类知识型组织。综合来说，多主体协同共建新型研发机构，机构对多主体带来的创新资源重新进行整合和要素配置，在市场化导向和灵活的体制机制下开展包括技术研发、成果转化、创新创业等多种业务，创造更大的科技价值（王勇和王蒲生，2014）。新型研发机构作为创新活动、成果转化的主要负责体，能有效地打破创新技术产生、应用、产业化过程中的组织"隔阂"，让研发链上下游创新主体彼此了解、互动、配合，降低不同职能机构之间的沟通成本，有效缩短研发周期，提高研发效率。新型研发机构对产业孵化、企业生产、市场销售对应的创新链、产业链和资金链有效整合，为科技成果商业化走出研发、市场信息脱节的困境提供思路。除充当科技研发与市场经济之间的纽带外，新型研发机构的研发活动通过市场来对其技术市场和商业价值进行验证和衡量，机构本身具有科研能力和融资能力，避免了机构沦为单纯的技术服务商或中介机构。

第四节　新型研发机构的主要功能

从组织功能上来看，新型研发机构和传统研发机构之间既存在相同点也存在相异点。相同点在于，不管是新型研发机构还是传统研发机构，究其本质，都是科学研发组织，科学研究仍然是二者的重点业务；相异点在于，相较于传统研发机构围绕单一产业技术开展纯粹的科研研发，新型研发机构则针对多种产业技术问题开展理论研究、科技成果转化、产业技术开发、企业孵育等创新活动，通过多种路径促进以科学研究支撑的技术经济的发展。按照知识在创新链上从前往后的顺序逐步推进，本节将对新型研发机构所开展的主要研发功能及其他的配套辅助功能进行描述。

一、开展（应用）基础研究

（应用）基础研究的开展仍然是新型研发机构的主要功能，但有别于传统研发机构，新型研发机构所开展的（应用）基础研究不具有指定的研发方向，而是立足于区域技术经济发展的大背景，面向市场技术需求，引导区域优势特色产业发展的未来趋势。

新型研发机构的组建与发展的最终目的是促进科学研发与产业发展的贴合，甚至引领产业技术的变革方向。因此新型研发机构所开展的（应用）基础研究必须着眼于区域的优势特色产业，以及区域未来发展关键领域的实际应用主体，如北京市发布《北京市"十四五"时期国际科技创新中心建设规划》，着重强调"在前沿技术领域谋划布局建设新一批世界一流新型研发机构"，促生了一批以北京脑科学与类脑研究所、北京量子信息科学研究院为代表的新型研发机构。新型研发机构关注产业创新链前端的基础研究环节，产出超前于当前产业技术发展的原创成果，站在区域长期发展的角度引领产业技术持续在此基础上改进，进而加强区域产业的科技创新实力。

（应用）基础研究是位于产业创新链前端的环节，尽管基础研究成果无法直接作用于产业技术的发展，但具有原创性、前瞻性的重大创新成果则是我国产业持续发展的基本动力。长期以来，我国重大创新成果不足，导致我国产业技术的发展始终处于模仿状态，持续落后于发达国家。新的发展时期加快追赶发达国家产业技术发展的水平，必须从（应用）基础研究环节开展，加快构建能够完成重大基础研究的研发组织。新型研发机构恰好满足开展（应用）基础研究所需要的基本条件，即充足的研发人员、充分的研发设备；市场信息、市场竞争引导了推进方向；政府支持、科技金融等提供了多元化的资金以支撑研究不断推进。（应用）基础研究既是新型研发机构的主要业务之一，也是机构面向区域市场环境所凝练出的重大技术导向，对产业发展起着显著引导作用。

二、开展关键共性技术研究

前瞻性的基础研究成果多适配于区域内的大型企业，通过超前的理论形成领先的技术水平，进而带动产业变革。然而，对于区域内绝大多数研发能力较弱的中小型企业而言，前瞻性的基础研究成果并无益于企业在竞争激烈的市场环境中立足，这类企业更需要能够直接作用于生产环节的技术成果或技术雏形。为了满足区域产业中多数企业的类似需求，关键共性技术作为具备公共品特性的核心技术受到政府重视。为了加速关键共性技术的研发，在政府的引导下，依托高水平高校、国家级科研机构、科技领军企业等战略科技力量协同构建的产学研融合平台积极涌现，新型研发机构就是这样一种具有代表性的平台组织模式。

在产业共性技术研发层面，新型研发机构表现出强烈的不可替代性。

一方面，产业共性技术研发往往需要花费较高的资金投入和较长的时间，所研发的内容往往面向区域特征产业，因此新型研发机构开展产业共性技术的研发通常得到区域政府部门的大力支持。基于此类新型研发机构的公益性特征，机构无须迫切追求技术研发的经济效益，拥有足够的研发基础特征，支持核心技术逐步完成小试、中试，推进产业化进程，真正解决共性技术难题。

另一方面，新型研发机构集聚整合各类创新要素及互补性创新资源的特征，使其成为承载关键共性技术研发的重要载体，也因此使其有效克服了研发过程中的"组织失灵"和"市场失灵"等问题,降低了技术攻关过程中的高风险和不确定性,更好开展区域产业发展中面临的共性技术研发问题,实现产业整体实力的提升。

在单一的技术研发基础层面,开展战略性新兴产业、支柱产业的关键共性技术研发,使新型研发机构具备了更深层次的创新战略价值。新型研发机构的发展不仅是为了解决产业发展中的技术瓶颈,更是为了以新技术引领产业整体提升甚至引发重大变革,进而提升创新竞争力。

三、开展科技成果转化

长期以来,知识和技术之间的隔阂持续阻碍我国技术经济水平的提升,为促进科技成果快速转化为实际生产力,构建完善科技成果转化机制十分重要。新型研发机构面向市场,同时连接着学界和产业界,具有协同创新主体、集聚创新资源等特征。这些特征支撑新型研发机构站在市场需求的角度开展成果转化,加快推进科技成果市场化、商业化的效率。新型研发机构作为国家创新体系中的融合器,建立多个创新主体之间的联动关系,形成互补的产学研深度合作,对成果转化中所遇到的转化难、效率低、质量差等问题提供了一个新的解决路径。新型研发机构对研发成果的市场化转化主要通过以下路径实现。

新型研发机构具备开展成果转化的基本条件,能够吸纳高校、科研院所的科研团队。在所搭建的产学研平台层面,新型研发机构利用各类创新资源对既有基础研究成果开展技术/产品拓展研究,形成了可以为产业所利用的初步技术或产品雏形。在此基础上,新型研发机构一般以技术转让或科技型企业孵育两种方式,进一步强化所转化成果与市场的紧密融合。一方面,新型研发机构拥有科技成果的所有权和处置权,当技术/产品开发至能够为企业所利用后,将技术/产品转移给企业,交由企业进行后续的技术完善和产品运营环节,而非自身生产经营,这是新型研发机构的技术转让模式。在该模式下,新型研发机构更类似于一个技术开发的中间组织,多以承担科技研发项目的方式完成技术的开发,不参与市场竞争,不与企业争夺市场利益。另一方面,新型研发机构作为高水平的孵化器,在技术/产品创新成果的基础上,与金融力量相结合，形成了人才、技术、资金、载体相辅相成的孵化体系，所孵化的企业具有科技含量高、存活率大的特征。孵化育成科技型企业是新型研发机构引导科研团队转变方向，直接主动与市场接轨，予以科研团队独立的发展空间，同时发挥科技金融支撑作用的有效技术转化模式。在企业孵化的导向下，成果转化利益更大限度地激发了科研团队的创新和运维能力，新型研发机构也展现出更强的独立性和营利性。

企业的研发能力不足和基础成果的二次转化风险高，是导致科研成果转化难的主要原因。新型研发机构作为专业化成果转化体系的重要组成部分，致力于建立以市场需求为导向的技术转化和企业孵育机制，通过重新配置创新要素，形成"市场-技术"双向驱动的新发展模式。因此，新型研发机构应兼顾技术开发项目及科技型企业的孵化育成，凸显区域产业特色。机构将通过加强基础研究成果的产业化改进，改善市场需求和成果供应错位的悖论现象，最终推动区域技术经济发展。

四、提供技术服务

企业为区域经济发展提供直接支撑，然而众多企业受限于自身的研发能力，加之资金、人才、技术设备欠缺等问题，较难组建起服务于自身发展的科研队伍。针对这一问题，新型研发机构结合区域产业发展需求和企业难题，尝试利用自身的技术、人才优势，为企业提供对应的技术支撑服务，为加快产业发展作出重要贡献。从面向企业开展的技术服务层面来看，新型研发机构对推动企业技术升级具有重要的贡献。

直观来说，新型研发机构向企业提供的技术服务大致包含技术开发、产品设计与检测服务等方面。从产品的研发层面上来看，新型研发机构凭借自身的研发能力，通过科技成果的转化形成大量适配产业发展的新技术，为企业输送源源不断的创新活力，同时为了加强机构与企业之间的互动与联系，一大批机构科研人员被长期派驻至企业工作，一方面是为了明晰企业的技术诉求，另一方面也是为了方便开展"端对端"的科技服务，指导技术更快地融入企业的产业运作中，实现技术与产业之间的良性循环。

新型研发机构除了能够为企业提供强大的研发支撑，还是一个集产品设计、性能检测等技术服务于一体的平台。新型研发机构的组建依托于具有扎实科研基础的高校、研发机构、企业等，高端科技资源，尤其是科技创新人员、设备等的汇聚使机构能够形成集中式的服务中心，也因此在区域创新中承担着不可替代的技术服务功能。这种集中式服务中心能够为各类企业提供新产品设计、精密加工、出口检测等高端服务，针对性地解决企业生产中所面临的各类技术问题。新型研发机构不仅是技术研发的承载体，也是技术和产业紧密结合的重要端口，有效回应企业的各类技术需求。

新型研发机构是促进区域经济发展的路径，而实现技术经济的增长仍然依靠企业创新能力的提升；新型研发机构类似于企业研发能力的"外挂"，从各个维度提升企业开展研发活动的能力，但并不能取代企业的功能。因此，新型研发机构需要持续地和企业紧密结合，根据主体需求输送创新动力，提供技术支撑、研发支撑、研发支持和技术服务等，用各种途径支持企业技术创新活动的开展，形成大面积辐射区域企业，准确对接企业技术需求，提升企业的技术创新水平和经济效益。

五、集聚和培育多元化创新人才

除具备理论研发、技术研发、成果转化、技术服务等主要的创新功能外，新型研发机构同时也是多元化人才的集聚和培养基地，为区域形成充足的人才储备提供了条件。人才是第一资源。高产出、有实效的人才是新型研发机构推动自身发展最大的生产力，同时也是推动区域发展的首要资源。新型研发机构功能众多，组织架构复杂，要有效推动新型研发机构发挥功能效用，除资金、信息、场地、设备等实体支撑外，更重要的是集聚、培育各类人才。

优质的科研型人才是新型研发机构的主要创新能力来源，吸纳优质的科研型人才也成为机构的首要任务。科研型人才，即具有知识、技术创新能力的创新研发团队都是构成新型研发机构技术研发平台的知识来源，支撑着机构的运作与发展。此外，具有产业背景的技术人才、运营管理人才、金融人才、法律顾问等都是推动机构向前发展所需要的人才资源。新型研发机构对人才的需求不具有局限性，更强调吸纳多元化的人才以支持机构开展丰富的创新活动。

为了集聚多元化的人才，形成充分的人才储备，一方面，新型研发机构吸引高校、科研机构的专家开展产学研合作，引进优质的创新团队在机构搭建的创新平台上开展研发与成果转化活动，以全新的管理、激励机制盘活了曾经转化率低下的科研成果，调动了机构成员的创新积极性（植林等，2021）；另一方面，形成开放式创新格局，机构人才与企业技术专家能够切实开展创新交流活动，实现人才的互通，变相地加强了人才创新能动性。

新型研发机构同时也是多元化人才的培养基地。一是新型研发机构能为科研型人才进一步开展技术研究提供经费、场地和设备支持，赋予其科学研发的发展空间，使其发挥自身创新能动性；二是新型研发机构与产业之间的交流密切，能够在"产""研"双方的互通中加深科研人员对技术更新与生产实践的理解，培育支撑企业发展的高端科研技术型人才；三是新型研发机构具有更强的市场竞争氛围，为多元化人才培养注入了创新创业元素，要求原本的科研人员能够掌握市场对接能力，在科技型孵育过程中发挥关键领头作用。

新型研发机构拥有多元化创新人才汇聚与培育所需要的众多要素，在科学研究和市场运营之间打造出一个能充分发挥人才创新、创造能力与企业孵化优势的空间，所产生的人才效益为区域经济的发展和人才资本的有效积累奠定了坚实的基础。

综上所述，新型研发机构组织功能呈现多元化特征，既无法脱离科学研发组织的本质属性，又需要兼顾市场对创新资源的导向作用。以科学研究为先导，新型研发机构能够在原理性的（应用）基础研究领域取得重大突破；以科学发现为基础，机构能够完成技术，尤其是产业共性技术的研发；以市场需求为导向，机构能够通过新技术、新产品的更新及企业孵育完成技术成功转化；以技术为纽带，机构能够带动区域内企业实现创新突破，促进产业发展。站在更深层的角度上，新型研发机构不再进行以技术寻找市场的传统模式，而是直接将技术转化为生产力，创造新的发展趋势，引领区域产业发展，并在这个过程中协同多个创新主体共同开展更深入的创新融合，培育适应市场竞争的多元化人才。新型研发机构突破了传统研发机构的组织功能布局，从市场角度推进科学研究，倒逼科技和经济发展挂钩，为完善区域创新生态、优化产业布局、促进技术更迭提供了有效的创新动力。

第五节　新型研发机构发展的意义

一、技术科学发展的新载体

从科技的逻辑上来看，科学与技术统称为科技，但二者在本质上存在显著的逻辑差异，具体表现在以下几个方面。

（1）纯粹的科学探索以探求世界真理为目的，研究方向、研究结果具有不确定性，而技术开发则以实际生产为目标，对技术的探索具有强烈的导向性和目标性。

（2）科学探索不一定面向当前的生产背景，也可能是为了未来发展所作出的前瞻性研究，而技术开发则必定结合产业发展的现状，新技术的开发可能需要通过实验获得，也可能是累积生产经验的总结。

（3）科学真理无须依赖技术的产生得以被发现，但是技术的产生极有可能得益于科学的发展。可见，科学和技术并不能混为一谈，科学并不具备形成技术所需要的特质，更无法直接转化为产业技术，故要建立起科学与技术之间的紧密联系，才能让科技成为产业发展的动力，而"技术科学"的涌现成为关联科学与技术的桥梁，以技术需求引导科学的研发。

新型研发机构的技术研发导向正好契合了技术科学的发展模式，具体表现在以下几个方面。

（1）技术科学强调从生产力发展的源头开始寻找技术创新需求，逆推技术科学的研发内容，这与新型研发机构面向市场需求进行产业技术开发的市场化特征吻合，以产业链上的需求指导创新链上的研发，使得二者形成相互补充的闭环，补充了产业发展的薄弱环节。

（2）技术科学的涌现使得科学和技术之间产生关联，技术和科学不再相互独立而是基于技术发展形成互动关系，新型研发机构发展的主要目的也是关联已有科学研究和区域产业发展形成科学的产业发展路径。可见，新型研发机构能够成为技术科学发展的新载体，更好地推进产业技术的形成与应用。

（3）新型研发机构集聚了开展技术科学研发的基本要素，其面向市场了解产业技术研发的需求和困境，具备全面的科学理论基础和完善的技术开发条件，通过开展针对性的科技研发促进产业技术的更新，使技术进步告别了基于经验主义的发展模式，提升了技术发展的精细化水平，同时新型研发机构进行技术科学开发的成本更低，有利于新技术向产业扩散，一方面，由于机构本身的科研基础雄厚，基于科学理论所进行的技术科学开发的试错成本相对较低；另一方面，机构的发展具有多元化的资金来源，足以支持技术科学的发展。可以认为，新型研发机构的发展正好弥补了技术科学的缺口，成为技术科学发展的新载体。随着新型研发机构的发展，技术科学的发展随之表现出更多元、更深入的趋势，对解决现阶段产业链和创新链不重合、基础研究与应用研究无法协同等问题具有深刻意义。

二、跨越科学研究和应用技术的鸿沟

基于前文所述，科学和技术之间不存在可以直接相互转化的关系，因此在技术科学开展研究的具体过程中，从科学研究到应用技术依然需要通过转化、中试、小规模投产等环节逐步推进。长期以来，我国对技术科学发展连贯性的关注度不够，中间转化环节的缺失使得产业创新链断裂，科学研究和应用技术被划分在产业创新链的两端，无法形成联动贯通的产业创新链。此外，技术转化环节的试验成本高、耗费时间久等原因，也在一定程度上筑起了科学研究向产业技术转化的门槛，最终导致科学研究和应用技术之间的联系被削弱。

为了建立起科学研究和应用技术之间的相互关系，在政府的引导之下，新型研发机构承担着跨越科学研究和应用技术之间的鸿沟，以及推动科技研发、成果转化、技术孵育和成熟等重要任务。新型研发机构跨越科学研究和应用技术这一鸿沟的关键在于打破阻碍知识流动的屏障，贯通区域产业创新链的各个环节。多元化的组织功能恰巧赋予了新型研发机构架构完整区域创新链的能力，即基于新型研发机构所具备的基本研发设施，开展完整的技术科学理论研究，形成技术发展的理论基础；基于既有研发团队成果及所拥有的市场信息，快速开展技术成果的转移与转化；站在产业化、市场化视角，推动应用技术的开发、科技企业的孵化等。集多功能于一体的特征驱动新型研发机构黏合了产业创新链各环节，促进了知识流动，真正形成了科学研究和应用技术之间的有效结合。

尽管从功能上来看，新型研发机构与其他产业技术研发中心、技术转化服务平台、企业孵化器等创新组织具有相似的组织功能，但新型研发机构具有更深层次的组织目标和组织定位。一方面，新型研发机构具有面向市场发展的显著特征，站在引领区域产业升级转型的层面上，其发展关注区域产业技术缺口，强调科学研究和应用技术之间的匹配性，从源头上促进科学研究向产业技术发展靠拢，实现科学研究和应用技术的深度融合；另一方面，新型研发机构以技术科学指导区域产业发展，为了有效贯通产业创新链的各个环节，促使知识从科学研究端向应用技术端靠拢，机构的组织功能并不局限于科学研究和技术发展之间的成果转化，而是立足于成果转化环节，向创新链前后两端拓展延伸，保持区域产业创新链的连贯性及产业技术理论的一致性。综上所述，可以认为新型研发机构是帮助跨越科学研究和应用技术之间鸿沟、建立二者关联、贯通区域创新链的重要组织。

三、架构多元融合的创新平台

前述章节已经明确，新型研发机构是一个多元创新主体交流的平台。有着不同创新诉求的高校、企业、科研院所、政府、金融机构、中介机构等创新主体，积极参与新型研发机构的发展与运作，实现不同主体之间知识、人才、信息、资金等创新资源的交流与融合。新型研发机构所架构的创新平台主要在以下几个方面凸显"融合"特征。

（1）创新主体融合。新型研发机构突破了固有的创新组织形态，实现了多个创新主体间的信息交互和知识流动。在过去的创新活动中，创新主体多在组织内部开展创新活动，不同创新主体之间的互动也多局限于一对一的信息交互，主体之间的相互联系不紧密，融合程度低。随着新型研发机构的涌现和发展，这种由组织形态固化导致创新活动范围受限的局面被打破。新型研发机构架构起了多元创新主体融合发展的平台，使其能进行有效的知识交流，降低沟通成本，最终发展为不同创新主体高度融合的产学研实体。

（2）创新资源融合。新型研发机构能对不同主体的创新资源进行整合，在创新主体间发挥着重要的协同作用。在新型研发机构的创新驱动下，高校和科研院所通过理论知识和人才团队的输送提供了创新基础资源，企业通过产业技术市场化提供了创新产业化资源，政府通过政策倾斜提供了公共服务资源，其他金融、中介机构通过融资手段、中介服务提供了资金、服务资源……与此同时，不同主体的发展需求不同，高校和科研院所关注知识成果的转化，企业希望获取所需要的理论基础甚至技术雏形，政府关注区域经济发展，其他组织机构希望能获得对应的经济/价值效益。新型研发机构一方面整合不同创新主体的资源优势，形成独特的创新竞争力，另一方面协同不同主体，以平衡不同的需求（赖志杰等，2017）。新型研发机构发挥"1+1＞2"的资源整合效应，通过多样化资源的融合，最大化各创新资源的内在潜力。

（3）创新模式融合。基于对不同创新主体的包容和多元创新资源的整合，新型研发机构完成了多种创新模式的融合。具体来说，在新型研发机构所架构的创新平台促进了各类创新活动的开展：高校、科研院所和机构合作开展科技成果的转化及科技企业的孵育，企业和机构合作开展技术理论研究，金融、中介单位和机构合作设立创新投资项目……（吴卫和陈雷霆，2018）不同的创新模式同时在新型研发机构的平台上开展，内化产业创新链，形成"四位一体"甚至"五位一体"的创新功能矩阵，加快推进创新成果产出。不同创新模式的融合也使得在新型研发机构平台上，从科学知识到实际技术的转化速度明显加快。

综合来看，新型研发机构的组建与发展是一个逐步推动创新融合的过程：首先促使不同创新主体进行交流互动，实现创新主体融合；然后整合不同创新主体的优势资源，实现创新资源融合；最后综合不同的创新活动模式，加快创新链上的知识流动，实现创新模式融合。基于新型研发机构所搭建起的融合关系带动了创新主体开放、创新资源共享的新创新模式，有利于提升机构及多方利益相关者的创新综合实力。

四、支撑区域创新的发展

新型研发机构为区域创新发展贡献了重要力量，除前文已经提及的解决区域产业技术更新障碍、推动产业升级转型、带动区域技术经济发展等组织功能，新型研发机构还从完善区域创新体系、实现跨区域交流两个层面间接作用于区域创新。

区域创新的基础是构建起完善的区域创新体系。新型研发机构是区域创新体系的重要组成部分，为固有的区域创新体系注入了新的创新活力。新型研发机构具有鲜明的集成特征，不仅表现在对创新主体、创新资源的协同和整合方面，更突出地表现在创新模式的融合上，这是传统研发机构不具备的重要优势。这种集成的特征从根本上使得新型研发机构在区域创新体系中的角色定位有别于传统研发机构，即从传统的技术供给者转变成为创新融合体，甚至成为局域创新体系的建构者（张凡，2018）。角色定位的转变促使新型研发机构必须更主动地以一个综合者的角色融入已有的区域创新体系，为区域创新提供新鲜的创新模式和创新资源。新型研发机构的发展使得区域创新体系的固有架构发生变化，完善了原有产业和创新相结合的模式，拓展了技术创新的研发空间。

区域创新的发展不仅依赖区域内部的技术创新发展水平，同时需要不断吸收区域外部的创新资源以提供外部动力支持。我国的科学理论集中地和产业生产集聚地之间存在一定的地理空间隔阂，导致知识和技术之间无法快速交流，容易形成相对的信息孤立现象。新型研发机构的组建在一定程度上缓解了上述问题：机构的组建一般依托高校、科研院所等所具备的扎实的理论基础，而这些"母体"高校、科研院所并不完全来自区域内部，相反往往大部分来自区域外部（刘凡丰等，2012），跨区域组建的新型研发机构如深清院、浙大滨海院等比比皆是。此类新型研发机构的发展促成了跨区域的技术交流和技术迁移，使得知识和技术跨越地理隔阂，最大限度地推动了知识和技术的有机结合。

为了提升区域创新发展的水平，推动新型研发机构的发展势在必行。一方面，区域创新体系的完善需要新型研发机构通过吸引更多优质的创新主体和创新资源，以新的模式开展创新活动；另一方面，区域创新发展需要新型研发机构不断开展跨区域的知识协同，拓展外部技术来源，引入适配区域产业技术发展的知识资源，为区域创新发展提供动力。新型研发机构的组建和发展是突破区域既有创新发展模式的一种新举措，也会逐渐融入区域发展，成为支撑区域创新的固有路径。

本章参考文献

陈宝明，刘光武，丁明磊. 2013. 我国新型研发组织发展现状与政策建议. 中国科技论坛，（3）：27-31.

陈助君. 1999. 迎接知识经济 实施科教兴国. 实践：思想理论版，（10）：31-32.

东莞市人民政府办公室. 2017. 东莞市加快新型研发机构发展实施办法（修订）. https://www.dg.gov.cn/zwgk/zfgb/szfbgswj/content/post_2421469.html[2023-08-28].

苟尤钊，林菲. 2015. 基于创新价值链视角的新型科研机构研究：以华大基因为例. 科技进步与对策，32（2）：8-13.

何帅，陈良华. 2018. 新型科研机构的市场化机制研究：基于理论框架的构建. 科技管理研究，38（21）：107-112.

贺威. 2002. 工研院：台湾最具活力的科技开发机构. 台湾研究集刊，（4）：60-64.

贺璇. 2019. 新型研发机构的发展困境与政策支持路径研究. 科学管理研究，37（6）：41-47.

胡文国. 2009. 创建以工业技术研究院为核心的新型技术创新联盟：以深圳工研院科技创新和产业发展为例. 科学学与科学技术管理，30（3）：197-199.

黄广鹏，刘贻新，梁霄. 2020. 基于"一轴双核三螺旋"模型的新型研发机构运作机理及其治理策略. 科技创新发展战略研究，（4）：59-67.

季松磊，朱跃钊，汪霄. 2011. 产业技术研究院：一种新型的产学研合作组织模式. 南京工业大学学报（社会科学版），10（1）：86-89.

简兆权，郑雪云. 2011. 弥补创新的中间断层：以华南理工大学工研院为例. 管理工程学报，25（4）：178-185.

科技部. 1996. 中共中央、国务院关于加速科学技术进步的决定. https://www.most.gov.

cn/ztzl/jqzzccx/zzcxcxzzo/zzcxcxzz/zzcxgncxzz/200512/t20051230_27321.html[2023-01-18].

科技部. 2002. 中共中央、国务院关于加强技术创新、发展高科技、实现产业化的决定. https://www.most.gov.cn/zxgz/gxjscykfq/wj/200203/t20020315_9009.html[2023-02-10].

科技部. 2019. 科技部印发《关于促进新型研发机构发展的指导意见》的通知. https://www.most.gov.cn/xxgk/xinxifenlei/fdzdgknr/fgzc/gfxwj/gfxwj2019/201909/t20190917_148802.html [2023-02-11].

赖志杰, 任志宽, 李嘉. 2017. 新型研发机构的核心竞争力研究: 基于竞争力结构模型及形成机理的分析. 科技管理研究, 37 (10): 115-120.

李福. 2014. 产业技术研究院市场化的公共技术服务困境及其对策建议. 中国科技论坛, (11): 52-56.

李红涛, 郭鹏. 2008. 论工业技术研究院在我国科技创新体系中的作用和地位. 科技进步与对策, 25 (2): 38-41.

李培哲, 菅利荣, 裴珊珊, 等. 2014. 企业主导型产业技术研究院组织模式及运行机制研究. 科技进步与对策, 31 (12): 65-69.

李星洲, 李海波, 沈如茂, 等. 2012. 我国政产学研合作的新型组织模式研究: 以山东省临沂市科学技术合作与应用研究院为例. 科技进步与对策, 29 (22): 26-29.

梁红军. 2020. 我国新型研发机构建设面临难题及其解决对策. 中州学刊, (8): 18-24.

林志坚. 2013. 政府主导型产业技术研究院运作模式的创新思考. 科技管理研究, 33 (21): 37-40.

刘凡丰, 董金华, 李成明. 2012. 高校产业技术研究院的网络交流机制. 清华大学教育研究, 33 (4): 47-53.

刘洪民. 2013. 协同创新背景下中国产业共性技术研发组织模式创新. 科技进步与对策, 30 (13): 59-66.

刘强. 2003. 中国台湾工业技术研究院案例研究. 研究与发展管理, 15 (1): 42-46.

牛振喜, 安会刚, 郭鹏. 2006. 以工业技术研究院为中心的科技成果转化新机制研究.中国科技论坛, (4): 40-44.

人民日报. 2012. 胡锦涛在中国共产党第十八次全国代表大会上的报告. http://www.npc.gov.cn/zgrdw/npc/bmzz/llyjh/2012-11/19/content_1992274_4.htm[2023-11-19].

深圳市财政委员会, 深圳市科技创新委员会. 2014. 关于加强新型科研机构使用市科技研发资金人员相关经费管理的意见 (试行). https://www.sz.gov.cn/zfgb/2014/gb881/content/post_4981117.html[2023-03-04].

王勇，王蒲生. 2014. 新型科研机构模型兼与巴斯德象限比较. 科学管理研究，32（6）：29-32.

吴金希，李宪振. 2013. 工业技术研究院推动产业创新的机理分析. 学习与探索，（3）：108-111.

吴卫，陈雷霆. 2018. 不同信息条件下新型研发机构形成和作用机理研究：基于创新驱动发展的视角. 科技管理研究，38（11）：87-94.

吴卫，银路. 2016. 象限取向模型与新型研发机构功能定位. 技术经济，35（8）：38-44.

新华社. 2009. 新中国档案：科技体制改革. https://www.gov.cn/test/2009-10/23/content_1447117.htm[2023-10-23].

新华社. 2016. 习近平：为建设世界科技强国而奋斗. http://cpc.people.com.cn/n1/2016/0531/c64094-28399667.html[2023-05-31].

杨铭，于忠，田荣斌. 2009. 工业技术研究院转化高校科技成果的实践和思考. 中国科技论坛，（3）：115-118，133.

叶明国，李娟，于立芝. 2022. 高校院所主导的新型研发机构区域模式及发展研究. 中国高校科技，（6）：63-67.

张凡. 2018. 区域创新体系下新型研发机构发展模式：基于风险投资视角. 科技管理研究，38（11）：81-86.

张豪，丁云龙. 2012. 产学研合作中技术与资本的结合过程探析：以北京科技大学产业技术研究院为例. 软科学，26（10）：5-9，34.

张玉磊，邓晓峰，刘艳，等. 2019. 高校型新型研发机构的运行机制研究——基于开放式创新的视角. 科技管理研究，（12）：11-19.

赵剑冬，戴青云. 2017. 广东省新型研发机构数据分析及其体系构建. 科技管理研究，37：82-87.

植林，王永周，米银俊. 2021. 生态位理论视域下高校新型研发机构人才培养路径研究. 科技管理研究，41（11）：102-107.

中华人民共和国国务院. 2006. 国家中长期科学和技术发展规划纲要（2006—2020年）. https://www.gov.cn/gongbao/content/2006/content_240244.htm?eqid=ae48e76e000313b5000000066461f08a[2023-02-10].

周恩德，刘国新. 2018. 我国新型研发机构创新绩效影响因素实证研究：以广东省为例. 科技进步与对策，35（9）：42-47.

周丽. 2016. 高校新型研发机构"四不像"运行机制研究. 技术经济与管理研究，（7）：39-43.

第二章 美国产学研合作及新型研发机构的发展与运作

产学研合作起源于西方国家，是科技经济一体化与知识经济下的产物。美国是产学研合作开展最早和最成功的国家之一。本章将以美国产学研合作的起源和发展历程为切入点，详细描述其背后的创新体制和体系。在美国，高校是产学研合作与创新体系内最重要的组成部分，但非高校类的科研机构（统称为美国的新型研发机构）也在产学研合作中有其独特的一面，但学者对这类机构的研究往往不够深入和全面。针对美国的新型研发机构，本章第三节从内部组织和内外协同的视角描述其运作的机制。产学研协同创新涉及多个主体，必然存在因主体间利益和需求不匹配的合作障碍，只能在一定的条件下，通过相对完善的保障机制使其正常地运行和发展。因此本章的第四节将重点放在确保产学研合作的外部环境塑造层面，对相关的法律、政策和项目进行分类和说明。章节的最后则按照美国的新型研发机构的类别，从中分别选取了斯坦福国际咨询研究所（Stanford Research Institute International）、国际商用机器公司（International Business Machines Corporation，IBM）研究实验室、美国国防高级研究计划局（Defense Advanced Research Projects Agency，DARPA）和国家标准与技术研究院（National Institute of Standards and Technology，NIST）这四个新型研发机构，将其作为代表，通过案例分析展现其在产学研合作画卷下的浓重一笔。

第一节　美国产学研合作的发展历程

一、第一阶段：萌芽（19 世纪）

美国的产学研合作萌芽于美国的高等学校。早期的产学研合作严格意义上来说是产学研中的高校与产业的合作，并且合作相对集中于农业和相关工程领域，合作的方式也以咨询为主，如为农民提供土壤测试、为投资者进行勘探测试及为政府提供经济活动的评估。并且，19 世纪初期和中期的大学整体规模较小且技术积累量有限。18 世纪末，美国仅有 24 所高等院校；到 1850 年，美国 50 个州中也仅有 32 个州内建有大学。因此，产学研合作的广度和深度都非常有限。真正意义上的产学研合作则随着《莫里尔法》的颁布和"赠地学院"（land-grant colleges）的出现而萌芽。

《莫里尔法》规定，只要各州建立的大学开设某些（如农业等）实用性学科，联邦即可向各州提供土地补助。联邦政府向各州赠予土地用于发展教育的做法最早源于 1781～1789 年的联邦时期，最早获得赠地兴办州立大学的是俄亥俄州。随后，阿巴拉契亚山脉以西的各个新建州相继获得土地赠予。最终，1862 年美国正式颁布了《莫里尔法》，将赠地兴办高等教育正式写入法案。"赠地学院"的出现与南北战争结束后美国的本土的哲学文化发展息息相关，尤其是查尔斯·皮尔斯（Charles Pierce）、威廉·詹姆斯（William James）和约翰·杜威（John Dewey）等提出的实用主义哲学。

实用主义哲学反对传统哲学崇尚的空洞玄虚思辨，并提出了以行动及其结果（经验）作为澄清观念意义标准的逻辑方法。它的主要思想认为真理对应着社会需求的满足，真理更如一种工具，用于解决社会现实问题，犹如一把钥匙可以打开一把锁；思想、认识和理论必须研究和服务于人的具体生活和实践，并为之提供理论上的指南。从某种意义上来说，实用主义哲学中蕴含的哲理映射了现代美国大学把重点放在服务，把科学看作从事服务的工具，以及以培养为国家服务、为社会需求服务的人才为办学理念的这一现象。同时，实用主义哲学的内涵也与科技和经济一体化的国家战略的内涵有共通之处。

19 世纪 60 年代后期，南北战争的结束及工业革命的浪潮使得美国社会发生了翻天覆地的变化，农业在国民经济中所处的重要地位及工商业的发展与繁荣均对社会提出了新的教育需求，而同时期的高等学校却无法实现农工业生产所需要的实用人才培养。当时的情况如布朗大学校长韦兰所说，美国拥有 120 所学院、47 所法学院和 42 所神学院，却无一所培养农学家、制造商及机械工或商人的学院，即便到了 1862 年，全美也仅有 6 所高等学校涉足实际生产领域（董文浩等，2023）。"赠地学院"也就是在这一背景下诞生并发展起来的，可以说，"赠地学院"和以《莫里尔法》为代表的赠地制度使得美国许多大学在建立之初就拥有学术转化为生产力这一明确的指向。

然而"赠地学院"的发展并非一帆风顺，学校建成初期的财政状况堪忧。由于联邦赠予的土地出售价格较低，加之所得捐赠基金的实际投资难以取得较高回报，维持学校运营的资金十分紧张且不稳定。因此，《第二莫里尔法》（Second Morrill Act）于 1890 年颁布，此后每个州和地区每年均可获得 15 000 美元的财政拨款，并且逐年递增直至 25 000 美元，用以资助学校的学科发展和建设（滕大春，2001）。此外，在 19 世纪下半叶至 20 世纪上半叶，国会先后颁布了一系列资助与加强"赠地学院"发展的法案，其中包括《哈奇法案》（Hatch Act，1887 年）、《纳尔逊修正案》（Nelson Amendment，1907 年）、《史密斯-利弗法》（Smith-Lever Act，1914 年）等（陈新忠和王地，2019）。各类法案分别从研究经费管理、资金利用率、研究成果的使用和推广等各方面推动大学的发展，特别是其服务于工农业生产实际这一功能发展。

值得一提的是，《哈奇法案》授权联邦政府每年向各州拨款创办农业实验站，明确规定农业实验站的工作任务及其与农业委员会的关系，且明确规定政府资助以现金支付，而非捐赠土地。农业实验站在某种程度上与高校主导的新型研发机构的运作方式类似，不同之处在于此类实验室的研究成果归属于公共领域，也为下一阶段，即产学研合作的成长期内研究成果公共化与商业化的矛盾埋下伏笔。

二、第二阶段：成长（20 世纪初期至第二次世界大战结束）

《莫里尔法》的通过与实施，使得"赠地学院"如雨后春笋般出现于美国各州，自法案实施到 1922 年阿拉斯加大学建立，美国共建立了 69 所"赠地学院"。这些无不显示出美国高等教育服务于国家发展这一特征的逐步确立。在第二阶段，出现了以威斯康星思想为代表的政府-大学之间的密切合作，而在校企合作方面，第二次世界大战前期的商业化活动相较之前有所增加，表现为大学里申请商业化专利活动和产学研合作教育活动。随后，第二次世界大战的爆发将政府委托科研活动与大学科研密切结合，大量以军事研发为主题的科研经费涌入高校，并且推动了战后一些科技园区的建设和发展，如"波士顿 128 号公路高技术园区"的建成。

（一）威斯康星思想下大学与政府的紧密合作

威斯康星思想的源头可追溯至杰克逊时代，当时人们对公共教育的功能与作用定位从知识的"存储器"开始向着促进社会发展的"螺旋桨"和医治社会的"一剂良药"转变；同时，威斯康星思想的发展也与该州人民素来重视教育的传统密不可分。州内人民对高等教育的期望即为增加农业产量、提高生产效率和改善政府工作。威斯康星思想的内涵主要包括以下几个方面。

（1）大学须参加州内的各项事务，将全州作为自己的教学场所，也就是说，大学十分贴近州内人民的生活，大学的实验室也被视为能工巧匠生产的一部分，大学把客观事实和专业知识融入州内小到青年人的论辩和大到选举人参选的各个层面。

（2）大学与州政府的密切合作，合作的途径主要有两个。一是州政府接纳大学的专家任职于政府各个部门，充当顾问并担负相应的领导工作。例如，威斯康星大学文理学院的院长伯格同时在州林业委员会、自然资源保护委员会和渔业委员会担任职务。此类合作途径并不限于大学教师，研究生和本科生同样可以根据所学专业参与政府某些部门的工作。二是以大学为主导，政府支持并配合大学对知识和技术的推广与应用。

（3）学术自由，即教师和专家学者享有从事教学、科研活动的自由及学生享有学习自由，鼓励学校内的人员跳出教会或利益集团的影响，勇敢追求真理，并且给予州内每个学生自由选择感兴趣的学科进行学习并成为其中的创造者。

三层理念相辅相成，使得大学不再是传统意义上的知识"象牙塔"，而是与人民的生产生活和政府的职责密切相关的合理链接。正是这种思想为产学研合作的成长提供了适宜的土壤，如同时期的产学研合作教育：1906 年，俄亥俄州辛辛那提大学工程学院的赫尔曼·施耐德（Herman Schneider）教授进行了一项教育改革，采用了课堂学习与企业实习交替的模式，促进了学生、学校和企业间的互相合作与共同受益；还有以大学分校方式向州内各个城市扩张的庞大的加利福尼亚大学系统。据记载，1899 年惠勒接受加利福尼亚大学的校长聘请之后，在教学和社会需求相结合方面突破了地域限制，把学校的知识资源合理地分配给加利福尼亚州各地，如在戴维斯地区创办农业研究所，在河滨地区展开与园艺管理和果实处理相关的研究和培训（何振海，2008）。

（二）"校企商业合作"初探

20 世纪初期，高校的研究成果申请专利或者商业化的活动已初现苗头，如 1907 年，加利福尼亚大学伯克利分校的教授将一种用于减少工业污染的仪器申请了发明专利；但是总体来说，大部分的美国大学对于知识产权商业化的利用都持有模棱两可的态度，最重要的是很多人反对大学直接参与科技商业化，他们认为科研成果应当用于公共领域，在这种观点下，一些大学开始出现拒绝处理教授的专利申请、停止资助那些试图申请专利的教授及限制他们职业发展等行为。

在反对和质疑中，也同样催生了一些中介组织，将大学参与商业化的活动由直接转为间接，如前文提到的加利福尼亚大学伯克利分校的德瑞克·科特瑞尔（Frederick Cottrell）教授在 1912 年建立了一个名为"研究公司"的组织。通过独立于大学外，该组织专门将大学里的研究成果和发明授权给私营公司。该组织在 1937 年与麻省理工学院（Massachusetts Institute of Technology，MIT）签署协议，掌管专利申请和许可事宜，收入与 MIT 四六分成，从而开创了大学技术转移的"第三方模式"。再如，威斯康星大学的斯帝博教授与多名校友共同创建的威斯康星校友基金会（Wisconsin Alumni Research Foundation，WARF），合法地将专利授权，从而为大学和发明者筹集资金，但最终因基金会的运转涉及大学沾手专利管理，在后期并未得到推广。

（三）第二次世界大战与科研的飞速发展

产学研合作的重要前提是科技成果的大量产生与积累。第二次世界大战前，各所大学对农业科学领域的研究已经初具规模和体系。然而，随着战争的爆发，科研的重点开始大量往军事科技研究转变。不同于战争前联邦经费的规模，战争时期的科研资助经费规模庞大，年平均经费达到 15 亿美元（张炜，2023）。政府对科研资助采取的形式是组织科学家，在联邦资助且由大学托管的实验室内进行，研究的方向包括雷达、原子弹、固体燃料火箭等。

在军事科技的研究过程中，基于研究的应用性目的，各类项目本身就属于产学研合作，经由联邦政府协调，大学、企业、军工方和民间研究机构共同合作完成，因此战时的科研合作模式为后来的科技体制和产学研合作奠定了良好的基础；不同的是，参与研究的主体相对集中，约 90% 的科学研究与发展经费都分配给了 8 所研究型大学的研究平台（宋崔和康晓伟，2011）。战时的产学研合作呈现出投资规模大和资源集中两个明显特征，这一特征也与后期的高新技术密集区和科技园区等产学研合作形态相互映照。

三、第三阶段：成熟（20 世纪 50 年代至 20 世纪 80 年代）

第二次世界大战后，联邦政府愈来愈认识到科学服务于企业和市场的重要性，并着手开展科技政策的制定。其中最具标志性的是由时任科学研究与发展局局长的范内瓦·布什（Vannevar Bush）向总统提交的《科学：无尽的前沿》报告（又称布什报告）。该报告确立了科学进步的重要地位，以及基础研究对于科学进步的关键作用，强调了政府支持科研和开发的必要性，以及依靠学院、大学和科研机构推动基础研究的路径对策（龚旭，2015）。伴随着报告出现的是完全不同于战前科研模式，其中包括将科研从政府实验室转向私立机构和以科研项目为代表的联邦支持科研的具体形式。

与此同时，早期政府对大学发展的经费支持力度有限，高等教育本身存在发展不足的现象，没有形成真正规模化的研究型大学体系，尤其是面对冷战期间苏联在空间科学取得的重大突破，美国政府开始重视其现有的教育制度，社会各界均积极投入力量致力于提升现有的教育体系，国会也在此期间收到了大量有关教育改革的议案，尤为值得关注的应属《国防教育法》。《国防教育法》以空间研究为契机，极大地提高了美国大学受到资助的规模，也使政府和大学的关系更加密切，和《科学：无尽的前沿》一起成为美国现代大学建设过程中的里程碑。

在提交《科学：无尽的前沿》和出台《国防教育法》的背景下，美国相继成立了国家航空航天局（National Aeronautics and Space Administration，NASA）、国家科学基金会（National Science Foundation，NSF）和总统科学技术特别助理办公室，同时也带动了包括能源部和国防部（Department of Defense，DOD）及国立卫生研究院（National Institutes of Health，NIH）在内的其他政府部门对于政府实验室和研究型大学医学院的支持。因此，在成熟阶段，美国政府通过一系列的支持措施，在全方位的引导下帮助高校和研究机构积累了大量的研究成果，并形成了以国防、生命科学和能源为主要战略方向的科研体系，为研究成果的进一步开发和产学研合作的繁荣奠定了坚实的基础。

在此期间，产学研合作的另一主体，也就是产业主体下的大学衍生公司和风险投资公司也在逐步形成和壮大，比较有名的当属围绕 MIT 设立的衍生企业和风投公司，如 1964 年建立的高压工程公司和第一家现代风险投资公司——美国研究与发展（American Research and Development，ARD）公司。ARD 公司的目标十分明确，就是要将 MIT 发明的军事技术商业化。因此，20 世纪 50 年代，围绕 MIT 出现了"波士顿 128 号公路高技术园区"，园区位于距市中心 16km 的一段半圆形高速公路旁，是电子、生物和航空等行业聚集的地区（贺小桐，2015）。

同时期，美国西海岸的斯坦福大学在弗雷德里克·特曼（Frederick Terman）的带领下于 1951 年建立了斯坦福工业园区，这是世界上第一个位于大学附近的高科技工业园区，园区建在斯坦福大学靠近帕洛阿托校园的地皮上，设有研究所、办公室和实验室，科技公司可在园区内获得低租金用地及斯坦福大学的最新科技成果（Sandelin，2004）。园区内具有重要影响力的租客当属威廉姆·肖克利，他在此建立肖克利半导体实验室，从全国范围内招聘了众多精英，想要继续使半导体商业化。由于其管理能力有限，1957 年，

8 位工程师从肖克利半导体实验室离开，成立了仙童半导体公司，由此开始了工程师出走创立新公司的创业文化。在国防部的支持下当地的微电子产业得到快速发展。1971 年《每周商业》第一次使用 "硅谷"称呼这个地区，此后"硅谷"一词便被广泛使用。肖克利的公司虽然没落了，但它也成为当地半导体行业发展的种子。到 1980 年，硅谷的 50 多家半导体公司与肖克利最初的初创企业直接相关联。

大学衍生公司之所以这么命名，主要是因为其创立者均为从大学的研究实验室和学系内分离出来的创业家们。根据当时的制度安排，早期大学并没有从这些衍生企业创立之初的技术商业化中获利。随着大学科研体系的不断完善和成熟，到 20 世纪 70 年代，政府在大学科研支持中的角色和定位有所转变，联邦政府提供的资助开始减少，私营部门的资助开始增加，各大学申请的专利数量随之增加，在科研成果不断累积和商业化需求增加的趋势下，在 20 世纪 80 年代，发生了一件具有分水岭意义的事件——《拜杜法案》（Bayh-Dole Act）通过并实施。

在《拜杜法案》制定之前，由政府资助的科研项目产生的专利权一直由政府所拥有。复杂的审批程序导致政府资助项目的专利技术很少向私人部门转移。截至 1980 年，联邦政府持有近 2.8 万项专利，但只有不到 5% 的专利技术被转移到工业界进行商业化（张庆芝和徐晓宁，2016）。《拜杜法案》只通过四个根本性准则就解决了由政府资助的技术转化率低的问题：一是由政府资助研究产生的成果权利默认由大学保留；二是高校享有独占性专利许可，技术转移所得应返归于教学和研究；三是发明人有权分享专利许可收入；四是政府保留"介入权"，特殊情况下可由联邦政府处理该发明。

四、第四阶段：繁荣（20 世纪 80 年代至今）

《拜杜法案》出现后，美国专利的保有量和技术转化率均获得了大幅度的提升，1979～1989 年大学发明专利增长了近 5 倍，更重要的是，科研的产出效率也在增加，每 100 万美元的科研经费产出的发明专利数量也从 1980 年的 0.03 件增至 1997 年的 0.11 件（蓝晓霞，2014），科研人员的创新积极性显著提高。为了更好地管理专利及其商业化过程，大学也纷纷设立技术许可办公室[Office of Technology Licensing，OTL；也有大学将其称为技术转让办公室（Technology Transfer Offices）]，拥有 OTL 的大学数量也从 1980 年的 25 个增长至 1990 年的 200 个（曲雁，2010）。

OTL 专门从事高校科技成果的专利管理和营销，其中，美国斯坦福大学的 OTL 建立得最早也最为成功，MIT 等著名高校后续建立的 OTL 模式都借鉴了斯坦福大学的 OTL 模式，甚至主动申请由斯坦福大学专家协助建立（胡微微，2012）。到 20 世纪 90 年代初，多数大学都抛弃了技术转移的第三方模式，OTL 模式成为当代美国大学技术转移的标准模式。

与此同时，产学研合作的机制也在不断成熟与完善：从联邦政府的资金、政策和法律出发，通过大学对产业内的公司产生影响，促进大学向企业进行技术转让，与政府直接投资于企业进行技术研发相比，这种机制的好处在于通过利益相关，直接推动了技术供给双方的有效配合，企业可以在众多大学中选择最为适合自己的科研成果，大学内的研究人员也可通过技术转化直接受益，极大促进了研发的积极性，提高了政府资金的使用效率，并降低了投资风险。

在保障产学研合作和技术对接的过程中，大学也形成了其他的组织、项目及合作载体，包括金融支持机构、创业支持项目等，全面支持技术的商业化。大学设立的金融机构有一部分属于风险投资企业，如罗切斯特大学在 1981 年成立了风险投资附属公司，并为此筹资了 6 700 万美元的大学捐款（付强和王玲，2016）；另一些则表现为技术商业化投资中心，如 20 世纪 80 年代由斯坦福大学和加利福尼亚大学成立的生物科技研究中心，旨在为生物类衍生企业提供资金支持。同时，政府也制定了一系列的政策措施来鼓励风险投资参与高校的科技成果转化，通过税制改革，采取税额减免等手段，对风险投资额的 60% 免除征税，其余的 40% 则减免一半的所得税（郝宇彪，2014），有力地推动了风险投资的发展。

总的来说，20 世纪 90 年代后，产学研合作成果颇丰：1991 年美国大学专利转让收入超过 1.2 亿美元，在 2002 年达到了 10 亿美元，并在 2008 年金融危机爆发前上升至 21 亿美元（蓝晓霞，2014）。同时，大学也产生了越来越多的衍生企业，根据北美大学技术经理人协会的数据，1980～1993 年美国学术机构平均每年产生 83.5 家衍生机构，而到 2000 年这一数字跃升为 454家，增长了 4 倍有余（Shane，2004）。

第二节　美国的创新体制

一、科技与创新体制

1945 年发布的《科学：无尽的前沿》是美国有关政府与科学之间关系的经典论著，是西方科技政策与体制的奠基之作。该论著建议美国联邦政府大力支持科学研究，并且在此过程中建立新体制、采用新规则，扮演只支持而不控制科学研究的新角色。科学研究应交由大学、科研机构和私人企业具体执行，并依照研究表现来竞争政府的研究经费。

美国科技与创新的体制与其三权分立制度有着千丝万缕的关联。总的来说，美国的科技管理体制是分散的，并没有专门负责科学和研究的中央部门，在体制的最上层，也就是决策层面，由美国总统办公室与美国国会决议，再经由相关的部门（国防部、能源部等）根据自身的任务支持科学研究与技术发展，形成的是多元化的资助体系（毛兵，2004），具体如图 2-1 所示。美国科研资助的具体部门包括国防部、能源部、国家科学基金会、卫生与公众服务部、环境保护总署、航空航天局、农业部、劳工部等多家部门。2022 年，前 6 个机构提供的研究经费占联邦政府科研总投入的 90%以上（The Congressional Research Service，2023）。

各个部门分别属于不同的研究领域，按照国家的安全、经济和社会发展目标和需求而部署和开展活动，针对"研究与发展"下的不同活动阶段（基础研究、应用研究和发展三个阶段），秉承着"没有对基础研究的相应支持，即使是致力于应用研究和发展的无限扩展的努力也将失败"这一理念（龚旭，2015），最终通过相应的载体和项目，完成最终的科学研究与技术开发。

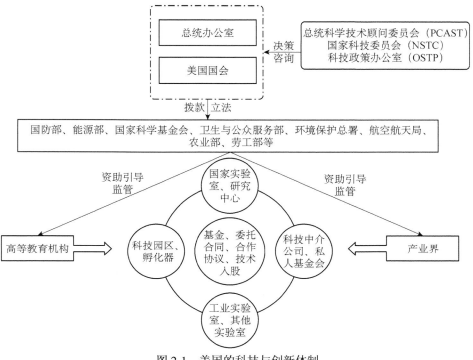

图 2-1　美国的科技与创新体制

1. 美国国家科学基金会

1945 年的《科学：无尽的前沿》建议成立国家研究基金会，但成立的过程并非一帆风顺，经过 5 年的辩论，最终在 1950 年联邦政府成立 NSF，其主要任务是提升国家整体科研能力，并为不同层次和不同领域的科学研究提供支持。NSF 主要的研究资助导向是综合性的基础研究，具体资助范围涵盖了医学领域之外的自然科学、社会科学和工程科学的基础研究。NSF 是唯一一个投资于科学、技术、工程和数学（science、technology、engineering and mathematics，STEM）所有学科领域的、基础研究和教育的联邦机构。基金会的主要资助对象为美国的大学，并且在运行过程中形成了现今广泛应用的同行评议制度，保证资金使用的公正性和有效性，同时，美国的其他相关机构（如美国审计总署）对基金会的评议制度进行外部监督，全面保障了其资助流程的制度化和规范性。

值得一提的是，1968 年美国国会正式授权 NSF 在支持基础研究之外，也要支持应用研究。目前，NSF 的不少资助计划都远远超出了范内瓦·布什当年设想的基金会所支持的基础研究范围，特别是小企业创新计划、工程研究中心、科学技术中心等资助活动（程媛，2012）。2021 年，NSF 共计拨款 91 亿美元，占联邦政府资助基础科学研究的 24%（如果排除国立卫生研究院在医学领域的资助，这一数值达到了 57%）。据计算，2021 年资助的项目约覆盖了包括教师、学生和科研工作者在内的共计约 32 万人，资助的范围遍及 1900 个学院、大学和其他机构（National Science Foundation，2022a）。

2. 美国国立卫生研究院

美国国立卫生研究院的前身是海军医院署（Marine Hospital Service，MHS）的"卫生实验室"，该署在 19 世纪 80 年代经国会授权，负责到岸船只上对旅客进行传染病检查，特别是要防止霍乱和黄热病等恶性疾病的大规模传染，在 1887 年，当时 MHS 效仿德国的科学建制建立了"卫生实验室"。直到 1930 年的《兰斯德尔法案》（Ransdell Act）把卫生实验室更名为 National Institutes of Health，标志着国立卫生研究院的正式成立。7 年之后，NIH 的第一个研究所——国家癌症研究所（National Cancer Institute，NCI）成立。第二次世界大战期间对医学研究的要求，如血液替代物的研制、抗生素的开发和大规模使用、战场上的急救措施等，不仅在短时间内催生了大量的科研任务，也为战后 NIH 掀起第一波分类研究所的创建提供了巨大推动力。

现如今，NIH 是世界上最大的公立生物医药研究机构，它由 27 个研究所/研究中心组成，每个研究所/研究中心都有自己特定的研究领域，通常聚焦于一类特定的疾病或者某一身体系统。其中 24 个研究所/研究中心直接从国会获得拨款，并且自行管理自己的预算。2022 年，NIH 共计拨款 480 亿美元，接近 83% 的资金用于校外研究，主要是对 2500 多所大学、医学院和其他研究机构的 30 多万名研究人员提供近 5 万项竞争性资助。此外，NIH 预算的 11% 支持近 6000 名科学家在自己实验室进行的项目，其中大部分位于马里兰州贝塞斯达的主校区，剩下的 6% 则用于包括支持研究行政和设施建设、维护或运营成本在内的支出（National Institutes of Health，2023）。

NIH 资助项目繁多，按照资助形式分为基金（grants）、合同（contracts）与合作协议（cooperative agreements）三种。其中基金是最主要的资助方式，用于支持各种与人类健康相关的研究项目和培训计划，一般由申请者个人提出研究目标，经评审后获得 1～5 年不等的资助年限，NIH 不参与项目具体的研究过程，研究结束后，申请者需要提供研究报告；合同则针对 NIH 感兴趣的特殊领域进行研发，在此过程中 NIH 会对项目进行监管和控制，最终的合同成果一般是可交付成果；合作协议是 NIH 经常用于高优先研究领域的支持机制，并且 NIH 内部员工对合作协议的参与度相较于前两种方式更高。合作协议通常是根据申请请求（request for applicant，RFA）签订颁发的，其中概述了科学范围、需要的活动、任何特殊的同行评审考虑、NIH 工作人员参与的性质，以及 NIH 员工和项目主任/首席研究员的具体责任。具体来说，NIH 工作人员实质性的参与包括三个层面：一是参与研究设计、数据收集、数据分析和解释；二是对每个阶段进行批准，包括临床试验开始前的准备阶段；三是协调项目的整体工作，或向受资助者的工作人员提供培训（李昱涛，2004）。

二、科技创新体制的历史渊源——总统科学顾问及其委员会

早在《科学：无尽的前沿》发布之前，报告的撰写者范内瓦·布什就在 1940 年就任罗斯福总统的科学顾问，并帮助建立了国防研究委员会（National Defense Research Committee，NDRC），并与同事们在 MIT 设立了研究雷达的辐射实验室（The Radiation Laboratory）。一年后美国政府又在此基础上成立了科学研究与发展办公室（The Office of Scientific Research and Development，OSRD），由范内瓦·布什担任主任，并直接对总统负责。OSRD 在战时成为美国国家科学活动的"指挥部"。

在 OSRD 任职期间，范内瓦·布什代表民间科学家，能够直接接近总统，就第二次世界大战中运用科学技术的议题对总统提供重要的咨询。科学顾问的作用可以被看作中介：当被问到武器或其他类似的问题时，科学顾问会竭尽所能地进行回答，然后找到其所知道的这方面最好的专家，请他们为其来分析这个问题并把这些信息传递给总统。OSRD 在科研和应用上取得了巨大的成就，不仅包括原子弹早期的研制，而且还有雷达、炸弹的无线感应引信、计算机、青霉素的大批量生产和用于军用药物的滴滴涕（dichloro-diphenyl-trichloroethane，

DDT）。尽管在战争结束后 OSRD 被解散，其思想和成功经验被范内瓦·布什写进报告并在 5 年后建成的 NSF 被继承和发扬。

第二次世界大战中科学家发挥的巨大作用催生了社会对于科学的信仰，美国政府和社会各界对科学及其能发挥的作用十分重视，并创立了实际的总统科学顾问，而第二次世界大战结束后的冷战为总统科学顾问制度的产生创造了条件。苏联在军事和空间技术的发展，再次引发全美对于科学教育的关注，彼时的德怀特·戴维·艾森豪威尔（Dwight David Eisenhower）总统顺势提出设立新的总统科学和技术特别助理职位，并由 MIT 的院长詹姆斯·基利安（James Killian）博士出任这一职位。基利安就任后的第一个行动就是成立总统科学顾问委员会（President's Council of Advisors on Science，PSAC），PSAC 成员主要是参加过第二次世界大战武器研究与发展的科学家和工程师，他们在军事难题和科研管理上能力卓越、经验丰富。PSAC 成立之后，在帮助总统恢复空间计划的信心及制定未来的空间发展计划方面做出了突出的贡献，并且在有关国家安全政策上也取得了很大成就，如在国家航空咨询委员会（National Advisory Committee for Aeronautics，NACA）的基础上建立了民用的国家航空航天局，改进了远程导弹计划，包括采用固体燃料发动机等。

随后的几十年中，PSAC 经历了辉煌和低谷，尼克松总统期间甚至废弃了整个体系，但福特总统又使之恢复。在 1976 年，美国国会通过《1976 年国家政策、组织和优先顺序法案》，法案规定继续在总统府设立科学技术方面的办公室，更名为科技政策办公室。科技政策办公室就与科学和技术有关的所有事项向总统和总统办公厅提供建议；与联邦政府各部门和机构及国会合作制定科技政策，帮助联邦政府各职能部门和机构落实总统承诺及优先领域。

乔治·赫伯特·沃克·布什（George Herbert Walker Bush，常称为老布什）总统时期，白宫总统科技政策办公室的作用得到极大的提高。总统又在 1990 年建立了美国总统科学技术顾问委员会（The President's Council of Advisors on Science and Technology，PCAST），并由科技政策办公室的执行负责人进行管理，其地位相当于总统经济顾问委员会。与艾森豪威尔时代的

PSAC 不同，PCAST 的成员不再限于物理学家，而是来自更多的学科领域。同时，相当一部分代表来自私营企业，以更充分地听取私人部门的意见。与 PSAC 相同的是，PCAST 可以直接向总统汇报。

此外，美国科技政策办公室下的国家科技委员会依据于 1993 年 11 月 23 日签署的第 12 881 号美国总统行政命令得以成立。这个内阁级的委员会是在各种实体内通过协调科技政策来促进联邦研究和发展事业的主要途径。在总统的主持下，国家科技委员会由副总统、科技政策办公室负责人、内阁秘书、对科技负有重要责任的有关机构负责人及白宫其他的官员组成。

总的来说，专业的决策咨询对辅助总统把握国家科技发展的前沿具有重要作用，其中科学家在此发挥的作用不可忽视，从 MIT 的范内瓦·布什，到艾森豪威尔总统时期的 MIT 院长基利安、老布什总统时期耶鲁大学的阿伦·布朗姆利（D. Allan Bromley）教授、乔治·沃克·布什（George Walker Bush，又称小布什）总统时期的布鲁克黑文国家实验室主任、物理学家约翰·马伯格（John H. Marburger），都为美国的科技政策做出了杰出的贡献。

第三节　美国非高校类科研机构与协同创新的成果转化

前文已对美国高校的产学研合作历史情况进行了详细阐述，除高校外，美国的科研机构按照其组建方式的不同还可分为政府各部门下属的研究机构、企业衍生的研究机构（工业实验室）、大学衍生的研究机构、非营利组织筹建的研究机构和其他研究机构。下文将一一介绍各类研究机构。

一、按组建方式分类的科研机构

（一）政府各部门下属的研究机构

美国联邦政府资助的研究与发展中心（Federally-Funded R&D Centers，

FFRDC）是重要的科研力量，它们承担着美国基础研究、应用研究和技术开发的重要职能（丁明磊和陈宝明，2015）。它们虽然属于联邦机构，如国防部、能源部等，但在具体运营上，联邦政府基本采取托管的方式，委托给大学、企业、学术团体或者非营利组织等负责具体的管理。这种托管方式有利于政产学研相互配合，也便于将研究成果进行转化从而进入市场。截至2020年，12个联邦机构资助或合作资助了共计42家FFRDC（The Congressional Research Service，2021）。在2020年，联邦政府研发投入经费总计1674亿美元，其中FFRDC共计131.5亿美元（7.86%）（National Science Foundation，2022b）。

FFRDC的研究重点集中于物理、化学、生命科学等前沿技术领域，与其他研究机构不同的是，FFRDC研究的项目一般成本高昂且周期长、风险高，且其经济收益不够明显，私人企业不愿意承担，并且在研究领域上具有政府主导的特点（杨青，2016）。比较著名的FFRDC有空间研究领域的林肯实验室、生化和能源领域的橡树岭国家实验室、空间物理领域的应用物理实验室、癌症生物分子领域的NCI弗雷德里克癌症研究中心等。

在联邦政府所有的FFRDC之外，政府还有很多下属的科研机构，这些科研机构与FFRDC不同，属于政府所有且由政府运营，如美国国防高级研究计划局和国家标准与技术研究院等，表2-1列举了部分科研机构的相关信息。这些机构都在各自的领域进行前沿的研究和创新，为美国政府和整个社会带来了重要的科技贡献。在本章的第五节案例部分，选择了DARPA和NIST，从二者的历史、组织结构、运行模式及特色、最近进展等方面进行了详细的介绍与分析。

表2-1　政府所有且政府运营的部分研发机构

机构名称	隶属关系	成立年份	研究领域	重要研究成果
NIH	美国卫生部	1887	医学、生命科学	推动了癌症治疗和疫苗开发的重要进展
NIST	美国商务部	1901	测量、标准、技术	发明了探测食品中杀虫剂的技术
NASA	美国联邦政府	1958	航空、航天技术	发射并探测了火星和木星

续表

机构名称	隶属关系	成立年份	研究领域	重要研究成果
DARPA	美国国防部	1958	先进技术、国防	研发了全球定位系统、互联网前身阿帕网等
国土安全部高级研究计划局（Homeland Security Advanced Research Projects Agency, HSARPA）	美国国土安全部	2003	国土安全技术，包括恐怖主义预防、边境安全、公共安全和紧急响应等	研发了生物特征识别技术、爆炸品识别技术等
高级研究计划署能源部分署（ARPA-Energy)	美国能源部	2009	电力、传输和储存、化学品和材料、能源效率等	研发了新型电池技术、新型太阳能发电技术等

（二）企业衍生的研究机构（工业实验室）

美国最早的工业实验室——通用电气实验室，来自托马斯·阿尔瓦·爱迪生（Thomas Alva Edison）于1880年在新泽西州建立的"发明工厂"。通用电气实验室的最大特点是把科学研究和生产技术结合起来，让科学研究为企业新产品的设计与生产服务。20世纪初，美国企业技术与生产的关系进一步加强，不少科学家从大学实验室走出来进入企业，美国工业实验室迅速崛起。1914年，美国著名的工业实验室就有365个，到1931年，工业实验室的数量已经达到1600个，每一家大公司都把工业实验室作为公司机构中一个必不可少的组成部分（周敏凯和刘渝梅，2011）。

对于工业实验室的发展重点一直有所争议，以著名的贝尔实验室为例，实验室成立之初就有两种声音，一种认为企业研究开发应以获取专利为主，而另一种则认为应从基础研究和科学发现出发，从根本上占领技术开发制高点。最终，实验室由发出第二种声音的朱厄特担任总裁。在他的指导思想下，实验室人才辈出，培养出的科学家获得了9项诺贝尔奖和4项图灵奖（Georgescu，2022）。

从基础科学出发，到最终应用研究的道路也并非适用于所有的工业实验室，特别是20世纪70年代和20世纪80年代日渐加剧的国际竞争，使得工业实验室也在不断反省和转变，领导者们也重新为工业实验室进行定位，工业实验室也变得更加直接与开发、工程和制造相关，而这种转变则可能与其经费来源商业化和研究成果国际化有关。

（三）大学衍生的研究机构

美国高校是科研的最大来源地，高校内设有大大小小的实验室，有些实验室早期成立于高校内，随着时间的推移和变化，逐渐从高校中独立出来，因此形成了自大学内衍生的研究机构（黄春香，2008）。

德雷珀实验室（The Charles Stark Draper Laboratory，Inc）最初由 MIT 教授、工程学家查尔斯·斯塔克·德雷珀于 1932 年在 MIT 创立，最初名叫"MIT 仪器实验室"，1973 年改名为德雷珀实验室并从 MIT 脱离出来成为一个非营利的研发机构，实验室主要专长为导航制导和微电子，技术应用于国家安全、空间和能源领域。

尽管德雷珀实验室已经脱离出 MIT，MIT 的教师和学生仍以多种方式与德雷珀实验室合作。教员与德雷珀实验室的工作人员合作，在硬件、软件、系统和材料工程方面进行了广泛的研究活动。德雷珀学者计划（Draper Scholars Program）让研究生有机会在 MIT 的一名教师顾问和德雷珀实验室的一名技术人员的共同指导下，与德雷珀一起进行他们的论文研究。被纳入计划的研究生的学费和津贴均由德雷珀资助。德雷珀还雇佣本科生和研究生直接在夏季和学年内从事项目研究工作。

（四）非营利组织筹建的研究机构

在美国，以美国国家科学院为代表的非营利组织在科学界的地位举足轻重，尽管美国国家科学院不下设科学研究机构，但其帮助筹建了许多私立的、非营利性质的研究机构。以伍兹霍尔海洋研究所（Woods Hole Oceanographic Institution）为例，1927 年，由美国国家科学院海洋学委员会筹建，并于 1930 年正式成立的海洋研究所，在海洋生物、北大西洋洋流、墨西哥湾流与西部边界流和大涡旋的研究及深海大环流模拟等方面取得了重大成果。

关于伍兹霍尔海洋研究所的科研实力，著名的事件之一是打捞泰坦尼克号。在 1985 年，伍兹霍尔海洋研究所的罗伯·巴拉德博士利用当时最先进的潜水声呐机器人，潜入深海近距离采集图像并进行实时传输，最终在一堆碎片中发现船只的锅炉，此后泰坦尼克号的主体被发现。现如今，研究所拥有6个科研院系和40多个研究中心与实验室，员工共计约950名（Woods Hole Oceanographic Institution，2024）。

（五）其他研究机构

除了以上四种研究机构，还有一种研究机构的诞生来自不止一种主体，如政府和企业的共同合作。以美国著名的兰德公司（RAND Corporation）为例，公司最初源自1945年美国陆军航空队与道格拉斯飞机公司签订的"兰德计划"，旨在进行军事作战与运筹学方面的战略研究。现如今，兰德公司已经在全球50多个国家设立办事处，拥有近两千名员工并且半数以上的研究人员持有一个或者多个博士学位，2023年度，兰德公司的收入额超过3亿美元（RAND Corporation，2024）。

也有一些研究机构来自地方政府和其他主体的多方合作，例如，加利福尼亚州政府在"纳米技术促进计划"的推动下，与产业界、投资公司和专业服务机构联合建立了美国加州纳米技术研究院。研究院以加利福尼亚大学洛杉矶分校和加利福尼亚大学圣巴巴拉分校为技术支撑，构建了科研平台、成果转化平台和投资产业化平台，三个平台相互联系、不可分割，共同构成一个有机的结合体（李江华，2019）。

二、科研机构的成果转化与技术转移

本部分将讨论美国除高校以外的其他科研机构科研成果转化与技术转移的具体方式，及其在多年来实践过程中形成的其他相关组织，包括中介组织、联盟组织、融资机构和其他跨部门组织等，以及各组织如何与科研机构协同合作，实现成果的快速商业化。

（一）成果转化和技术转移的方式

1.技术许可使用和转让

研究人员取得研究成果后，首先要申请知识产权保护，被正式授予专利后，研究成果可以通过转让许可，也就是专利的使用权来实现技术的市场化。在高校内一般通过技术许可办公室，经历发明披露、商业化评估、专利申请、技术营销、许可谈判和收入分配等多个阶段，实现流程管理和对外转移（程媛，2012）。

对于联邦各部门下属的研究机构的成果转化来说，美国国会也通过了相关的法律——1980 年的《史蒂文森-怀德勒技术创新法》（Stevenson-Wydler Technology Innovation Act），要求其设立专门的技术应用办公室来从事科研成果的技术转移，以劳伦斯·伯克利国家实验室为例，成果开发者可得到技术转让收益的 35%，所在部门可得到 15%，余下的 50%转为实验室的研究经费（Berkeley Lab，2018）。

有些情况下，企业可以通过股权转让的方式换取科研机构知识成果的使用权，这种方式被称为技术入股。美国大学技术经理人协会调查显示，2000 年美国高校与企业进行技术入股交易的比例已达到 70%（蓝晓霞，2014），技术入股有着其独特的优势：首先，股权为科研机构提供了一条未来参与企业收益分配的重要途径，是对未来的投资；其次，技术入股使得科研机构和企业在一定程度上形成利益绑定，驱使双方共同努力实现技术发明商业化的目标。

2. 衍生企业

衍生企业是指企业的创建者来自科研机构，可以是科研机构的个人或者组织。衍生企业创办的基础是科研机构研究成果的转移，创办的企业则是知识溢出效应的直接受益方。每个科研机构都有支持其人员创业的相关机制和项目，如 2014 年美国能源部联合加利福尼亚州能源委员会和美国国防高级研究计划局启动了一项依托劳伦斯·伯克利国家实验室开展的研究人员创新创业资助项目"加速器之路"（Cyclotron Road）；再如斯坦福国际咨询研究所的创业风投论坛制度，通过该制度帮助人们识别出能够发展为技术并能够使一个公司诞生的发明。那些被选中的科学项目就成了一个内部成形的新创公司的胚胎。随后，委员会将从风险投资专家那里获得物质上及科学方面的详尽建议，双方共同合作，为创业项目保驾护航。

3. 研发合作

科技成果转化过程中的难点是为成果和技术寻找合适的购买方，因此很多研究机构采用间接的方式，通过研发合作，经由研究机构提供设备、场所和专家支持，企业提供资金的合作方式促进技术转移。研发合作既增加了实验室技术商业化的机会，也提高了产业的研发能力，增强了企业的国际竞争力。同时，美国也出台了相关的法律和计划项目[如《联邦技术转移法》（The Technology Transfer Act）、小企业创新研究计划（Small Business Innovation Research）等]，鼓励科研机构与企业，特别是中小企业进行合作。

4. 咨询

咨询功能是科研机构人力资源的资本化体现，在美国有超过 1/3 的大学教师从事各类型的咨询活动（蓝晓霞，2014）。咨询在为科研人员带来额外收益的同时，也为科研工作与实际工作相结合提供了宝贵的机会。前文提到的斯坦福国际咨询研究所和兰德公司，均以其强大的综合性的咨询能力，通过出售研究报告和委托咨询，维持机构的运转。以斯坦福国际咨询研究所为例，该所的服务对象和签约单位，绝大部分是政府，包括美国国防部、其他国家的政府部门等，这些占业务量的 75％以上，第二位的服务对象是大型企业和团体单位。研究所平均每年完成 2000 项左右的咨询任务。该所的国际业务十分活跃，与世界 65 个国家的政府及 800 多家公司保持业务联系（王健，2015）。

（二）推动转移和转化的组织与路径

在科技成果转化的过程中催生了各式各样的组织，包括中介组织和其他跨部门组织等，这些组织与科研机构之间相互配合、相互发展，在不同的成果转化方式中发挥着不同的作用。

1. 中介组织

中介组织处于科技和经济的中间环节，发挥着桥梁和纽带的作用。美国拥有比较完备的科技中介服务体系，中介机构的主要功能包括构建信息网络、提供技术支撑服务和搭建风险投资平台等。信息咨询中介以搭建数据共享平台、完善信息服务网络、加强信息资源开发等方式，整合利用信息资源，降低企业和科研机构间的交易成本；技术服务机构在企业和企业、企业和科研机构之间牵线搭桥，帮助对接企业的技术需求和科研机构的技术供给；风险投资机构通过贷款担保和金融支持，为科技型创业企业提供金融服务。

中介组织按照其组建者，主要包含三类。第一类是联邦政府组建的中介组织，如美国创建于 1989 年的国家技术转让中心，其服务包括知识产权管理、信息技术和数据库开发、市场分析和技术转化培训等，中心的网络连接着全国 700 多家实验室和 10 万余名科研人员（蓝晓霞，2014）。类似的组织还有美国联邦政府支持成立的"国家制造科学中心"，该中心同样致力于知识产权保护、协同创新团队管理、协同研发项目管理、科研成果商业化支持、产学研协同创新网络和联盟建设等活动。第二类是大学创办的中介机构，一般多为大学技术许可办公室，负责学校所有技术许可的组织和管理，在大学创建科技中介组织这项成果转化活动中，比较成功的有斯坦福大学和 MIT，此外，还有哥伦比亚大学、康奈尔大学、威斯康星大学等（程媛，2012）。第三类为中介组织，主要包括民间的非营利中介机构（如行业协会）和营利的中介机构（如孵化器和风险投资公司）（何昭瑾和杨艳梅，2018）。

2. 其他跨部门组织

在美国，为推动产学研协同创新，政府支持成立了一系列横向中间组织。"政府-大学-产业研究圆桌平台"（Government-University-Industry Research Roundtable，GUIRR）是由美国国家科学院、国家工程院、国家医学研究院于 1984 年联合成立的旨在推动产学研协同创新工作的横向中间组织，搭建促进政府和非政府研发组织高级领导交流协同的制度化论坛（韩楚煜和刘晓光，2022）。

第四节　美国科研机构协同创新的保障机制

产学研合作和协同创新过程涉及的主体和利益相关方较多，协同过程中的价值导向、权益归属和信息对称度等因素都可能成为阻碍合作的因素，故全面而高效的保障机制对协同创新的成功起到至关重要的作用。

一、法律法规的保护

在各种保障方式中，最直接且有效的保障来自政府立法（何昭瑾和杨艳梅，2018）。随着产学研合作由萌芽到成熟和飞速发展，美国的法律法规也在不断地适应和推进最新形势下的协同创新，相关的法案也从早期具有划时代意义的《拜杜法案》，逐渐发展和衍变成近年来的《2021 年美国创新与竞争法案》（United States Innovation and Competition Act of 2021）等，保障的内容重点也从早期的知识产权归属、转化收益归属和合作研发协议等转向区域创新资源平衡、创新人才培养和储备和关键技术领域确定，以及创新经费增长等方面。

为了扭转 20 世纪 80 年代美国科技成果转化率低的局面，美国政府自 1980 年起就把科技成果转化纳入相关部门的职责，制定了一系列促进科技成果转化的政策、法案。1980 年实施的《拜杜法案》就是其中最主要的法案之一，该法案的主要内容是允许美国各大学、小企业和非营利组织等拥有联邦政府所资助的科研成果的知识产权，同时可申请专利和进行独家技术转让（付宏等，2018）。该法案出台后，大部分科研单位都相继制定了较为规范的有关专利保护和转让的实施细则，进一步明确了科研人员和单位之间的利益关系。

在此基础上，为了促进联邦政府下属实验室的科技成果转化，政府于 1986 年出台了《联邦技术转移法》，在确认政府将继续承担基础研究费用的基础上，鼓励实验室与企业进行研发合作，通过签订合作研发协定，增加实验室研发成果商业化的可能性。该法案，以及 1980 年出台的《史蒂文森-怀德勒技术创新法》（Stevenson-Wydler Technology Innovation Act）共同推进了在联邦实验室建立专门的研究与技术应用办公室（Office of Research and Technology Applications），从事科研成果的技术转移。以伯克利实验室为例，研究人员取得成果后，通过知识产权办公室提交成果并申请专利，专利进一步通过转让许可实现技术市场化。研究人员作为成果的开发者可得到技术转让收益的 35%，所在部门可得到 15%，余下的 50% 转为实验室的研究经费（许玥姮等，2018）。

20 世纪 90 年代以来，为了加速联邦资助的技术成果的转移，提高国家经济的竞争力，美国又对《联邦技术转移法》进行了多次修改和完善。例如，1995 年的《国家技术转让与促进法》（National Transfer and Advancement Act）

修订了签订合作研发协定所衍生出的知识产权规定，允许非联邦合作伙伴选择独家或者非独家的专利许可；1997 年的《联邦技术转让商业法》（Federal Technology Transfer Act）加强了联邦政府及研究机构对于技术推广的责任；以及 1999 年的《技术转让商业化法》（Technology Transfer Commercialization Act）规定，优先将科研成果许可给小企业。

近年来，随着大国博弈日趋激烈，美国政府在 2016 年和 2021 年分别出台了《美国创新与竞争力法案》和《2021 年美国创新与竞争法案》，相关的内容如下。

（1）美国的创新投资长期以来存在区域间不均衡的现象，多数的资金支持流入了为数不多的几个州内的创新都市区，而其他没有科技创新产业立足的地区则面临着严重的人才外流、劳动力市场空心化和工业衰退等问题。据此，《2021 年美国创新与竞争法案》提出通过部署和建设区域技术中心，瞄准农村地区和技术落后地区，采用公私合作的模式进行中心建设。

（2）针对软件、应用程序、数据科学和制造业等领域存在巨大人才缺口的问题，《2021 年美国创新与竞争法案》重申了 STEM 教育的重要性，拟通过加大 STEM 学科的资金支持力度，鼓励学生投身科学研究。

（3）为扭转近半个世纪联邦在研发投入比重上的下滑，《2021 年美国创新与竞争法案》将通过设立技术和创新理事会，在人工智能、高性能计算机、量子计算机、先进技术、生物技术、网络安全、先进能源、机器自动化、自然和人为灾害防御、先进材料科学这 10 个关键技术领域，提供基础研究、商业化和技术创新所需要的资金支持。

由此可见，美国政府不仅通过法案为协同创新中的权益划分障碍提供合理的解决方案，同时也通过法案保障长期、持续和稳定的资金和人才支持。更重要的是，随着国际化创新发展的趋势不断加强，法案的内容也针对国际的技术流转和竞争有所涉及，如 2022 年 8 月美国总统拜登签署的《2022 芯片与科学法案》中，在为美国国内的半导体产业提供巨额补贴和税收优惠的同时，也限制了产业在其竞争国家投资建设发展芯片的脚步，旨在应对大国竞争并维持自身的主导地位。

二、联邦政府的战略、计划与项目支持

（一）战略计划

冷战结束后，1993 年民主党人威廉·杰斐逊·克林顿（William Jefferson Clinton，通常被称作比尔·克林顿）入主白宫，克林顿政府采取了非常积极的科技政策，把对研究开发的指导提高到与国家安全和经济事务同等重要的地位。为此，政府先后推出了许多项具体的科技计划，如先进技术计划（Advanced Technology Program，ATP）、国家纳米计划（National Nanotechnology Initiative，NNI）、技术再投资计划（Technology Reinvestment Program，TRP）、信息高速公路（National Information Infrastructure，NII）计划、人类基因组计划（Human Genome Project，HGP）等（潘冬晓和吴杨，2019）。以 1993 年推出的 TRP 为例，该计划是美国政府军转民的重要推手，目的在于推动政府和工业界的合作，共同投资开发和推广军民两用技术。在三年的计划期内，政府共计拨款 8.21 亿美元，支持了约 133 个项目，形成了军民两用技术计划的项目选择、开发过程、转移机制和组织模式等方面的基本制度。

小布什政府保留了克林顿时期实施的许多技术创新计划，如 ATP、制造技术推广计划、小企业创新研究计划等，同时也启动实施了国家纳米技术计划、网络与信息技术研发计划等国防部或者能源部的一些计划。

（二）项目支持

国家科学基金会为美国高校的协同创新和成果商业化提供了多种项目支持，从 20 世纪 70 年代发起的旨在以政府引导为先行、吸引企业可持续资助的工业-大学合作研究中心（The Industry-University Cooperative Research Centers，I/UCRC）项目（武学超，2012；王媛等，2022），到持续帮助曾经获得国家科学基金会资助的项目进行商业化潜能开发的创新联盟项目（Innovation Corps Program，I-Corps），美国形成了一套可复制的模式，能够满足相关产业和大学研究的需要，并在不断完善中形成了由科研机构、科学家、工程师和企业家建立的国家创新生态系统。

对于高校以外的科研机构，NSF 也有相关的项目为其提供资金、人员和管理支持。自 1987 年以来，NSF 的"科技中心综合伙伴计划"一直支持着美国重

要技术领域的研究，专注于探索可能对科学和社会产生广泛影响的变革性科学技术。自 1989 年起，截至 2023 年，NSF 先后分八批共设立了 62 个科技中心（Science and Technology Centers，STC）项目，不断有高校外的科研机构作为牵头单位，参与 STC 项目的申请和建设（National Science Foundation，2024）。此外，自 2017 年以来，NSF 一直在通过开创性研究和试点活动为"十大创新建议"（10 Big Ideas）计划奠定基础。2019 年，NSF 将为每个创新建议投资 3000 万美元，并继续识别和支持美国在服务国家未来的创新建议中发挥领导作用的新兴机会（National Science Foundation，2023）。

三、地方政府的引导配合

除联邦政府外，美国各级地方政府在促进产学研合作方面也发挥着重要的引导和整合作用，特别是在满足商业界对科学技术产品经验方面的需求，以及提升科学界在市场运作和管理技能的需求方面，它们在建立合作平台和机制上发挥了相当重要的作用。各州政府也建立或参与建立了合作平台，如宾夕法尼亚州的"本·富兰克林技术伙伴"（Ben Franklin Technology Partners）、俄克拉何马州的"从创新到创业公司"（i2E 公司）、俄亥俄州的"快速启动"（JumpStart）项目、加利福尼亚州圣迭戈市的"创业连接"（COONNECT）组织等（郭哲等，2021）。完善的科技中介组织和平台为产学研协同合作提供了全方位的优质服务，在产学研合作中起着沟通协调作用。

"本·富兰克林技术伙伴"是宾夕法尼亚州社区和经济发展部的一项倡议，由本·富兰克林技术发展局资助。该组织在企业层面上与初创科技型企业、制造业公司等合作，致力于改善他们的经营方式，并为他们提供投资、专业技术知识资源和融资规划。

四、充分有效的服务网络

在美国有专门的政府机构负责科技成果管理，主要是商务部及其下属的科技管理机构。而且，商务部下属的各个部门，如美国国家专利局（United States Patent and Trademark Office，USPTO）、NIST、国家技术信息服务局（National Technical Information Service，NTIS）及美国国家电信与信息管理局

（National Telecommunications and Information Administration，NTIA），都在促进产业技术创新和成果产业化过程中扮演极为重要的角色。

在管理之外，鉴于产学研合作的信息交流和能力价值导向差异，中介服务一直是产学研合作不可缺少的支撑体系，表2-2列举了美国官方和半官方性质的科技中介组织。

表 2-2　美国半官方和官方性质的科技中介组织

名称	来源	主要职能
国家技术转移中心	联邦政府	知识产权管理、信息技术和数据库开发、工程技术、市场分析、平面设计、商业制造业咨询、财务分析、专业和科技出版物发行及技术转化培训服务
国家信息技术服务局	商务部	收集政府和私人研究报告及其他有关科学、技术、工程和商业方面的信息，为社会提供综合的数据库服务和定制联机检索服务
制造技术推广伙伴关系计划	国家标准技术研究院	中小企业支持性服务，合作关系和技术对接，资金援助和技术服务

第五节　案　例　分　析

一、斯坦福国际咨询研究所

（一）发展历史与现状

斯坦福国际咨询研究所成立于 1946 年，最初是由斯坦福大学的工程师们组建的斯坦福研究院（Stanford Research Institute，SRI）。研究院旨在为私营企业和政府提供科学研究和工程技术方面的支持。成立初期，斯坦福研究院主要从事政府合同项目，如对于军方的无线电通信技术研究，以及航空航天领域的研究和发展等。1970 年，斯坦福国际咨询研究所从斯坦福大学独立出来，成为一家非营利性研究机构。它的机构遍及世界各地，总部设在加利福尼亚州旧金山市的门罗公园，与著名的斯坦福大学只隔一条街道。它的分支机构很多，在美国之外的许多世界级大城市，如东京、巴黎、米兰、马德里、伦敦、苏黎世、斯德哥尔摩等均有斯坦福国际咨询研究所的分所。

早期的斯坦福国际咨询研究所曾在 20 世纪 90 年代末期濒临破产。1998 年，柯蒂斯·卡尔森（Curtis Carlson）作为执行总监加入并扭转局面，在 2014 年卡尔森结束任期后，斯坦福国际咨询研究所的利润已经增长三倍有余，旗下的创意和技术的市值估值高达百亿美元（Carlson，2020）。在卡尔森就职期间，两项重要的技术发明为斯坦福国际咨询研究所的发展做出了巨大的贡献，也就是高清晰度数字电视（high definition television，HDTV）技术和前文提到的人工智能语音识别系统 Siri。

总体来说，斯坦福国际咨询研究所在多个领域取得了一系列的成就。除去人工智能语音识别系统 Siri，在生物医疗领域，该机构研究开发了第一款经美国食品药品监督管理局批准的药用人工心脏瓣膜；在能源领域，该机构的研究成果包括一种高效的电池技术和一种可以制造超轻型材料的生物模板技术。根据 2023 年官方网站的数据，斯坦福国际咨询研究所产出了超过 13 000 件专利及 500 份以上的研究报告。在技术转移和成果转化方面，斯坦福国际咨询研究所衍生出了 70 余家初创企业，并把研究所内部的 100 余个技术通过转让许可的方式交由企业和政府使用，可以说，斯坦福国际咨询研究所在学术研究领域和产业之间的衔接发挥了其独特的优势。

（二）组织结构及运行模式

图 2-2 介绍了斯坦福国际咨询研究所的核心组织结构，总体的工作围绕科学技术研发和技术项目商业化展开。斯坦福国际咨询研究所在人工智能与认知技术、生物科技和化学、能源与环境等领域有着较为深入的研究。表 2-3 则详细列举了其已知的内部研究机构。斯坦福国际咨询研究所工作的重点在于帮助技术跨越死亡之谷，实现技术到商业化产品和服务的价值量化过程。因此，斯坦福国际咨询研究所风投部（Ventures）作为内设的投资部门，与斯坦福国际咨询研究所的研究人员合作，针对内部研究成果进行投资和孵化，帮助技术走向市场。对于可成长为创业公司的项目，斯坦福国际咨询研究所风投部在项目成长和发展的每个阶

段，通过多种方式投资，包括直接投资、股权投资、并购、风险投资和合作，最终帮助项目成长为上市企业，或者使项目被其他大型企业收购，也就是说，斯坦福国际咨询研究所风投部可以通过股权出售、股息和其他形式的回报实现盈利。对于不具备成长为初创公司的项目，斯坦福国际咨询研究所风投部则会引导其进行知识产权许可和技术转让，从而实现成果的转化和机构的盈利。

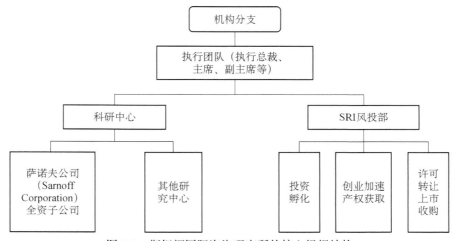

图 2-2 斯坦福国际咨询研究所的核心组织结构

表 2-3 斯坦福国际咨询研究所已知的内部研究机构

研究中心/部门名称	所属领域	地点
先进技术和系统研究部（Advanced Technology and Systems Division）	机器人技术、医疗设备、遥感、应用光学等	加利福尼亚州门洛帕克
生命科学研究部（Biosciences Division）	生物科学	加利福尼亚州门洛帕克
全球合作伙伴部（Global Partners Center Division）	科学技术和经济发展	日本
教育部（Education Division）	教育研究	加利福尼亚州门洛帕克
海洋和地理部（Ocean & Space Division）	海洋和地理	加利福尼亚州门洛帕克
创新战略和政策研究中心（Center for Innovation Strategy and Policy）	创新战略和政策	加利福尼亚州门洛帕克
国家安全研究中心（National Security Center）	安全研究	弗吉尼亚州阿灵顿
产品方案部（Products and Solutions Division）	计算机视觉、通信技术	新泽西州普林斯顿

（三）运行机制

斯坦福国际咨询研究所的技术转化率比较高，根据斯坦福国际咨询研究所官网上的数据，他们已经创建了超过 70 家初创公司，并将超过 20 项技术成功转化为商业产品和服务。其中一些公司已经被其他公司收购或在公开市场上进行了首次公开募股，如苹果手机的 Siri、直觉外科（intuitive surgical）和微妙通信（nuance communications）等。斯坦福国际咨询研究所的成功与其良好的运行模式密不可分，其模式的内在机制主要来自 NABC 商业化模型（Carlson et al.，2019；Carlson，2020）。

20 世纪 90 年代末，斯坦福国际咨询研究所濒临破产，而新的首席执行官卡尔森的到来，逐渐扭转了下行的发展局面。卡尔森的管理思想主要集中于内部研发项目价值创造过程的中心指导思想的统一，以及基于中心思想的不断实践。中心思想统一的关键在于对技术研发项目价值创造过程的一致性理解。何为价值创造？价值创造是指识别和提供比竞争或替代方案更好地提供满足客户重要需求的解决方案的过程。当这些解决方案的供应商拥有可持续的商业模式时，它们就会成为名副其实的创新。因此，为了帮助研究所的内部团队更好地进行价值创造，卡尔森和威廉·威尔莫特（William Wilmot）一起，提出了名为 NABC 的价值定位框架模型，模型中的四个具体要素内容如下。

（1）需求（need，N）：该次发行应该会填补市场上的一个重大空白。

（2）方法（approach，A）：该产品应以一种独特的、引人注目的和可辩护的方式满足客户的需求，并为投资者提供一种有吸引力的商业模式。

（3）单位成本收益（benefits relative to costs，B）：该产品应该为客户提供明显优越的价值。

（4）竞争（competition，C）：客户应当发现该产品始终比替代产品更有吸引力。

对于创新团队来说，其研发的产品或技术的价值主张（value proposition）则应包含对以上四个要素的详细解读，且四者缺一不可（Carlson，2011）。值得注意的是，以上四个要素是相互关联的，当其中的一个要素的内容发生改变时，会牵动其他要素的内容随之改变。卡尔森同时也指出，要想运用好以上模型，需要避免以下三个误区：一是对市场/客户需求的重视度不充分；二是过度依赖消费者的外在反馈，忽略其反馈背后的真实需求；三是对定义不明确的方法投入过多的经费。

NABC 这一商业化模型能顺利运作的前提，则是主动学习原则，具体来说，主动学习原则是对于创新团队每个成员的素质和能力培养的目标与方向，具体包含五个基本要素，分别是实时反馈、心理学模型构思、多样化学习法、团队合作和积极比较。

（1）实时反馈。创新和商业创意不同于对已有知识的学习，需要不断完善想法并广泛寻求反馈：从专家、同行、合作伙伴、竞争对手，以及最重要的客户中获得反馈。有效的反馈最初多集中于对客户需求和可能的解决方案达成一两个关键的洞见。

（2）心理学模型构思。心理学家指出，我们所有人都在构建"心理模型"——也就是我们头脑中的框架，用以理解我们的经历并为我们的决定提供信息。在主动学习中，可以使用这些模型来识别信念、见解和假设，并在此基础上建立有效的假设。

（3）多样化学习法。主动学习包括应用各种方法来展示和实验自己的想法。例如，使用图像、模拟和原型可以将想法赋予现实意义，突出问题的不同方面，并挑战人们对可能的解决方案的思考。

（4）团队合作。价值创造是一项高度协作的、跨学科的活动，没有一个人会拥有所有必要的知识、相关的心理模型或洞察力。这意味着团队中的每个人都必须带来其独特能力和经验，通过团队合作进而增强员工的参与度、学习能力和积极性。

（5）积极比较。直接和快速地比较两个相似的物体，会极大地放大微小的差异。正如配眼镜的过程中医生通过不断询问和比较来帮助我们找到最合适的验光度数一样，通过频繁的比较，才能帮助找到最合适的创新与创意方案。

（四）启示

总结上述内容，斯坦福国际咨询研究所的成功，有以下几个方面的原因。

（1）创新的文化和研究方法。斯坦福国际咨询研究所一直以来都注重创新，其研究人员也拥有广泛的研究背景和知识，能够进行跨领域的研究。此外，该机构还开发了一系列研究方法和工具，例如，人机交互、语音识别等，这些方法和工具在今天的科技领域中仍然具有重要的应用。

（2）与政府和企业的合作。斯坦福国际咨询研究所与政府和企业合作的历史悠久，该机构曾与美国国防部、NASA、美国能源部等众多政府机构合作，也与许多行业领先企业进行过合作，如苹果、微软等。这些合作为斯坦福国际咨询研究所提供了大量的研究资源和经验，使其在研究和开发方面能够保持领先优势。

（3）前瞻性的研究方向。斯坦福国际咨询研究所一直关注着未来的研究方向，如人工智能、生物技术等，这些领域在当今的科技领域备受关注。在这些领域，斯坦福国际咨询研究所一直保持着领先的地位，并为客户提供了各种创新的解决方案。

（4）团队的合作和配合。斯坦福国际咨询研究所注重团队的合作和配合，这有助于研究人员充分发挥各自的专业能力和技能，同时也有助于他们之间分享经验和知识，促进研究成果的产生。斯坦福国际咨询研究所的成功也与其优秀的团队管理有关，该机构一直致力于培养和吸引具有高度才华和创新精神的人才。

二、IBM 研究实验室

（一）发展历史与现状

IBM 成立于 1911 年，至今已有 113 年的历史。IBM 的历史，就是现代计算机的发展史。IBM 百年的发展历史简单来说就是在一个个危机促使下，由几代传奇执行总裁推动的转型变革史。IBM 现在是世界上第二大软件公司、第二大数据库公司、第二大服务器公司、第三大安全软件公司、第六大咨询公司，连续 14 年是最大的应用基础设施和中间件公司。该公司制造了第一个硬盘驱动器、第一个软盘驱动器、第一个在各种不同但兼容的机器上实现的体系结构、第一个广泛使用的高级编程语言和关系数据库、第一台超级科学计算机、第一个精简指令集计算机（reduced instruction set computer，RISC）设计和第一块动态随机存储器（dynamic random access memory，DRAM）芯片等。

IBM 研究实验室最初就处于计算革命的前沿，其研究人员在一些最重要的进步中发挥了不可磨灭的作用，从硬盘和软盘到大型机和个人电脑。IBM 研究实验室自最早的计算机时代就在这里，并且正在领导下一步的工作。自 1945 年 IBM 的第一个实验室成立以来，IBM 研究中心的研究人员已经撰写了超过 110 000 份研究出版物（IBM，2024），多次获得诺贝尔奖和图灵奖，拥有的专利数量超过万件（高帆，2008）。

目前 IBM 研究实验室致力于人工智能、混合云（hybrid cloud）、量子计算（quantum computation）、科学、安全和半导体等重要领域的研究。

（二）组织结构

IBM 的实验室遍布世界各地，目前的研究院共计 12 家，具体的研究方向如表 2-4 所示。以 IBM 苏黎世研究院为例，研发中心有管理层、研发部门及产业解决方案实验室。研发部门主要依据研究领域来划分，包括计算机科学领域、通信系统及科学与技术等。产业解决方案实验室作为学术研究与产品开发的桥梁，旨在通过更贴近顾客端的解决方案，缩短研发与市场间的距离。研发中心虽设有管理层，但是研究人员可以享受自我管理的方式，以及拥有不设限的研发方向。

表 2-4　IBM 的实验室简介

研究院	研究方向
IBM 非洲研究院	于水资源管理、农业、交通、医疗保健、普惠金融、教育、能源、安全和政府等关键领域开展研究
IBM 巴西研究院	研究重点是应用技术和科学进步更好地应对气候的未来，改进对话式人工智能，引导负责任和包容性的技术，并加快材料发现的步伐
IBM 爱尔兰研究院	除追求计算未来的前沿研究外，还致力于培养与学术和工业合作伙伴的密切关系，促进信息技术和科学领域的女性发展，并帮助推动欧洲的创新议程
IBM 英国研究院	受到当今全球背景下及英国行业和机构特有的最紧迫挑战的推动，带来尖端的计算科学和工程，以定义未来的量子计算、下一代人工智能及有助于加速英国及其他地区科学发现的技术
IBM 苏黎世研究院	将科学和技术的界限从原子推向分析，包括发现新材料、工艺和设备。通过先进的算法、图像识别和精确诊断实现医疗保健转型；并提供先进的加密技术，以保护从云到通过物联网连接的设备的所有内容

续表

研究院	研究方向
IBM 印度研究院	值得信赖的人工智能、面向代码的人工智能、对话式人工智能、面向业务自动化的人工智能、混合云、气候与可持续性、安全
IBM 以色列研究院	主要关注领域包括自然语言理解、计算机视觉、混合云、混合数据、量子计算、安全、区块链、流程自动化及医疗保健和生命科学的加速发展
IBM 东京研究院	由 IBM 应用其研究资产和专业知识，满足其客户的需求创新并帮助他们克服业务困难，通过协作迎接挑战。目前正在投资最有前途和四大基础技术的创新技术支柱：人工智能硬件、核心人工智能、行业研究、昆腾软件
IBM 纽约约克敦高地研究院	拥有行业领先的先进技术推进设施，包括：IBM Q 实验室，正在开创量子计算；家庭健康实验室，开发远程监控解决方案，改变临床医生为帕金森病患者提供护理的方式；以及最初的 THINKLab，IBM 研究人员和客户合作开发创新解决方案，以应对复杂的行业挑战
IBM 马萨诸塞州剑桥研究院	致力于具有巨大社会影响力的技术创新。研究重点是设计、发明和构建下一代人工智能，并创建人工智能来改变医疗保健、老龄化和可访问性、网络安全等
IBM 纽约奥尔巴尼研究院	过去十年中，半导体行业的许多重大突破都来自此处，包括 IBM 创造的第一个 2nm 节点芯片。工作重点是通过推动 3D 垂直集成的进步来推进未来计算工作负载的半导体创新
IBM 硅谷创新实验室	在人工智能和机器学习、混合云、量子计算、安全和存储等颠覆性技术领域取得突破。他们发表的著作和对科学界的贡献跨越多个行业，包括医疗保健、半导体、可持续能源、可再生材料、零售和数据隐私

研究院对研究人员设立了包括 IBM 院士和 IBM 技术研究院会员的职业发展路径。IBM 院士可以向公司申请预算，组建研发小组，在一定时期内从事不受限制的自由研发，同时公司还设有各种奖项以鼓励创新。此外，实验室研究人员可申请在其他研究领域开展科研工作，随着研发成果流动到产业部门。在企业外部，实验室研究人员可以是政府官员、大学学者及商界精英等各种职位，这种方式可以使得 IBM 研究实验室成为知识生产、扩散和各界人员交流的高级平台。

（三）运作管理

1. 经费来源

IBM 研究实验室的经费不完全来自公司的经费拨款，公司希望实验室对外进行合作，以便于实验室了解行业和市场的趋势，把握住研究的方向，故

IBM 研究实验室大约 1/3 的资金来自外界投资，其中包括合作大学的研究经费、合作企业的投资、政府的投资等，其余主要来自 IBM 公司的拨款，拨款额大约占公司当年总利润的 6%，且近几年有上升趋势。

2. 外部协同合作机制

前文提到，IBM 研究实验室通过与企业、政府、学校多方合作，获取部分实验经费。其中，较为著名的合作方有微软、谷歌、思爱普、亚马逊、波士顿科学公司、美国宝石学院和 MIT 等。外部合作的具体方式如下。

（1）联合共建。MIT-IBM 沃森人工智能实验室（MIT-IBM Watson AI Lab）就是典型的联合共建实验室，IBM 研究实验室与 MIT 的学术研究团队共同参与相关方向的科研计划，并且 MIT 方面出资投入合作的研究项目当中。别的 IBM 研究实验室也与当地或者邻近的高等教育机构进行合作研究。在联合共建模式下，IBM 也提供了会员计划。"MIT-IBM Watson AI Lab 会员计划"正在打造一种新的研发模式。这个计划可以将 MIT 和 IBM 研究院之间的独特合作扩展到一小群创新公司和战略合作伙伴，其中包括消费技术、医疗设备、金融、建筑、能源和国际发展的领导者。这也为实验室增加了一系列的合作伙伴和投资来源。

（2）会员制，技术咨询+额外的激励机制。一方面，企业可以加入 IBM 会员，以此为媒介加入 IBM 协作生态系统和活跃的研究社区，推动创新和创造新技术，同时可以直接与 IBM 研究人员合作，共同研究并开发突破性技术，更快地解决遇到的问题。会员制使得 IBM 研究实验室能根据会员的具体需求制定解决方案，同时，也能让会员抢先体验实验室的最新研究成果，快速将创新注入企业所在的组织团体中。

另一方面，IBM 在 2023 年 1 月提出了新的会员合作激励方案，在以往的会员制度上增加了合作的激励措施（IBM，2023）。主要分为以下三个部分。

（1）竞争性激励。参与该计划的合作伙伴可获得白银级、黄金级和白金级三个等级的认证，从而获得专属的财务支持、市场进入支持和教育权益。这意味着合作伙伴在新计划中不断进阶，将解锁更多权益和需求挖掘方面的支持。

（2）内部资源。免费向合作伙伴提供与 IBM 员工相同的培训、支持和体验式销售资源，有助于他们更好地赢得客户青睐。此外，向合作伙伴开放IBM 的销售工具，可帮助其生成具有竞争力的、透明的定价。合作伙伴还可以与 IBM 销售人员一起参加 IBM 的季度销售大会，实时参与培训和其他技术赋能主题的活动，以提升相关技能和行业认可，并与 IBM 的技术专家进行互动。

（3）强化支持和权益。合作伙伴可以借助 IBM 技术专家的力量，在开放混合云平台上使用人工智能、安全和云等技术，以提高技能、开发解决方案并打造销售专场。IBM 还将帮助合作伙伴开发最小可行性产品，进行概念验证和定制演示，帮助他们赢得客户业务并加速发展。此外，随着与 IBM 的合作伙伴关系不断升级，合作伙伴将获得更多额外权益，从而持续强化技术能力、发掘新客户。

（四）启示

IBM 的成功主要得益于三个方面：完整的运作体系和规范、多元的合作方式及研发人员强大的学术基础。我们不难从中获取一些经验和启发。

（1）将研发机构建设作为企业发展战略加以实施，在完善研发机构体系和运作规范，遵循全球先进学术机构相同的科学规范和运作程序来管理企业实验室基础上，创建一条属于中国企业研发机构的道路，同时突出实验室的基础研究功能，以此为基础确立研发方向，并且结合企业定位，开发一系列符合市场主流方向的产品。

（2）增加研究经费的投入，为研究创造良好环境。借助政府投资、高校科研系统及相关企业的力量，共同合作研发，确保研究的持续性和先进性。以科研项目和联合研究为载体，促进基础研究合作和各界交流，并以此为平台，推动企业研发和市场战略布局，同时为促进合作，应创立相应的合作激励措施，吸引更多优秀的企业和个人加入合作研发当中。

（3）营造鼓励人才流动的制度环境。企业实验室应该选聘有战略眼光、创新意识和科学素养的学者担任实验室的领头人，建立具有学术特征的科研激励制度，鼓励研发人员与科学界主流紧密互动，将实验室打造成自由探索而又有应用导向和行业特征的学术共同体，打破学术壁垒，推动高层次人才引进、培养和流动。

三、美国国防高级研究计划局

（一）发展历史与现状

美国国防高级研究计划局（Defense Advanced Research Projects Agency，DARPA）诞生于冷战时期，在美国与苏联的军事对抗日益激烈的背景下，1957 年苏联将人造卫星斯普特尼克 1 号（Spuntnik-1）送向太空轨道，成为世界上第一个发射卫星的国家，而美国的空间研究则因当时各个军种间的竞争几乎陷入停滞（贾珍珍，2013）。为此，1958 年 2 月 DARPA 成立，成立后的首要任务是接管全部的军事空间计划。因此，机构成立之初，专注于总统下达的三个关键任务：太空、导弹防御和核武器试验的探测。然而不久之后，国会和总统成立了 NASA，吸收了 DARPA 的大部分太空项目。总统的另外两项任务——导弹防御和核武器试验的探测——在大约 15 年的时间里一直作为 DARPA 的主要焦点，但最终被转移到国防部的其他机构（叶信安，1984）。在 20 世纪 60 年代早期，DARPA 的另一个角色出现了，它开始追求一系列较小的、以技术为重点的项目，项目的核心理念概括来说就是"防止技术意外"。这些项目最初尝试了材料科学、信息技术和行为科学这三大领域，换言之，DARPA 在本质上"发明"了这些作为技术追求的领域。

1975 年，乔治·海尔迈耶（George Heilmeier）成为 DARPA 的新一任局长，他在管理上十分严谨，并形成了其独特的管理模式。更重要的是，他摒弃了过去信息处理技术办公室（Information Processing Technology Office，IPTO）的纯理论研究工作，而将研究的重点放在那些与军事发展息息相关的实际应用上（贾珍珍，2013）。在他的任期内，将 IPTO 在基础研究和应用研究的预算配比从 60∶40 调整为了 42∶58，甚至自费支持人工智能项目这类应用性项目的研发。进入 20 世纪 90 年代后，随着苏联的解体，DARPA 在武器方向的研究也成为过去式，加上 20 世纪 80 年代巨额透支的国防开支，克林顿政府将目光转向军民两用技术，并将其作为增强美国经济实力的一种途径。

进入 21 世纪后，DARPA 重点追求"技术突袭"。DARPA 持久的使命也被描述为"对服务于国家安全的突破性技术进行关键性投资"（杨芳娟等，2019）。DARPA 资助和扶持的一些项目在当时似乎不切实际，但一旦研发成功，大都能被广泛应用且具有跨时代的意义，此处列举部分成果如下。

（1）阿帕网（advanced research projects agency network，ARPA Net）。1969 年，由当时还被称作美国高级研究计划局（ARPA）研发的 ARPA Net，是现如今互联网的鼻祖。最初的 ARPA Net 是为了实现 ARPA 的电脑相互连接，从而使得研究成果机构内部共享。时任信息处理技术办公室主任的拉里·罗伯茨牵头研发设计出了电脑连接的交流协议——传输控制协议（transmission control protocol，TCP），实现了不同网络间的相互通信。TCP 也被沿用至今，催生出如今应用广泛的互联网（郝君超等，2015）。

（2）全球定位系统（global positioning system，GPS）。在 GPS 之前，美国海军和空军各执自己的定位系统且互相不兼容。于是在 1973 年，美国国防部委托 DARPA 开发可共享的定位系统。在前期由 6 颗卫星建立起的定位网络（Transit 项目）的基础上，DARPA 将 24 颗卫星组网，形成了 GPS。2000年 5 月，在总统克林顿令下，GPS 向民用领域开放。

（3）隐形战机。1974 年，美国 DARPA 提出了一系列关于隐形飞机的议案，洛克希德·马丁公司掌握有关信息后，根据公司为 SR-71 侦察机开发秘密技术的经验，用一种能反射电磁辐射的新设计打动了 DARPA，为此，二者合作展开了高级开发项目并成立专门的研发项目部（Shrunk Works，又名"臭鼬工厂"），项目成立之初监管权也顺势转交给了美国空军。1976 年，"臭鼬工厂"在柏克班的 82 号大楼启动了实验研究项目，并在 1978 年研制成功 F-117 隐形战斗机（贾珍珍，2013）。

（二）组织架构

与其他研究机构不同的是，DARPA 不直接参与研究与发展工作，也没有自己的实验室和科研团队，其内部所有的项目通过外包的形式展开，主要由工业界的专家和团队进行研发。整个过程中，DARPA 扮演着中枢机构的角色，控制着研究进程。在这种低成本的运作模式下，DARPA 本身的组织架构并没有复杂的上下级层次，相反，其架构呈现的是极度扁平化的特点，从上至下只有局长—办公室主任—项目经理三个决策层级（窦超等，2019）。局长之下，DARPA 共设有 6 个技术办公室、2 个专项计划办公室和 1 个技术转移办公室。6 个技术办公室是 DARPA 的核心部门，除办公室主任外，有近 100 位项目经理（占机构总人数的四至五成左右），他们的主要职责是监督和管理为期 4～6 年的短期创造性研究项目（开庆等，2022）。表 2-5 列出了 6 个技术办公室的具体名称和研究方向。

表 2-5　DARPA 下设的技术办公室简介

名称	研究领域	简介
生物技术办公室（Biological Technologies Office）	生物复杂性、生物系统、疾病、健康、医疗设备和合成生物	开发包含生物学独特特性（适应、复制、复杂性）的技术，并应用这些特性来革新美国保护其士兵、水手、飞行员和海军陆战队的方式。帮助国防部扩大技术驱动的能力，部署生理干预以维持作战优势，支持作战准备，并专注于作战生物技术以实现任务的成功
国防科学办公室（Defense Sciences Office）	自主性技术、复杂性技术、基础、材料、数学和传感器	识别并追求跨越广泛的科学和工程学科的高风险、高回报的研究项目，并将其转化为面向美国国家安全的重要的、改变游戏规则的新技术。研究主题包括数学、计算和设计的前沿，传感和传感器的极限，复杂的社会系统
信息创新办公室（Information Innovation Office）	算法、人工智能、认知科学、数据、语言、机器学习、隐私和可信计算	创造开创性的科学，发展信息和计算领域的转型能力，以突袭对手，并保持国家安全的持久优势
微系统技术办公室（Microsystems Technology Office）	指挥、控制、通信、计算、情报、监视和侦察、电子战、定向能源	支持 DARPA 的任务的创建和预防战略意外，近年来致力于将商用成果的力量通过聚合、改编成网络和系统的集成组件从而为作战人员所利用
战略技术办公室（Strategic Technology Office）	空间技术、通信、战略、电子战、频谱	旨在将技术以"互联"的形式融合起来，以推进军事作战能力，减少战争花销，同时提高战争适应能力
战术技术办公室（Tactical Technology Office）	地面、海上（海面和海底）、航空系统和空间系统平台、机器人	提供或预防高风险-高回报的战略与战术突袭

（三）运行机制

由于 DARPA 所关注的研发项目是颠覆性或突破性的技术，更夸张地说，有人将 DARPA 描述为"为那些拥有疯狂、激进、冒险，甚至被视为坏想法的人"而设立的平台，而这些想法已被证明是美国主要的"游戏规则改变者"（贾珍珍，2013）。因此，DARPA 有着独具特色的项目运作机制和外部创新生态网络。下文对项目的运作机制的描述将从项目遴选机制、项目执行与淘汰机制和项目经理的任用机制三个方面展开（窦超等，2019）。

1. 项目遴选机制

DARPA 非常愿意承担巨大的技术风险，以试图获得"改变状态"的结果。DARPA 对技术的增量改进不感兴趣，其具体任务是开发重要的新技术或更好的技术。要做到这一点，就要求它的研究重点是涉及高风险和失败可能性的项目，但如果成功，也会产生很高的回报。因此，项目筛选在 DARPA 的运作中尤为重要。

1975 年海尔迈耶上任后，独创了一套项目筛选时所要考虑的问题体系，被称为海尔迈耶教义（The Heilmeier Catechism），具体包括如下问题。

（1）你想做什么？用绝对没有术语的语言来表达你的目标。

（2）今天它是如何做到的，目前的实践的限制是什么？

（3）你的方法有什么新进展？为什么你认为它会成功？

（4）谁在乎吗？

（5）如果成功了，它会有什么不同呢？

（6）其中的风险和回报是什么？

（7）它要花多少钱？

（8）这需要多长时间？

（9）通过什么样的期中和期末"考试"来检查成功？

此外，对于同一个研发目的的项目，在项目公开招标的过程中可能会接收到思路完全不同的解决方案，而且对于同一个项目，DARPA 有时会资助不同的团队开展研究，降低"把鸡蛋放进同一个篮子里"所导致的风险（贾珍珍，2013）。

2. 项目执行与淘汰机制

基于 DARPA 对研发项目的特殊目标，这些项目通常不会按计划进行。这些都是解决未知问题的研究项目，有希望的研发想法很可能会失败，新的机会将会被发现，因此，研发计划需要经常进行调整。DARPA 的项目经理会不断地评估项目，并与研发者合作，以识别障碍和机会，并做出调整。项目在进入下一个阶段之前会经历非常关键的技术审查，如果审查通过，则划拨下一阶段经费，而如果审核未通过，则可能被项目经理直接叫停项目，并把资金分配给其他更可行的项目（贾珍珍，2013）。

3. 项目经理任用机制

从项目的运作管理过程来看，技术选择、项目组织、项目协调、项目执行、项目经费管理、技术产业化等都取决于项目经理的判断与决策，项目成功与否与项目经理的个人素质有着很大关系。例如，1966 年，时任信息管理办公室主任的泰勒以独到的眼光认准了 MIT 林肯实验室的罗伯茨，委托其主持 ARPA Net 的研制工作，而罗伯茨也不负所托，成功研制出了 ARPA Net 并设计了相关的传输控制协议（郝君超等，2015）。此外，国会授予了 DARPA "实验人事权"的特殊权利，即允许 DARPA 以非常具有竞争力的薪金从工业界聘用专家型项目负责人，从而保证其创新前沿的地位。

正因项目经理的管理权限巨大，DARPA 有自己独特的选拔项目经理的标准和要求，并且项目经理的聘用通常采取限期聘任制，任期一般是 3～5 年，为的是保持一定的紧迫感，提高工作效率（李元龙，2018），同时，这样的非终身雇佣制也大大提高了组织的灵活性，为整个机构能够在前沿和突破性技术上保持竞争力提供支撑。

（四）启示

（1）高效率的运作。DAPRA 每年会保持 25%左右的人员更替，保持了机构的新鲜血液和高效能的运作，一旦 DARPA 决定对某个项目团队进行资助，研究工作便能以最快的速度开始（李元龙，2018），并且在项目设想阶段，DARPA 就开始考虑未来的转化需求，并把此贯穿到每一个管理环节，同时，在项目运行中期，会及时评估并终止没有发展潜力的项目，把资金快速转向新项目中。

（2）"容许犯错"的包容氛围。"如果 10 个项目中有一个取得成功，那也是值得的"，这是机构内部的信条之一（李元龙，2018）。DARPA 所关注的焦点是高风险高回报的项目，因此项目在运行过程中遇到障碍甚至失败的风险也很大，然而，DARPA 并不排斥大胆的设计和计划，而是在最大的能力范围内预测风险，在接受和管理风险的前提下进行研究设计，为创新发展带来源源不断的动力。

四、美国国家标准与技术研究院

（一）发展历史与现状

美国国家标准与技术研究院（National Institute of Standards and Technology，NIST）是一个联邦机构，前身是美国商务部成立于 1901 年的国家标准局（National Bureau of Standards，NBS），随着其职能的不断拓展，在 1988 年经过成文法令更名为 NIST（刘春青等，2007）。机构的宗旨是通过推进测量科学、标准和技术来促进美国的创新和提升工业竞争力。NIST 是美国商务部的一部分，也是美国最古老的物理科学实验室之一。NIST 的测量数据能够在许多产品和服务里被广泛应用，从纳米级设备到抗震摩天大楼和全球通信网络，均有其应用的场景。NIST 的使命是加强经济安全，提高美国人民的生活质量，并希望成为在创造关键的测量方案和促进公平标准方面的世界领导者。NIST 具有在测量科学及标准的开发和使用等方面的核心能力，例如，NIST 拥有美国标准时间源的 NIST-F1 原子钟，该原子钟是实现美国国家时间和频率标准的重要设备，NIST-F1 原子钟的不确定度为 1.5×10^{15}，也就是说在运行 2000 万年后，这种原子钟的误差不会超过 1s（高俊方，2001）。

NIST 著名的研究领域之一是加密学，它是一门使用数学技术保护信息的科学。NIST 自 1977 年开始参与加密学，当时它发布了数据加密标准（data encryption standard，DES）作为联邦信息处理标准（The federal information processing standard，FIPS）。从那时起，NIST 已经开发并发布了许多其他的密码标准和指南，如高级加密标准（advanced encryption standard，AES）、安全哈希算法（secure Hash algorithm，SHA）和数字签名算法（digital signature algorithm，DSA）。NIST 还对新兴的密码学技术进行了研究和测试，如后量子密码学和轻量级密码学。

（二）组织结构

NIST 的核心部门主要有两大模块，第一模块是以实验室为主要代表的研究板块，从早期发生在马里兰州巴尔的摩的火灾中，消防水带接头跨区域间不匹配，进而推动建设的建筑与防火实验室，到现如今的五大实验室（物理测量实验室、材料测量实验室、工程实验室、信息技术实验室、通信技术实验室）和 34 个细分的分支部门，这一模块朝着精细化和全面化的方向不断地发展（李颖，2002；刘春青等，2007）。除实验室之外，还有两个产学研合作的研究中心，分别是中子研究中心和纳米科学与技术研发中心；第二模块是专项计划板块，包括波多里奇卓越绩效项目（Baldrige Performance Excellence Program）、霍林扩大生产合作项目（Hollings Manufacturing Extension Partnership）和先进制造计划部（Office of Advanced Manufacturing）（顾建平等，2013）。

（三）运作机制

1. 经费投入机制

NIST 的运行经费主要来自联邦政府投入。2023 年，联邦投入预算总计 16.273 亿美元，预算具体的应用项目如表 2-6 所示。相比于 2022 年，2023 年的预算增加了接近 4 亿美元。联邦政府对 NIST 的运行与管理采用"一院一法"的形式，机构的成立、变更和相关法案内容均有明确的法律依据，具体来说，"一院一法"是在一份源头公共立法的基础上，不断更新和修正而形成的一系列法条合集。例如，自 1901 年 NIST 成立到 2014 年，涉及 NIST 的法案共有 7 部，从 NIST 内部机构变更、重大职能调整和拨款计划等方面进行了修订（林娴岚和李哲，2016）。例如，2014 年《复兴美国制造业与创新法案》和 2015 年《巩固与继续拨款法案》中提出，授权 NIST 在 2015～2024 财年，每年从财政拨款中计提 500 万美元用于支持制造业创新网络计划的实施（林娴岚和李哲，2016）。

表 2-6　2021~2023 年联邦政府对 NIST 拨款情况　（单位：百万美元）

项目类别	2021 年	2022 年	2023 年
研发与服务	788.00	850.00	953.00
——实验室项目	687.10	705.80	763.30
——企业服务	17.50	17.40	17.50

续表

项目类别	2021年	2022年	2023年
——标准与特殊项目	83.40	126.80	172.20
产业技术服务	166.50	174.50	212.00
——扩大生产合作部	150.00	158.00	175.00
——美国制造计划	16.50	16.50	37.00
研究设备	80.00	205.60	462.30
——建设与翻新	6.10	0	0
——安全与维护	73.90	80.00	130.00
——院外建设项目	—	125.60	332.30
总计	1034.50	1230.10	1627.30

资料来源：NIST（2022）。

2. 研发合作机制

桑卡尔普（Sankalp）半导体公司是一家为半导体和系统公司提供设计服务和解决方案的领先供应商。NIST 和 Sankalp 半导体公司的合作始于 2019 年，当时他们签署了一份谅解备忘录，将在印度建立一个联合研究中心。该中心名为 NIST-Sankalp 纳米电子学研究中心，旨在开展纳米电子学、纳米传感器、纳米材料和纳米器件方面的前沿研究和开发。该中心也作为两个组织之间知识交流、技术转移和能力建设的平台。

NIST-Sankalp 纳米电子学研究中心的主要目标之一是开发新型的纳米电子设备和电路，能够在医疗保健、能源、环境、安全和通信等领域实现新的应用。该中心已经开展的一些项目包括开发基于纳米线的晶体管、传感器和存储设备；探索纳米尺度系统中的量子效应和现象；设计低功耗和高性能的集成电路；以及使用先进的光刻技术制造纳米结构。研究中心还促进了来自两国的研究人员、学生和行业合作伙伴之间的合作和创新。该中心提供了最先进的设施和设备，如洁净室、显微镜、分谱仪和制造工具，亦举办研讨会、培训计划和交流访问，以提高学员的技能和知识，还与印度和国外的其他学术机构及研究机构建立了联系，以扩大其网络和范围。

3. 绩效评估机制

NIST 的评估有三个层面，一是作为美国商务部的下属部门接受联邦政府的业绩和效率评估；二是研究主任委托国家研究理事会对其下属的实验室和研究中心进行同行评议；三是对其内部的项目展开经济影响评估。以实验室和研究中心的同行评议为例，NIST 一般每两年展开一次评议，每次约有 150 名专家参与。专家组们按照技术的质量、价值、相关性、有效性和装备与人员的充足性等几个方面展开。

4. 公共服务运行机制

根据表 2-6 的部门预算，NIST 的工作范围不局限于科研领域，还包括公共服务领域，在服务于美国产业的同时，推动联邦成果的转移及帮助提高美国企业的竞争力，为此，NIST 也有特定的项目计划，从不同的层面展开相关的服务内容。因此，本节选择其中的两种比较有代表性的计划进行描述，并以此为基础，了解 NIST 的公共服务的运行机理。

技术转移计划部中小企业创新项目：1982 年美国政府颁布了《小企业创新发展法案》，NIST 的中小企业创新项目（small business innovation research program）是落实该法案的重要组成部分。该项目旨在增加企业对联邦研发创新的商业化效率，利用小企业来满足联邦政府的研发需求，同时促进中小企业的技术创新。项目以资助为主，资助分为三轮，首轮资助的时长为六个月，用于创新的可行性分析，二轮资助的时长为两年，主要用于研发，三轮资助的时长无限制，用于创新成果的商业化。

扩大生产合作计划：又名制造技术推广伙伴计划，该计划依据《1988 年综合贸易与竞争法》（Omnibus Trade and Competitiveness Act of 1988，P.L. 100-418），在全美建设多个中心并形成网络（Congressional Research Service，2018）。项目经过多年的运行，在 2018 年便已经在美国各个州内实现了全覆盖式的网络化布局，能够链接上千位在制造业领域经验丰富的专家，同时，在美国的 50 个州和波多黎各（自治邦）均设立了分中心，能为制造业企业，特别是中小企业在促进增长、提高生产率、降低成本和扩大生产等各方面提供所需要的服务及各类资源（Congressional Research Service，2018）。

在分中心设立和运转的初期，调研发现先进的联邦技术并非中小制造业所急需的技术，相反，中小制造业企业需要的是更加基础的，包括关于管理信息技术、财务管理系统和业务流程等主题的现成技术和业务建议。因此，项目在发现问题后及时调整了方向，将重点转移到生产问题解决、员工培训、营销计划制定及设备升级这四个方面。现如今，项目的核心工作已经与伊始目标逐渐契合，主要集中在技术加速，也就是通过先进的技术为产品、流程、服务和商业模式赋能，进而增强制造业的核心竞争力。

（四）启示

总结 NIST 的成功经验及其对我国新型研发机构可借鉴的主要方面如下。

（1）国立研究机构的综合性和权威性。NIST 的经费主要来源于联邦政府，在完成其研发职能的基础上，拥有着组织和管理的公共服务性质；在充分的资金和人才的基础上，加之机构本身的属性，能够有效地联合各方力量进行产业共性技术研发。

（2）研发项目性质定位的准确性。一般来说，国立科研机构聚焦的研究项目和研究领域多为回报周期长、风险系数较高的项目，同时这些领域又是国家急需发展的重点领域，前瞻性较强，这些项目一旦成功便有着高回报率，因此，NIST 对其资助的研发项目的精准定位帮助其实现了较高的投入产出回报。

（3）资源和信息的可得性。NIST 所涵盖的各种项目和计划种类繁多，而其官方网站将这些信息通过条理性地规划布局，全面地展现了机构的功能和服务。例如，NIST 在扩大生产计划下于每个州设立了分中心，因此在相关页面中，51 个分中心的网址被集中编排和布局，便于企业快速定位自己所需要的分中心和有关资源，同时，官方网站也通过大量翔实的过往案例，以及详细的项目机制介绍，为需要服务的中小企业提供了线索和方向。

本章参考文献

陈新忠，王地. 2019. 世界一流学科的演进规律及启示——基于康奈尔大学的实践探索. 现
 代教育管理，（3）: 26-31.

程媛. 2012. 高校科技成果转化的促进机制研究. 杭州：浙江大学.

丁明磊，陈宝明. 2015. 美国联邦财政支持新型研发机构的创新举措及启示. 科学管理研究，33（2）：109-112.

董文浩，刘晓光，董维春. 2023. 《莫雷尔法案》前美国实用高等教育的创立与组织演化——以农业教育为中心的历史考察. 外国教育研究，50（1）：94-112.

窦超，李晓轩，代涛. 2019. DARPA 治理有效性研究. 科学学研究，37（8）：1435-1441.

付宏，张一博，夏梦虎. 2018. 美国《拜杜法案》对科技成果转化的促进及其启示//北京科学技术情报学会. 2018 年北京科学技术情报学会学术年会——"智慧科技发展情报服务先行"论坛论文集，165-176.

付强，王玲. 2016. 美国大学科研人才创业保障机制及其启示. 中国高教研究，（7）：85-90.

高帆. 2008. 什么粘住了中国企业自主创新能力提升的翅膀. 当代经济科学，（2）：1-10，124.

高俊方. 2001. 世界上最精确的钟. 科学世界，（5）：35-40.

龚旭. 2015. 政府与科学：说不尽的布什报告. 科学与社会，5（4）：82-101.

顾建平，李建强，陈鹏. 2013. 美国国家标准与技术研究院的发展经验及启示. 中国高校科技，（10）：53-55.

郭哲，田慧君，王孙禺. 2021. 多元主体协同视角下发达国家创业教育生态系统的比较研究——来自美国和欧盟的范例. 清华大学教育研究，42（5）：140-148.

韩楚煜，刘晓光. 2022. 美国政产学合作平台的管理机制研究及启示：基于 I/UCRC、ERC、GUIRR、STC 的比较分析. 中国农业教育，（3）：94-102.

郝君超，王海燕，李哲. 2015. DARPA 科研项目组织模式及其对中国的启示. 科技进步与对策，32（9）：6-9.

郝宇彪. 2014. 美国公共债务负担率逆转的原因及对中国的启示. 学术月刊，46（9）：71-81.

何昭瑾，杨艳梅. 2018. 美国推动产学研合作的经验及启示. 中共合肥市委党校学报，（3）：15-19.

何振海. 2008. 美国加利福尼亚州公立高等教育系统化发展研究（1850—1960）. 保定：河北大学.

贺小桐. 2015. 产学研合作对创新型城市发展的影响力研究. 合肥：中国科学技术大学.

胡微微. 2012. 解构美国大学技术转移的 MIT 模式. 高等工程教育研究，（3）：121-125.

黄春香. 2008. 美国研究型大学独立科研机构建设的分析与借鉴. 上海：上海交通大学.

贾珍珍. 2013. 组织文化与军事技术创新——以美国国防高级研究计划（DARPA）为例. 长沙：国防科学技术大学.

开庆，窦永香，王天宇. 2022. 生命周期视角下美国国防部高级研究计划局颠覆性创新项目管理机制研究. 科技管理研究，42（15）：1-8.

蓝晓霞. 美国产学研协同创新机制研究. 北京：北京交通大学出版社.

李江华. 2019. 校地共建新型研发机构的协同治理研究. 武汉：华中科技大学，2019.

李颖. 2002. 美国国家标准技术研究院. 世界标准信息，（6）：2-13.

李昱涛. 2004. 美国国立卫生研究院初探：历史演变、管理体制和运行机制. 北京：清华大学.

李元龙. 2018. DARPA 的创新特点及启示. 科技导报，36（4）：22-25.

林娴岚，李哲. 2016. 美国国家标准与技术研究院的立法特点及启示. 全球科技经济瞭望，31（11）：60-64.

刘春青，王平，王金玉，等. 2007. 美国标准技术研究院的发展进程. 世界标准信息，（4）：27-28，1.

刘源，赵庆年. 2020. 产学研融合的创新人才培养机制构建：美国实时功能成像科技中心的案例剖析. 高等工程教育研究，（5）：159-164.

毛兵. 2004. 美国的科技体制与科技创新. 领导科学，（1）：45-47.

潘冬晓，吴杨. 2019. 美国科技创新制度安排的历史演进及经验启示：基于国家创新系统理论的视角. 北京工业大学学报（社会科学版），19（3）：87-93.

曲雁. 2010. 中美高校科技成果转化中的知识产权保护问题刍议. 北京交通大学学报（社会科学版），9（2）：101-105.

宋崔，康晓伟. 2011. 论大学教师学术创新力的基础：学术综合交叉能力. 比较教育研究，33（7）：12-16.

滕大春. 2001. 美国教育史. 北京：人民教育出版社.

王健. 2015. 论中国智库发展的现状、问题及改革重点. 新疆师范大学学报（哲学社会科学版），36（4）：29-34，2.

王媛，周诗雯，吴杨. 2022. 美日科研资助机构的产学研资助计划及对我国的启示. 创新科技，22（6）：85-92.

武学超. 2012. 美国产学研协同创新联盟建设与经验：以 I/UCRC 模式为例. 中国高教研究，（4）：47-50.

武学超. 2017. 美国联邦政府推动产学研协同创新的路径审视：政策工具视角. 高教探索，（5）：71-77.

许玥姮，刘光宇，丛琳. 2018. 美国国家实验室的运营与技术转移机制特点——以劳伦斯·伯克利国家实验室为例//北京科学技术情报学会. 2018 年北京科学技术情报学会学术年会——"智慧科技发展情报服务先行"论坛论文集，244-250.

杨芳娟，梁正，薛澜，等. 2019. 颠覆性技术创新项目的组织实施与管理——基于 DARPA 的分析. 科学学研究，37（8）：1442-1451.

杨青. 2016. 美国国立科研机构科技成果产权管理研究：基于对美国 ARS、NIH 等 10 所科研机构的分析. 武汉：华中科技大学.

叶信安. 1984. 美国国防部高级计划研究局（DARPA）二十五周年. 现代防御技术，12（4）：17-20.

张庆芝，徐晓宁. 2016. 诺奖科学家参与科学成果商业化的程度研究. 南京工业大学学报（社会科学版），15（3）：104-110.

张炜. 2023. 大学与学院有何不同？——基于美国研究生、学科及科研分层定位的视角. 学位与研究生教育，（10）：72-81.

周敏凯，刘渝梅. 2011. 比较现代化视角下的美国崛起的历史经验解读. 社会主义研究，（4）：119-124.

Berkeley Lab. 2018. Berkeley Lab Researcher Handbook For Researchers Protect Your Invention. https://ipo.lbl.gov/wp-content/uploads/sites/8/2014/07/ForResearchers_ProtectIP_2017.pdf [2023-05-14].

Carlson C R. 2011. Creating abundance through the application of a discipline of innovation// Banco Bilbao Vizcaya Argentaria. Innovation. Perspectives for the 21st Century. Spain: OpenMind, 211-228.

Carlson C R. 2020. Innovation for Impact. Harvard Business Review.

Carlson C, Polizzotto L, Gaudette G R. 2019. The "NABC's" of value propositions. IEEE Engineering Management Review, 47(3): 15-20.

Congressional Research Service. 2018. The Hollings Manufacturing Extension Partnership Program. https://crsreports.congress.gov/product/pdf/R/R44308/15[2023-05-07].

Georgescu I. 2022. Bringing back the golden days of Bell Labs. Nature Reviews Physics, 4(2): 76-78.

IBM. 2024. Publications - IBM Research. https://research.ibm.com/publications[2024-02-13].

IBM China. 2023. IBM 推出全新合作伙伴计划 IBM Partner Plus：强化激励措施，优化资源共享和赋能，助力合作伙伴共赢客户. https://www.prnasia.com/story/389572-1.shtml[2023-

06-30].

National Institutes of Health. 2023. Budget. https://www.nih.gov/ABOUT-NIH/WHAT-WE-DO/BUDGET[2023-10-24].

National Science Foundation. 2022a. FY 2021 Performance and Financial Highlights. https://www.nsf.gov/pubs/2022/nsf22003/nsf22003.pdf[2023-07-05].

National Science Foundation. 2022b. Survey of Federal Funds for Research and Development, FYs 2020-21. https://ncses.nsf.gov/surveys/federal-funds-research-development/2021#data[2023-09-25].

National Science Foundation. 2023. NSF's 10 Big Ideas. https://www.nsf.gov/news/special_reports/big_ideas/[2023-06-17].

National Science Foundation. 2024. Science and Technology Centers: Integrative Partnerships. https://new.nsf.gov/od/oia/ia/stc#active-centers-c98[2024-03-10].

NIST. 2022. NIST Appropriations Summary FY 2021-FY 2023.https://www.nist.gov/ congressional-and-legislative-affairs/nist-appropriations-summary[2023-02-24].

RAND Corporation. 2024. RAND at a Glance. https://www.rand.org/about/glance.html[2024-03-10].

Sandelin J. 2004. The Story of the Stanford Industrial/Research Park//International Forum of University Science Park.

Shane S A. 2004. Academic Entrepreneurship: University Spinoffs and Wealth Creation. Northampton: Edward Elgar Publishing.

SRI International.2023. Careers: Build Your Own Legacy. https://www.sri.com/careers/[2023-10-05].

The Congressional Research Service. 2021. Federally Funded Research and Development Centers (FFRDCs): Background and Issues for Congress. https://crsreports.congress.gov/product/pdf/R/R44629[2023-08-27].

The Congressional Research Service. 2023. Federal Research and Development (R&D) Funding: FY2024. https://crsreports.congress.gov/product/pdf/R/R47564[2023-06-20].

Woods Hole Oceanographic Institution. 2024. Who We are-Woods Hole Oceanographic Institution. https://www.whoi.edu/who-we-are/[2024-01-10].

第三章 德国研发机构的联合式发展与运作

人均专利保有量在世界前列的德国，在产学研合作及创新方面有着其独特的一面。除联邦科研机构和高校外，德国的研究机构形成了联盟，以学会、协会或者联合会这一组织方式运作，典型的四大机构是享誉世界的马克斯·普朗克科学促进协会、弗朗霍夫协会、亥姆霍兹联合会、莱布尼茨协会。为深刻了解这类创新组织的运作背景，本章将从德国科技体制的起源和发展历程出发，了解德国现今的科技与创新体制、创新单元与保障机制。章节的最后则选取了莱布尼茨协会和亥姆霍兹联合会，展开性地介绍其在组织结构和运作方式中的特色，以期为我国新型研发机构的发展提供思路。

第一节 背 景

一、德国科技体制的发展历程

（一）第二次世界大战前的萌芽与奠基

早在 15 世纪，德国的科技发展就已经领先于其他欧洲国家，特别是腓特烈二世在位期间，从英法等国大量地引进科学家和先进的技术。因此，德国在工业革命时期成功地吸收并发扬了英国的先进技术。到 19 世纪末期，德国对科研的重视程度已非其他国家能匹及，特别是在大学建设上，德国创造出了不少有效的科研组织模式，如实验室、研究所院和高校研究所等。

第一次世界大战开始后，一系列的政治和经济灾难随之而来，然而就在乱世之中，威廉皇帝协会（马克斯·普朗克科学促进协会的前身）成立。作为当时最高学术机构，它是以皇帝的名字命名的非政府科研组织。从战争期间直到 1922 年，很多新的研究机构由各州和威廉皇帝协会建立起来，学会中的很多机构将其行动重新定位于和战争相关的准备。威廉皇帝协会内的成员包括很多世界著名的科学家，如爱因斯坦、彼得·德拜、弗里茨·哈伯等。

不仅在学会内，公众耳熟能详的科研领域的众多代表人物，如莱布尼茨、高斯、蔡司、赫仑、欧姆等，均出自 16 世纪至 19 世纪初期的德国。值得一提的是，这些科研发明领域内的著名人物中，许多都是实干家或企业家，也可以被认为是产学研合作的代表人物，如西门子及其创办的西门子公司。早年间，家境贫寒的西门子并未能进入大学学习，他在德国军队内接受了物理、化学和数学等自然科学的学习，成为一名军队工程师和发明家。30 岁之前的西门子一直生活窘迫，靠售卖专利获得微薄的收入，而当其把目光转向电报领域后，随即一发不可收拾，西门子及其成立的西门子公司不仅负责铺设了普鲁士的第一条电报线路，并在之后的几年内迅速将公司和业务扩展到其他国家，为电气化时代作出了巨大的贡献。

德国科学技术的强劲之势与其工业的发展密不可分，工业领域的实业家非常重视科学家并且竭尽全力地为其研发工作提供各种支持，使得科学家不仅拥有充足的科研经费，也享有较高的社会地位。在这种正向循环作用下，德国的青年人非常愿意投身于科学研究。因此，德国的科研梯队不仅非常稳定，而且其文化和精神传承也是经久不息，这也为战争后德国能够快速重建及其在科学研究和产学研合作领域重新跻身世界前列打下了坚实的基础。

（二）第二次世界大战后到 20 世纪 70 年代的重建

第二次世界大战后，德国一分为二，民主德国从苏联引入了中央计划经济，而在联邦德国，创新体系的基础要素被重建。1945～1946 年，许多大学的校办工厂率先恢复生产，在 1949 年的联邦德国大学校长会议后，德国西部的高校获得了自由从事教育和研究的权利。此外，企业及其实验室、威廉学会、弗朗霍夫协会、德国研究联合会/科学基金会、政府研究机构及商业和技术联盟等都在这一时期诞生或被逐步重建。例如，1951 年 8 月，德国研究联合会成立，其成立之初的主要任务是推动民间的科学研究工作，后来逐步转变为如今的以项目经费方式支持德国高等院校科研活动的资助组织。

联邦德国虽成立于 1949 年，但直到 1955 年才成为真正的主权国家。自此，德国科技体制的建设工作愈发迅猛。首先，1955 年政府成立了原子能部，专门负责科技工作。后来，大型的国立研究中心陆续成立，如物理研究中心、材料研究中心等。此外，联邦和州政府还共同资助设立了一批"蓝名单"研究机构，这也是后来德国著名的莱布尼茨协会的前身。到 20 世纪 60 年代末期，德国的科技体制已经基本成型。

进入 20 世纪 70 年代后，德国的科技体制进入了巩固发展阶段。1970 年，联邦-州教育与研究促进委员会成立，专门负责协调联邦政府和州政府之间的科技政策与规划。1974 年，德国又设立了联邦总理和各部部长组成的内阁教育、科学和技术工作委员会，负责协调联邦政府内部各职能部门间的科技政策。

（三）20 世纪 80 年代后的成熟与发展

20 世纪 80 年代以后，德国继续加大对科技研发和产学研合作的支持力度。在 20 世纪 90 年代初期，德国完成了统一，统一后国家创新体系建设的一个重要任务就是重建东部各州的教育与科技体制。为此，政府组织专家对东部的科研机构进行评估和改组，建立新的技术创业中心并帮助科研型企业进行成果转化，振兴高等教育并设立高等专科学校。在政府的全力支持下，德国东部的科技体制取得了显著成效。大量的师资从西部转移至东部，政府拨款 13 亿欧元推动东部地区高校的改革，截至 2005 年底，德国东部已有综合性大学 17 所（德国科技创新态势分析报告课题组，2014）。

此外，德国政府先后出台一系列法规以不断强化战略规划的宏观引领作用。例如，1996 年 7 月，德国内阁通过《德国科研重组指导方针》，明确了德国科研改革的方向；2002 年，第五次修正的《高校框架法》为在大学建立青年教授制度提供了联邦法律依据；2004 年，联邦政府与各州政府签订《研究与创新协议》，规定大型研究协会（马克斯·普朗克科学促进协会、亥姆霍兹联合会、弗朗霍夫协会、莱布尼茨协会）的研究经费每年保持至少3%的增幅。

二、管理和监督部门

德国现今的科技体制主要由两大模块构成，一个是管理与监督，另一个则是决策咨询。在管理与监督模块，促进科学和研究的责任由联邦和州政府分担，重要的特色是法制管理。根据《德意志联邦共和国基本法》（简称《基本法》），联邦政府和各州可根据协议，在具有超区域重要性的情况下合作促进科学、研究和教学。具体来说，联邦政府在研究资助和培训补贴领域拥有立法权限，而高等教育基本上是各州的责任。在决策咨询模块，管理与监督相关的职能部门以联邦教育与研究部和联邦经济技术部这两大部门为主。

（一）管理和监督部门

1. 联邦教育与研究部

联邦教育与研究部是德国联邦政府科技宏观管理部门，它的前身是1955年成立的联邦原子部。截至2023年，部长由自由民主党的贝蒂娜·斯塔克·瓦辛格担任，部内共设有8个司、1300多名雇员（Federal Ministry of Education and Research，2024），其主要职能任务可以分为两个模块：在教育上，负责制定有关教育（从幼儿学习到继续教育和终身学习）的法令与政策，并为国民提供平等的受教育机会，增进科学和教育事业的国际合作与交流；在科技与科研上，负责制定科技政策并协调联邦各部门和各州的科技活动，负责制定并组织实施长远科技规划，促进基础研究，促进关键领域的技术研发和国际科技合作，还负责管理研究经费，以项目形式资助卓越的科研。

教育和研究是联邦政府的优先政策，反映在为这些领域提供的资金上。在科研资助方面，由于研究领域具有广泛性，该范围涵盖了从自然科学的基础研究、环境友好的可持续发展、新技术、信息和通信技术、生命科学、工作设计、高等教育机构的结构研究资助到创新支持和技术转让。因此，联邦教育与研究部按照欧盟范围内的标准化法规进行相关资助。这些法规可用于界定研究机构和企业的属性、设定中小企业的设定标准，以及规范被资助企业中资金和股权资本之间的关联。支持某个基金项目的决策总的来说基于以下要点问题的解答：从科学或技术的角度来看，一个项目的创新程度如何？如何评估成功的前景？随着技术的发展，是否有一种利用策略？……联邦教育与研究部设有 8 个司，其主要职责如表 3-1 所示。

表 3-1 联邦教育与研究部下设司属部门简介

下属部门	主要职责
中央服务总司	负责履行中央控制和监管职能，涵盖了人力资源、管理、预算、法律事务、数据保护和信息技术的责任。进一步的任务是审查招标和预防腐败，设置拨款授予程序，以及监管资助的研究机构的工作人员
战略和政策司	进一步发展高科技战略规划，创新政策的基本概念制定，以及促进天才发展的有效工具创造。另一项任务是通过公众对话和科学年来提高人们对研究的认识
欧洲和国际教育和研究合作司	管理和发展德国在教育和研究方面的国际合作，包括在欧洲和欧洲联盟内部的合作、在世界各地的双边关系，以及德国在经济合作与发展组织和联合国等多边组织中的代表权
职业培训和终身学习司	负责有关职业培训和培训地点的所有问题；负责终身学习、教育研究和继续教育等领域内的所有问题
科学系统司	负责德国科学系统的发展和促进，包括高等教育机构和非大学研究机构，并支持文化科学。它在高等教育部门的职责包括高等教育立法、培训资助立法和推动德国科学体系发展
关键技术司	负责与现代关键技术有关的项目，如纳米技术、电子学、光学技术或微系统技术等
生命科学司	负责生命科学的核心研究，相关领域包括卫生研究领域和生物经济领域。此外，还负责促进生命科学研究所伴随的关于伦理和法律方面的对话
未来研究司	负责从基础科学研究到可持续发展研究的广泛活动，包括研究物质的结构和宇宙的起源、地球系统的变化和风险、能源供应的未来、新的环境技术的潜力、气候变化及其影响，以及包括社会和经济在内的可持续性概念及内涵

2.联邦经济技术部

联邦经济技术部在 2002～2005 年由联邦经济部和其他部门合并发展而来，主要任务是在保证德国经济的竞争力和就业水平的前提下，为中小企业的发展提供支持，推广新技术和创新。此外，它还与其他政府部门共同承担制定面向行业（如能源、环境和健康等行业领域）的创新政策。与联邦教育与科研部类似，经济技术部也设有 8 个司，有分管综合服务的中央司，其余的 7 个司则分管经济政策、手工业/服务业/自由职业、能源、工商/环保、对外经济、工艺技术及革新政策、通信和邮电。1998 年，在经历部门重组后，航空、能源、核安全等技术领域从教育与研究部划归至经济技术部，于是，经济技术部按照承接前的项目管理模式运作，在科研与创新上的参与度也不断加大和加深。

（二）决策咨询

政府部门研发和创新决策的制定、科研机构的组织结构和未来发展方向及科研成果的评估，需要专业的战略智库为其提供咨询。在德国，提供战略规划决策和咨询的主要方式和组织分别是科学联席会议、科学委员会及研究和创新专家委员会。

1. 科学联席会议

科学联席会议（Gemeinsame Wissenschafts Konferenz，GWK）是协调联邦和州政府联合科学和研究资助的中央机构，设立于 2007 年，其前身是联邦-州教育规划与研究促进委员会（Die Bund-Länder-Kommission für Bildungsplanung und Forschungsförderung，BLK）。通过科学联席会议，联邦和州政府得以共同商议重大科学问题，并且明确科研战略目标，研讨科学体制并作出相关的决策。在科学联席会议中，联邦政府代表有 16 票，统一投票；各州政府代表各有一票。科学联席会议成员在尊重各自能力的同时，力求在国家、欧洲和国际科学和研究政策领域进行密切协调。

2. 科学委员会

科学委员会（Wissenschaftsrat，WR）定期评估联邦政府和各州的研究与发展机构，并就科学系统的结构和问题提供咨询意见。1957 年，WR 由联邦和州政府共同成立，它由科学家，公众人物及联邦政府和各州的代表组成，因此能促进科学和政治之间的持续对话。WR 的任务是在工作方案的框架内，就科学、研究和高等教育的发展提出全面建议，并帮助提高德国的科学质量，即使与国际相比也是如此。WR 的工作方案于每年 1 月和 7 月更新，并由大会通过。

3. 研究和创新专家委员会

在教育和科学技术的重要性愈发不可替代的背景下，联邦政府希望专家们能定期做出最新的回应。因此，在 2006 年 8 月 23 日，联邦政府决定成立研究和创新专家委员会（Expertenkommission Forschung und Innovation，EFI）。

EFI 为德国联邦政府提供建议，并提交关于德国研究、创新和技术表现的年度报告，其关键任务是将国家置于世界范围内和历史长河中，对德国创新体系的优缺点进行综合分析。此外，根据最新的研究结果，EFI 会对德国作为研究和创新高地的具体情况进行评估，也会对国家研究和创新的有关政策提出建议。因此，EFI 的具体职能包括以下方面。

（1）结合经济与社会科学创新研究、教育经济学、工程与自然科学和工程视角的跨学科论述。

（2）提供如下方面的科学政策建议：一是在时间和国际比较中展示和分析德国研究和创新系统的结构、趋势、表现和观点；二是对德国研究和创新体系的高优先级问题进行评估；三是为德国研究和创新体系的发展制定可能的行动规划和行动建议。

按照职能任务要求，EFI 的专家委员会于 2008 年 2 月就上述议题发表了第一份报告。此后每年的 2～3 月都会有进一步的报告。在前几年里，技术绩效报告是德国创新决策者的一个复杂而详细的报告体系。专家委员会的工作就是基于此进行的。它继续系统地发展用于分析和描述创新过程的指标系统，并在此基础上报告德国创新系统的发展情况。此外，还讨论了与经济和社会高度相关的关键问题。在此基础上，提出并讨论了对创新政策的行动选择。

三、研发创新单元

在德国的创新体制下，企业仍旧是创新的主体。此外，特色鲜明的科研机构也是知识和创新的重要来源。组成德国创新体系各个单元的研发机构有联邦政府所属的研究机构、高等院校，除此之外，以四大研究组织（马克斯·普朗克科学促进协会、弗朗霍夫协会、亥姆霍兹联合会和莱布尼茨协会）为著名代表的大学外科研机构也是科研单元中的重要力量。更重要的是，让知识走出象牙塔从而让其在经济社会中发挥价值，也就是科研成果的扩散和转化，对于研究机构来说非常重要。一方面，各类研究机构之间相互合作，培养产学研背景下具有综合实力的人才，使他们成为科技和经济紧密联系的关键纽带；另一方面，科研机构和市场一起探索，旨在更快更好地识别具有商业化价值的科研成果，并研究推广其走入市场的有效模式。按照类别划分，德国的创新单元除企业的工业实验室外，还包括联邦/州所属的研究机构、高等院校、非大学研究机构和各种委员会及基金会等自治组织。

（一）联邦/州所属研究机构

负有研究和开发任务的联邦机构有自己的研究基础设施，这些基础设施通常也可供外部研究团队使用。通过这种方式，它们为德国研究与发展中的利益相关方之间的合作网络建设作出了贡献。一些负有研究与发展任务的联邦机构设有专门的图书馆、专门的信息设施和开放的数据储存库，可向感兴趣的专业公众开放。负责研究与发展的州和市一级别的研究机构在体制上由州基金供资，部分由第三方基金供资。此外，各州的研究机构也被考虑在内，这些机构的基本资金至少有 50%来自各州。

（二）高等院校

德国的高等教育机构包括所有国立、国家承认的私立和教会大学及应用技术大学。他们将主题、学科和方法上的多样化研究与科学教学和学生资格结合起来。特别是在大学，还有一项任务是进一步提高年轻研究人员的资格和培养他们的实践应用能力。应用技术大学在以应用为导向的研究与发展中发挥着重要作用。它们是科学与工业之间的纽带，也是区域一级特别是中小型企业的预订伙伴，对德国工业的创新能力作出了决定性的贡献（任晓霏等，2015）。

（三）非大学研究机构

与其他国家相比，非大学研究机构是德国创新体制的一个特点。它们由联邦和州政府共同资助，其中一些拥有国际独一无二的研究基础设施和大型设备。作为公共研究的基石，它们涵盖了从基础研究到与社会相关的和面向应用的研究的整个范围。这类研究机构主要由马克斯·普朗克科学促进协会、弗朗霍夫协会、亥姆霍兹联合会及莱布尼茨协会这四大机构组成，机构的情况详见表 3-2。

表 3-2　德国四大科研机构简介

名称	研究类型	研究领域/方向
马克斯·普朗克科学促进协会	基础研究	自然科学、社会科学和人文科学
弗朗霍夫协会	应用研究	健康、安全、生产、通信、移动、能源和环境
亥姆霍兹联合会	以战略和方案为导向的尖端研究	能源、地球和环境；航空、空间和运输；物质、健康和关键技术
莱布尼茨协会	以知识和应用为导向的研究	与社会、经济和生态有关的问题

1. 马克斯·普朗克科学促进协会

马克斯·普朗克科学促进协会（Max Planck Gesellschaft，MPG）拥有 86 个研究所和设施（截至 2021 年），在自然科学、社会科学和人文科学方面开展国际领先水平的基础研究。重点是需要特别财政或时间支出的跨学科研究内容。在"自然指数"（nature index）中，马克斯·普朗克科学促进协会在领先的科学机构中排名第三。

根据协会的官方网站数据（Max Planck Society，2024），马克斯·普朗克科学促进协会的资金主要来自政府，2023 年，联邦和州政府为此投入约 21 亿欧元。马克斯·普朗克科学促进协会拥有 24 600 余名员工，其中包括约 3400 多名博士候选人（截至 2023 年 12 月 31 日）。马克斯·普朗克科学促进协会与德国的大学及德国科学基金会等均保持着多方面的密切合作关系。

2. 弗朗霍夫协会

德国弗朗霍夫应用研究促进协会（The Fraunhofer-Gesellschaft）简称弗朗霍夫协会，是欧洲领先的应用研究组织。研究领域包括健康、安全、生产、通信、移动、能源和环境（马继洲和陈湛匀，2005）。2020 年，超过 2.9 万名员工在德国弗朗霍夫协会的 75 个研究所工作。协会的研究以合同研究为主（李建强等，2013），在其总额为 28 亿欧元的研究经费中，约 24 亿美元属于合同研究，且其中约 70%由工业合同和公共资助的研究合同组成（西鹏等，2022）。

协会的另一个重要任务是战略研究。为此，弗朗霍夫将其在所谓的弗朗霍夫战略研究领域的能力捆绑在一起，用于开发与德国经济和社会高度相关的全面系统解决方案。产生的研究领域包括生物经济、人工智能、量子技术和氢技术等。

3. 亥姆霍兹联合会

亥姆霍兹联合会是德国最大的研究组织，有超过 44 000 名员工与 18 个研究中心（截至 2022 年 12 月 31 日），研究中心设计了许多强大的大型设施，例如世界上最强大的 X 射线激光器或国际顶级的超级计算机。亥姆霍兹联合会每年拥有 50 亿欧元的预算和长期的跨学科研究项目，是领先的研究机构之一（Helmholtz Association，2023）。

4. 莱布尼茨协会

莱布尼茨协会是一家德国各专业方向研究机构的联合会，连接了 96 个独立研究机构（Leibniz Association，2024），研究涵盖括自然科学、工程科学、环境科学、经济学、空间和社会科学及人文科学。莱布尼茨协会与大学（包括莱布尼茨科学营）及国内外的工业界和其他合作伙伴密切合作，它们必须经过透明、独立的评估程序。由于莱布尼茨协会对整个国家的重要性，它们由德国中央和地方政府共同资助。莱布尼茨研究所拥有约 20 500 名员工，其中包括 11 500 名研究人员。资金总额达 20 亿欧元（Leibniz Association，2024）。

（四）工业研究实验室

2022 年，德国大约 2/3 的研发支出来自私营部门（Organization for Economic Cooperation and Development，2022）。这些资金将用于公司的研究与发展活动及与工业界和科学界伙伴的联合研究与发展项目。私营部门的研发活动主要由大公司主导。然而，中小企业和初创企业可以发挥重要作用，因为它们往往是开创性的创新者。

基础研究往往不是私营部门的关注点，相反，研究与发展主要以应用为主导，旨在产生直接可被经济化或利润化的结果。德国工业的研究特别集中在高质量技术领域，主要包括汽车制造、电气工业、化学和制药行业及机械工程等领域。除工业界本身的自主研发外，公司之间及公司与科学机构之间的密集合作也有助于德国公司的创新成功。相较而言，合作使研究成果更容易转化为创新产品和服务。

以比较著名的化学工业为例，德国的工业研究实验室源自合成染料工业。19世纪70年代，拜耳公司出于改进生产工业的目的，开始雇佣有专业学术背景训练的化学家，主要研究方向为工艺的改进，到19世纪70年代后期，染料工业的企业开始大量雇佣化学博士，研究开发新产品，随着研究团体规模的扩大，拜耳公司成立了新的部门——研究部，专门致力于新染料的研究和开发。到1889年，拜耳公司的董事会决定投资150万马克来建造实验室，除实验设备外，实验室配有很多的配套设施，如天平室、化验室、图书资料室和专利室。结构合理、设施齐全和管理有效的实验室成为工业界研究实验室的模板，被许多企业所效仿（陈枫，2009）。受化学工业的影响，德国先进的电气工业、钢铁工业等部门因与科学联系密切，也建立了一系列实验室（卫才胜，2003）。工业研究实验室的建立，促进了科学研究的分工：大学主要从事基础研究，企业承担应用研究。

（五）自治组织

自治组织也是德国科研成员的一部分，其中包括作为德国科学的中央自治组织的德国科学基金会，以及基金会和资助机构。欧盟委员会对研究、开发和创新的支持对德国的研究和创新体系也非常重要。

1. 德国科学基金会

德国科学基金会（Deutsche Forschungsgemeinschaft，DFG）是德国最大的科学自治组织。德国科学基金会的核心任务是通过竞争性程序从研究人员中挑选优秀的研究项目，并在个人资助的框架内为其提供资金。德国科学基金会还支持大学的跨区域合作和跨学科合作项目，以及研究人员之间的国家和国际合作。根据联邦和州政府达成的行政协议，德国科学基金会与德国科学和人文理事会合作，执行联邦和州政府的卓越战略。

此外，德国科学基金会在促进青年研究人员和良好科学实践方面发挥着重要作用。作为一个独立的机构，它设立了"科学监察员"委员会，该委员会在良好科学实践和科学诚信领域的问题和冲突方面向德国的所有研究人员提供援助。

2. 基金会和资助机构

在德国，许多基金会和资助机构为促进科学和研究作出了宝贵的贡献。有些基金会和协会的资本完全或主要来自联邦或州基金，其中包括大众基金会、亚历山大·冯·洪堡基金会、德国联邦环境基金会、德国和平研究基金会、高等教育领域的人才促进机构和德国学术交流处，此外，还有一些支持教育和研究的机构，其资本来自私人捐助者。

四、科技成果转化的媒介

当前德国的科研机构/组织进行科技成果转化的方式主要有四种，分别是合同研发、衍生企业、专利许可和联合研发（战略合作）。成果转化面临寻找合适的市场方和确定市场定价两大挑战，需要各种类型的人才团队和多样化的技能实现高效率的转化。因此，除科研机构依靠自身多年来的经验和实践，成立相关的部门、基金会和技术转移公司负责转化的相关服务外，德国也有专门（独立）的中介组织，提供技术转移和与研究、创新相关的服务。

1. 子公司

作为德国最大的公益性基础研究组织，为将新知识扩散至公众，马克斯·普朗克科学促进协会成立了拥有独立法人地位的全资子公司——马普创新公司，为学会内的各个研究所提供专利咨询和技术转让服务，公司的运行经费由马克斯·普朗克科学促进协会全额承担，盈利也全部反馈给学会。

2. 内部技术转移机构

校外科研机构中，以弗朗霍夫协会为例，在此介绍其内部技术转移机构——专利工作组和专利使用小组。专利工作组负责建立一个德国专利计数数据库，并以此为基础举办专利发布和展览会，寻求其潜在的企业用户，而专利使用小组则负责为专利发明人提供专利转化过程中所需要的各项服务，如合同签订服务和法律咨询服务等。

此外，前文已经提到，弗朗霍夫协会的专利产出和专利转化的效率很高，但其对成果转化的运用不止于发放许可并获益。2007年，德国政府批准其创办"弗朗霍夫基金"，基金旨在通过收益而建设新的"专利集群"，使得其能够成为技术进步和新产品的先驱（李建强等，2013）。

3. 基金会+专业化公司

并非所有的内部技术转移机构都能像弗朗霍夫协会这样成功，在亥姆霍兹联合会内，每个研究中心都有专业的知识与技术转移机构。亥姆霍兹联合会内的许多科研项目的周期非常长，导致这些内部机构的效能发挥不足，因此，在2001年，亥姆霍兹联合会内的四个研究中心与ASCENION公司共同创建了"生命科学研究促进基金会"。其中由ASCENION公司负责组建一支团队，团队中有技术管理、分析、营销、法律等各方面的专家，且共同点是团队成员都有生命科学方面的学科背景，团队与研究中心密切合作，共同完成研究成果的商业鉴定、产权保护和成果转移。此外，针对成果的技术入股这一转化方式，ASCENION公司还对研究中心在各个企业的技术持股进行管理。目前，该公司的技术转移服务已经扩大到亥姆霍兹联合会之外的研究机构，例如，汉诺威医科大学的传染病与临床研究中心。

4. 独立的中介组织

德国有很多技术转移中心或平台等中介组织，其中一部分是私人机构，实行企业化运作。在这些私人机构中，有许多机构有政府背书，也就是在州政府的支持下顺应而生，但政府并未对其进行公共资助，如不来梅州的InnoWi GmbH技术转移公司（薛万新，2017）、巴伐利亚州研究基金会（Bayerische Forschungsstiftung）、柏林州的技术基金会（Technologiestiftung Berlin）等，其中非常出名的机构当数巴符州的史太白技术转移中心。

史太白公司为纯私营机构，其核心为两部分，即公益性的史太白经济促进基金会和专门从事技术转移的史太白技术转移有限公司，它们都位于巴符州首府斯图加特市。基金会注重公益性，主要负责定制服务准则，并指导和督促下属的技术转移中心按照基金会的章程提供服务，而史太白技术转移有限公司下设多个中心，每个中心独立对外经营，其服务领域包括咨询服务、研究开发、国际技术转移和人才培训。

史太白技术转移中心作为科研机构与企业界之间的中介，拥有一大批专家可以直接向企业提供高新技术和相关服务，协助企业完成技术创新。它还可凭借与高校和科研机构的紧密联系，针对客户研发需求安排客户与科研院所和工业合伙人合作。在人才培训服务上，1998年柏林史太白学院顺利成立，旨在培训具有创新理念并有较强实战能力的工商管理人才。

除私人的中介机构外，值得一提的是德国工业研究联合会（The German Federation of Industrial Research Associations，AiF），其在性质上属于行业协会，最初于1954年由12个工业研究协会组成，其成员单位完全由企业构成，绝大多数是中小企业。该联合会把企业的需求整合成联合攻关项目，因此，中小企业可以就共性技术进行合作研究，而研究的成果则可作为企业获取市场和竞争优势的重要手段。基于其长期为中小企业的创新而累积的服务经验，及其联合应用技术类大学而成的合作网络，德国工业研究联合会能够提供满足中小企业需求的技术转移运转体制，为科技成果在中小企业中转化提供通路。

第二节　科技与创新的保障机制

一、科技立法

（一）知识产权类法案

和其他发达国家一样，德国是一个非常重视法治的联邦制国家，在科技进步和经济发展上，联邦政府和16个州的州政府之间均依法签署了有关资助责任、任务、范围和比例的正式协定。与中国不同，德国虽然没有专门的科技法，但在《基本法》《专利法》《普鲁士版权法》等一系列法律的基础上，德国的创新与产学研合作得以高效地展开。

《基本法》是德国的宪法，具体到知识产权保护方面。《专利法》于 1877 年颁布，涉及专利申请程序、专利局和专利法院设置及侵权处理等各个方面，内容十分庞杂，但只适用于发明专利。德国另有《实用新型法》和《外观设计法》，针对其他两类专利进行各自的规定。此外，《商标法》《著作权法》等全方位地对各类知识成果进行保护。

在科技成果的归属方面，成果产权的划分是对科技成果的所有权、处置权和收益权等权利归属的确定。只有产权明晰的科技成果才有交易价值，才能从资源转变为资产。相应地，德国的《雇员发明法》生效于 1957 年。按照该法规定，基于"发明人原则"，工作中的发明由雇员（发明人）向雇主履行书面报告义务，同时雇主要在规定的时间内向雇员主张发明权属。整个权利归属过程的复杂性，这在一定程度上阻碍了发明的应用，因此，《雇员发明法》在 2002 年和 2009 年经历了两次修订。

原有的《雇员发明法》规定，大学教授作为自由发明人对其研究成果的应用和专利申请有权独自决定（薛万新，2017）。然而，实践证明，这种归属方式制约了科研机构从成果转化过程中获利的可能性，无法有效地激发成果的进一步转化，大学教授的发明专利往往被束之高阁。因此，德国在 2002 年修订了该法案，将发明成果的产权关系从发明者调整到发明者所在的研究机构。也就是说，研究机构享有对发明者在职务中创造的发明所有权，而非职务发明可以由发明者自由支配，但必须依照规定向所属研究机构登记报告（张俊芳，2021）。

《雇员发明法》的第二次修订则是在 2009 年。在此之前，当雇员取得发明并向雇主报告后，如果雇主在四个月内怠于主张权利，则该发明归为雇员的自由发明。随着时代的发展，创新的成本与日俱增，一味地以雇员为中心鼓励创新，会出现单位出于风险厌恶的目的从而减少创新投入。因此，2009 年法案经过修订，改为雇主在收到符合要求的报告后 4 个月内没有以文字形式声明放弃职务发明，视为已声明主张权利（蒋舸，2013；刘鑫，2017）。

（二）协同育才类法案

此外，为促进产学研合作下的协同育才，德国也在与时俱进地完善相关法律，主要有《改进培训场所法》《职业教育法》等（耿乐乐，2020）。特别是在双元制教育下，经过不断发展积累，德国已经形成了一套科学成熟的职业教育法律体系（肖瑶，2016）。对企业培训主要由国家层面的法律进行约束，在企业承担的义务、培训对象范围、培训内容、组织程序、考核评价等方面都作出了明确具体的规定。

为了更好地培养青年科学家，德国于 2007 年通过了《科学合同法》，并在 2009 年前后完成修订。根据修订后的法条内容，科学工作者在取得博士学位的前后，研究机构都有义务为其提供不少于 6 年的两份工作合同，这也被称为"6+6"原则。随着该法律的生效，科学家及其受雇的研究机构都能够保持一种有时限的雇佣关系，对科学家潜心科研非常有益，同时也缓解了科学家取得博士学位前后的就业难题。

二、科技计划和项目

（一）中小企业创新

中小型企业凭借其广泛的专业知识，在许多领域处于技术领先地位。尽管人力和财政资源通常有限，但它们独立或与研究机构合作参与研发，在创新系统中十分活跃。随着德国政府愈加重视中小企业创新，进入 21 世纪后，联邦政府为保持并进一步提高中小企业的创新能力和竞争力，制定和颁布了专项科技计划（傅茜和聂凤华，2019），计划中包含多个详细的计划，本节选择其中三个进行详细的介绍，具体如下。

（1）中小企业创新核心计划（Zentrale Innovations Programm Mittelstand，ZIM）。该计划于 2008 年启动，资金总规模逐年递增，每年大约有 3500 个研发项目通过 ZIM 获得资助，仅在 2021 年，就有 6.2 亿美元用于资助计划（王汉伟，2013）。ZIM 资助在德国境内希望开发新的或显著改进现有的产品、流程或技术服务的创新性中小企业，同时，作为中小企业合作伙伴的公共、私营非营利性研究和技术组织也有资格获得 ZIM 的资助。由于 ZIM 的重中之重是中小企业的创新需求，项目申请的方式非常简单快捷，并且决策周期短。以 2020 年为例，光伏废弃物的回收问题是当年 ZIM 资助项目的重点之一。项目初期是将废硅、锡、银和铝等废金属纳入循环经济，在项目运作的基础上于 2019 年成立了一个试验工厂。在初期成果的基础上，项目紧接着又在萨克森州成立了新公司，用于生产和销售完整的回收系统。

（2）创新券计划（GO-Innovativ）。2010 年启动的这项计划旨在为中小企业（包括手工业）进行对外咨询服务（新产品、技术和工艺的咨询）时提供支持。联邦与经济研究部对高质量的咨询公司进行授权，从而使得中小企业能够直接连接到这些公司并进行专业咨询，咨询中高达 50%的费用将直接通过创新券支付，以确保咨询项目的快速和扁平化推进（Bundesministerium für Bildung und Forschung，2012）。

（3）中小企业创新计划（KUM-Innovativ）。该计划重点是在关键技术领域资助具有高度创新潜力的高风险研发项目，其中包括生物经济、电子、自动驾驶和超级计算、民用安全研究、医疗技术、信息和通信技术、促进健康和生活质量的互动技术、材料研究、光子学和量子技术、生产技术、资源效率和气候保护。

（二）成果转移和转化

只有研究成果的应用才能为社会面临的巨大挑战提供解决方案。科学、工业和社会之间的思想、知识和技术转让是德国研究和创新政策的一个重要组成部分。它促进了广泛的社会和技术创新及新的商业模式。公司、研究机构和其他创新行为者之间的区域和跨区域网络与合作将分享专业知识和资源，进而挖掘和开发更深层次的创新潜力。在促进成果转化方面，德国政府也出台了许多的计划，例如，促进应用技术大学与工业界，特别是与区域中小企业的战略研究和创新伙伴关系的初创企业实验室方案（StartUpLabs）、资助非大学研究机构的成果转让研讨会（Transferwerkstatt）、促进产业集群加速成果转化的未来产业集群项目（Cluster for Future）、研究园区之曼海姆分子干预环境（Mannheim Molecular Intervention Environment）、走向集群项目（GO-Cluster）等。

进入 21 世纪 20 年代后，政府为支持跨越式创新及开辟新的创新路径，在 2019 年专门成立了联邦飞跃式创新促进署，服务于早期阶段识别出的具有颠覆式创新潜力的想法和项目。具体的项目想法由工程处专门为此目的设立的附属机构提供资金并进行监管。如果项目后期融资成功，机构可以通过将个别子公司出售给市场等方式实现变现。

三、人才政策

创新与科研最重要的是人才，也就是说国家需要为世界范围内杰出的科学家提供最优的条件，以及为国内的青少年提供选择科学研究和教育作为其终身职业的正面积极引导。在青年人才培养方面，很大一部分资金由联邦政府承担，并且早在 2005 年，联邦教育与研究部就推出了"青年人才促进"项目，为高等院校的在读生提供联邦政府奖学金。

更重要的是，政府一直在关注如何以最好的方式引导和培养青年科学家，因此相关的人才政策也在不断地被推陈出新。总的来说，改进的范围或方向有如下几个方面：一是引导青年科学家能更加轻松地确定将科学研究作为其职业生涯，并且及早地开始职业规划；二是在性别和其他特殊障碍方面（如残疾）尽可能地降低不公平对待现象的发生；三是能够评估资助措施的效果并使得其更好地服务于人才；四是营造国际化的人才培养氛围并持续扩大国际合作；五是强化终身学习及拓宽职业发展的多样性。

第三节　非大学研发机构联合运作的案例详解

一、莱布尼茨协会

（一）发展历史与现状

1969 年，德国《基本法》扩大到包括第 91b 条，赋予联邦政府和各州政府宪法权利，对具有超地区重要性和国家科学利益的研究项目开展合作。1977 年，经过 300 多个机构的深入谈判，确定对 46 个机构进行联合资助，并以彩色纸印刷公布名单："蓝名单"诞生了。从 1979 年开始，科学理事会定期评估"蓝名单"机构，以保证其高标准的科学表现，并能够在早期阶段使它们走上有针对性的发展轨道。有了"蓝名单"，联邦和各州政府创造了一种工具，使它们能够迅速灵活地对科学和科学政策提出的新要求作出反应——"总括"原则：资助新成员的唯一办法是将老成员从"蓝名单"中删除。

1990 年两德统一后，联邦和各州政府共同资助发生了重大变化。《统一条约》第 38 条规定，将民主德国的科学和研究纳入联邦德国体系。民主德国科学格局的改革意味着"蓝名单"机构的数量几乎翻了一番。机构总数从 1989 年的 47 个增加到 1992 年的 81 个，使雇员人数从大约 5000 人增加到 9000 人（Leibniz Association，2023）。1990 年，这些机构成立了"蓝名单伙伴关系"，主要是为了跨机构管理。四年后，在 1995 年"蓝名单科学协会"（Blue List Science Association）成立。

1997 年，"蓝名单科学协会"更名为"戈特弗里德·威廉·莱布尼茨协会"，简称莱布尼茨协会。尽管协会内的机构仍然是自治实体，它们自我组织的目标包括更紧密的学术合作、定期的信息和经验分享、在共同利益事项上的合作，以及在政治事物和公众面前的代表性。为此，莱布尼茨协会最初在波恩设立了总部波恩办事处；2006 年，为欧盟事务设立了布鲁塞尔办事处，并成立了柏林办事处；2010 年，第一位全职主席当选；2012 年，波恩办事处关闭，总部迁至柏林中心。

2023 年 7 月访问的官方网站的数据显示，莱布尼茨协会联合了德国各地的 97 个机构。这些机构在法律、科学和经济上都是独立的实体，它们的研究重点涵盖了从自然、工程和环境科学到经济学、空间和社会科学及人文科学等学科。由于莱布尼茨协会内的研究机构对整个国家的重要性，它们由德国中央政府和地区政府共同资助；研究机构雇用了约 20 500 名员工，其中包括 11 500 名研究人员，财政总额达 20 亿欧元。

（二）组织结构

莱布尼茨协会的组织结构如图 3-1 所示，主席的任期一般为 4 年，主要负责起草协会的科研政策要点，主持一年一度的成员大会、理事会、执行委员会和评议委员会等。主席和 4 位副主席组成协会的理事会，负责执行各委员会制定的具有普遍约束力的规则，如议事规则和原则及选举条例等。此外，理事会成员都是执行委员会的成员，执行委员会的秘书长职位由主席提出建议并经执行委员会批准后担任。秘书长以顾问身份参加执行委员会会议。执行委员会就与莱布尼茨协会有关的所有基本事项向理事会提出建议，并做出与战略基金有关的供资决定。评议委员会是莱布尼茨协会特别的存在，对协会制定战略、发现问题和分配资金起到了不可磨灭的作用。

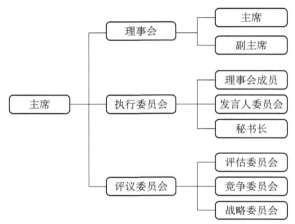

图 3-1　莱布尼茨协会的组织结构图

评议委员会由三个委员会组成，分别是评估委员会（The Senate Evaluation Committee，SAE）、竞争委员会（The Senate Competition Committee，SAW）和战略委员会（The Senate Strategic Committee，SAS）。SAE 由协会以外的学者、评议委员会成员及中央和联邦州政府的代表组成，负责定期评估莱布尼茨协会内的机构，并就与评估有关的所有事项向评议委员会提供建议。SAW 由外部专家、莱布尼茨评议委员会的成员、德国科学基金会的代表、联邦和州政府的代表等人员组成。SAW 根据科学卓越标准评估莱布尼茨协会内的机构提交的申请。他们的评估构成了委员会选择最佳申请的基础，然后向莱布尼茨协会推荐资助。SAS 由评议委员会任命的多达十二名外部研究人员及莱布尼茨协会、联邦一级和联邦州的代表组成。

（三）运作机制

1. 合作模式

作为一个注册协会，莱布尼茨协会只追求非营利目标，其主要目的是促进其成员机构开展科学和研究。莱布尼茨协会的机构彼此密切合作，并与大学、属于其他研究机构的研究所、商业企业、国家机构、社会组织在国家和国际层面密切合作，协会拥有由内部和外部成员组成的各种决策和咨询委员会，总部在各自的职责范围内为这些委员会提供支持。德国在 2022 年提出了《研究与创新联合倡议草案》。该草案推动了德国研究体系的发展，并且将一直持续到 2030 年，为科学和研究提供了支持与发展。此举提高了德国未来生存能力并帮助解决全球挑战所需要的高度规划确定性。它确保了在国际层面上竞争和合作的能力。在这一过程中，它能够利用其优秀的研究机构，包括相互合作的研究博物馆和基础设施，在区域和学科合作伙伴关系中与大学合作的机构，以及在其国家、欧洲和国际网络中的机构，发挥各机构的最大优势。

莱布尼茨协会追求研究与创新的目标，强调以下关键问题：一是高风险研究，创造发展空间，加强和开发适当的工具；二是利用思想、研究成果和科学知识，与经济伙伴、社会和决策者进行深入交流；三是深入建立联系，如通过参与区域综合校园战略及与大学和企业建立更紧密的联系；四是吸引和全面培养工作人员，为学术界及其他领域的新兴研究人员创造职业道路，并让妇女担任领导职务；五是基于综合研究数据管理系统，以更专业的管理和对研究基础设施的可持续融资，加强对外开放。

同时，莱布尼茨协会积极融入德国在世界各地的五个研究与创新中心（The German Centres for Research and Innovation）。这五个研究与创新中心在纽约、圣保罗、莫斯科、德里和东京设有办事处，增强了德国研究界的影响力，旨在增强德国研究界的存在，建立与当地研究创新资源的联系。莱布尼茨协会及协会内的和研究联盟参与了世界各地的研究计划，并利用它们来吸引新的合作伙伴并展示他们的研究成果。莱布尼茨机构与大学（包括莱布尼茨科学营）及国内外的行业及其他合作伙伴密切合作，它们受透明、独立的评估程序的约束。由于莱布尼茨协会对整个国家的重要性，它们由德国中央和地区政府共同资助。

2. 研究成果转化

确保研究成果以专业方式营销的一种方法是创办企业。莱布尼茨协会创办企业的标准是：初创企业必须以科学和/或技术为基础，并且必须涉及至少一名来自莱布尼茨机构的工作人员。将莱布尼茨机构获得的知识传达给行业、政策制定者和社会是莱布尼茨协会战略目标的一个关键方面。莱布尼茨机构回应社会的信息需求和热点问题，通过向非学术目标群体传达研究成果，在发展社会反思和创新能力方面发挥着重要作用。社会产生的问题也被纳入莱布尼茨研究所的研究项目中。

莱布尼茨应用实验室也是为成果转化服务的。莱布尼茨协会的应用实验室为企业、大学和研究机构提供广泛的以行业为导向的研究服务组合，为技术产品和工艺开发提供快速有效的支持。在莱布尼茨应用实验室，企业和莱布尼茨研究人员可以共同测试技术并开发新的应用，现代化的设备、实验室和研究所的专业知识随时准备帮助将创新理念转化为市场就绪的产品和工艺。

3. 特色的知识扩散和成果转移模式

莱布尼茨协会内有一定数量的研究博物馆，对知识的转化和扩散起到独具特色的作用。例如，其中一个研究博物馆——波鸿德意志伯格博物馆（The Deutsches Bergbau-Museum Bochum）成立于1930年，是莱布尼茨协会的八个研究博物馆之一。它研究、教授和保存所有相关时期的地质资源的开采、加工和使用的历史，研究领域包括考古冶金学、采矿历史、材料科学和采矿考古学。由于其研究项目经常与大学、非学术机构及文化、科学界的伙伴合作进行，因此具有国家和国际相关性与影响力。除此之外，该博物馆用3000多件物品引导游客穿过建筑，硬煤、采矿、矿产资源和艺术涵盖了莱布尼茨地质资源研究博物馆的全部范围（Leibniz Association，2024）。它以吸引人的、教育性的和信息丰富的方式展示了其内部研究活动的主题和结果，并通过一系列交流方法吸引不同目标群体的注意。无论是以活动游戏、多媒体还是以动手展览的形式，其目的都是以持续的方式传达永久展览的内容。这一类型的研究博物馆在吸引媒体和传播信息方面有着得天独厚的优势，并且以这种方式吸引大众和一系列感兴趣的研究机构，在传递知识的同时加强合作，为科研项目提供充足的资金支持。

（四）启示

总结莱布尼茨协会的成功经验，主要有以下四个方面。

首先，科研的成果转化不仅仅是大企业、政府机关和研究院的工作范围，同时也需要大众的普及和传播，故将科研成果对公众普及和传播也不失为一种加快成果转化的有效手段。莱布尼茨协会创办研究博物馆这一方式独具创新性。这种新型的研究机构不仅可以作为政府新政策实施的场所，而且一旦有成果和收获，政府可以将其作为一种新的模式，应用到其他类似的科研机构上。博物馆的优势在于，政府可以收取门票费用，因此可以提高财政收入，意味着研究机构的经费也会相应增加，一举两得。

其次，领导力学院的创办对于类似的联合会来说无疑是人才培养的一种有效方式，同时也是保证协会可持续发展的一种创新性方式。它可以针对组织的发展模式和发展状况及创办理念，有针对性地培养管理人才。这部分管理人才是协会最稳定和最了解协会结构的人员。相对于聘用外部人员作为协会管理者，他们的加入无疑是更好的选择。

再次，加快交叉学科的研究，促进团队合作和设施共享。随着技术的不断创新和发展，几乎所有领域中都需要学科之间的交叉应用，促使研究领域更加广泛和交叉。因此不同学科科研团队之间的合作势不可挡，科研机构应该重视加强合作，共享团队设施，使团队之间互帮互助、合作共赢，同时可以尝试制定一系列激励方案，有效促进交叉学科的研究。

最后，重视技术转移能力建设，寻找有效的知识成果转化的方法，如像莱布尼茨协会一样，以研究人员为基础，建立相关的技术公司，不仅可以保证成果转化的效率，同时可以保持成立的公司和协会的联系，不断扩大协会的规模和产业网络。与此同时，协会以这些公司作为节点，不断向外拓展合作企业的网络，反向将资源输入协会下面的研究院中，增加科研经费，有利于研究院可持续发展。

二、亥姆霍兹联合会

（一）发展历史与现状

亥姆霍兹联合会（Helmholtz-Association of German Research Centers）是目前德国最大的科研团体，在国际学术界代表着德国的国家科技研究形象，主要从事中长期国家科技任务导向和基于大型科学设施的研究，站在国家和国际科研群体的层面设计并运行大型综合科研设施和技术装备（李宜展和刘细文，2019）。该联合会希望能够对人类现在与未来所面临的具有决定意义的问题给出答案，如安全可靠的能源供应、资源的可持续利用、未来社会的正常运转或以前无法治愈疾病的治疗。

为此，亥姆霍兹联合会在六个战略领域安排了长期前沿研究，制订了具体的研究计划，并由国际专家进行评估，实施每5年为1个周期的战略研究计划，这与我国国家重点研发计划支持的科技创新活动吻合度较高，与我国建设综合性国家科学中心的目标定位非常相近。亥姆霍兹联合会的潜力在于其优秀的科学家：他们在亥姆霍兹联合会的18个研究中心工作，利用其全球独特的研究基础设施，并从现代研究管理中受益。

（二）组织结构

根据亥姆霍兹联合会章程，由外部成员组成的评议委员会及由联合会内部成员组成的执行委员会是该联合会的核心机构（张虹冕和赵今明，2018）。评议委员会由联邦与州政府的科学研究和财政部门、德国联邦议院、国内外科研机构、工商界的代表及联合会主席构成，负责审议联合会所有的重要事项决策，并选举联合会主席和副主席。由外部成员组成的评议委员会在亥姆霍兹联合会中发挥着重要作用，就主题优先事项和研究项目资金向财政赞助商提出建议。评议委员会通过在相关研究政策要求的范围内讨论研究领域的结构和战略来达成这些建议，委托国际知名的独立专家对研究项目进行评估，讨论他们的审查报告，为资助者提供资金方面的建议。评议委员会每年至少召开一次会议。

执行委员会包括1名主席、8名副主席及1位总经理。其中，主席是亥姆霍兹联合会的对外代表，负责全面领导联合会，同时负责联合会整体发展战略的实施，协调六大研究领域的项目发展规划实施，并监督跨中心的项目合作。副主席支持、建议并代表主席履行职责，包括实施以项目为导向的资助体系、协调研究领域项目的发展及制定协会的总体战略。亥姆霍兹联合会的六个研究领域各有一名副主席代表，负责协调工作，此外，还有两名来自各中心行政机构的副主席。总经理作为协会行政事务的特别代表，对内对外均可代表联合会，并具体管理联合会在柏林及波恩的总部。

（三）运行机制

1. 项目管理

项目导向的经费资助（programme-oriented funding，POF）模式是亥姆霍兹联合会从众多经验中提炼出的核心机制：通过委托权威的外部专家出具评估报告，然后基于评估结果决定经费分配。评估主要集中于两个方面，一是各中心现有科学计划的科学质量，二是未来规划实施的科学计划。POF 模式以联合会内部通过跨中心、跨学科合作的科研计划项目竞争形式，打破了各研究中心过去各自独立研究的封闭性，能够为全面解决社会、科学和经济等各方面的复杂问题制定系统的科学研究方案。

2. 成果转化与知识转移

亥姆霍兹联合会致力于开发未来的解决方案，正在通过一场结构建设运动，推动其研究结果不断转化为实践。亥姆霍兹联合会的中心任务之一是为应对当今社会的主要挑战作出贡献。因此，联合会与科学和工业界的合作伙伴一起，开发从基础研究到应用的整体和系统解决方案，从而在塑造创新中心方面发挥决定性作用。此外，亥姆霍兹联合会在 2022 年开始了成果转化项目。除其现有的创新资助计划外，这个项目还将建立一套工具，在尽可能多的层面上同时支持其研究人员。这套资助工具既针对中心项目，也针对个人，分两个阶段分配大部分资金用于成果转化项目：第一阶段旨在通过验证项目成果转化的潜力，即支持实验室研究成果和商业输出之间具有挑战性的最后一步，作为"亥姆霍兹创新实验室"的进一步发展；第二阶段（从 2023 年开始）旨在建立可持续的结构，为共同追求工业研究和非大学研究的共同利益创造机会。

此外，亥姆霍兹联合会促进科学家在创新和创业领域的个人能力发展，主要致力于促进创始人之间的最佳实践交流，并为有兴趣创办公司的研究人员提供数字工具及资格和活动形式。亥姆霍兹联合会将其知识提供给社会，无论是患者信息、公司模型计算还是政策制定者分析，根据目标群体的不同，开发了不同的形式，如提供直接建议、提供进一步的培训，并在免费访间的知识平台上提供信息。然而，知识转移对亥姆霍兹联合会来说并不是一条单行道，其研究人员还会与公民深入地交流思想，使他们能够参与科学项目。本着开放知识交流的精神，亥姆霍兹联合会的研究人员致力于在学校、商业、媒体和政治中实现这一目标。

（四）启示

政府永远是国家级机构最大的支持者，任何科研组织的背后少不了政府的政策和经费的支撑。亥姆霍兹联合会作为国家级科研发展的代表组织，其科研经费获得政府稳定而强力的支持，且逐年按比例稳定增长，同时科研经费的分配结构应该尊重科研活动规律，这样才能最大化科研经费的效益，对症下药。除此之外，研究中心在完成国家设定的科研目标的前提下，应该给予其自由引进社会资本、拓宽经费渠道的权力。

知识转移活动有利于促进公民和决策者依据科学证据作出决定，从科学的角度塑造社会。亥姆霍兹联合会注重将科学知识传播转移至社会目标群体，通过多样化的知识转移活动促进社会群体之间的知识交流，并鼓励技术转让，通过一系列政策和资金工具将基础研究成果转化为日常应用，在经济社会发展中产生了较大的影响。

知识开放有助于全社会的研究发展，知识共享是当今社会背景下必然的趋势。想要从本质上发展全人类的科研，知识共享是未来的趋势。亥姆霍兹联合会正是秉持着这种价值观，追崇开放科学，将自己的科研成果分享给全人类，肩负起解决全人类未来发展的重任。对于目前国内的研究机构来说，打破科研机构之间的高墙是重中之重。国内的机构应当互相交流成果及分享最新技术，这无疑可以打破知识壁垒，使双方的科研更进一步。

在研究院内部，应该赋予自主决策权，并且优化治理结构。例如，亥姆霍兹联合会的组织结构中设立了理事会、评议委员会、执行委员会等，保证人员结构合理且全面，汇集各方人员的意见，在研究的领域和项目设立上尊重科研人员团体，这在一定程度上保障了建议和想法的传递。

团队竞争对科研团队来说无疑是一种良性竞争形式，在激发科研团队积极性的同时，激励一些团队互相合作共赢，提高研究效率，同时以设立基金会的形式开展竞争性和应用型研究项目资助，促进基础研究成果的产业化落地。

本章参考文献

陈枫. 2009. 化学知识、工艺发明工业化的萌芽：浅议近代德国化学工业研究实验室建设. 科技信息，（35）：129.

德国科技创新态势分析报告课题组. 2014. 德国科技创新态势分析报告. 北京：科学出版社.

傅茜，聂风华. 2019. 多位一体的创新集群发展模式：德国亚琛工业大学产学研合作模式的研究与启示. 中国高校科技，（3）：82-84.

耿乐乐. 2020. 发达国家产学研协同育人模式及启示：基于德国、日本、瑞典三国的分析. 中国高校科技，（9）：35-39.

蒋舸. 2013. 德国《雇员发明法》修改对中资在德并购之影响. 知识产权，23（4）：86-91.

李建强，赵加强，陈鹏. 2013. 德国弗朗霍夫学会的发展经验及启示（上）. 中国高校科技，（8）：54-58.

李宜展，刘细文. 2019. 国家重大科技基础设施的学术产出评价研究：以德国亥姆霍兹联合会科技基础设施为例. 中国科学基金，33（3）：313-320.

刘鑫. 2017. 试析职务发明报告制度的废与立：德国《雇员发明法》与我国《职务发明条例》之比较. 中国发明与专利，14（5）：23-27.

马继洲，陈湛匀. 2005. 德国弗朗霍夫模式的应用研究：一个产学研联合的融资安排. 科学学与科学技术管理，26（6）：53-55，86.

任晓霏，戴研，莱因霍尔德·盖尔斯德费尔. 2015. 德国双元制大学创新驱动产学研合作之路：巴登-符腾堡州州立双元制大学总校长盖尔斯德费尔教授访谈录. 高校教育管理，9（5）：5-8.

王汉伟. 2013. 德国扶持中小企业创新发展的举措及启示. 中小企业管理与科技（下旬刊），（3）：139-140.

卫才胜. 2003. 从科研组织的变革看19世纪德国科技中心的形成. 沙洋师范高等专科学校学报，4（2）：68-70.

西鹏，陈东阳，刘爽健. 2022. 高校新型研发机构市场化能力建设研究：基于德国弗劳恩霍夫协会模式的思考. 中国高校科技，2022（Z1）：92-97.

肖瑶. 2016. 发达国家产学研合作典型案例对我国的启示与借鉴：以德国双元制为例. 中国高校科技，（10）：43-45.

薛万新. 2017. 德国产学研协同创新驱动机制及其对我国的启示. 创新科技，（1）：4-8.

张虹冕，赵今明. 2018. 德国亥姆霍兹联合研究会建设特点及其对我国的启示. 世界科技研究与发展，40（3）：290-301.

张俊芳. 2021. 从国外科技成果转化产权制度看我国现行制度改革. 科技中国，（1）：64-67.

Bundesministerium für Bildung und Forschung. 2012. Bundesbericht Forschung und Innovation 2012. https://www.bundesbericht-forschung-innovation.de/en/Previous-reports-1716. html[2023-01-09].

Federal Ministry of Education and Research. 2024. Organization. https://www.bmbf.de/bmbf/en/ministry/organization/organization_node.html[2024-01-16].

Helmholtz Association. 2023. Facts and Figures: Annual Report of The Helmholtz Association. https://www.helmholtz.de/system/user_upload/Ueber_uns/Wer_wir_sind/Zahlen_und_Fakten/2023/23_Jahresbericht_Helmholtz_Zahlen_Fakten_EN_FR.pdf[2023-08-26].

Leibniz Association. 2023. History of the Leibniz Association. https://www.leibniz-gemeinschaft.de/en/about-us/history/history-of-the-leibniz-association[2023-06-10].

Leibniz Association. 2024a. Leibniz Association: About the Leibniz Association (leibniz-gemeinschaft.de). https://www.leibniz-gemeinschaft.de/en/about-us/about-the-leibniz-association. [2024-03-11].

Leibniz Association. 2024b. Leibniz Association: Deutsches Bergbau-Museum Bochum-Leibniz-Forschungsmuseum für Georessourcen (leibniz-gemeinschaft. de). https://www. leibniz-gemeinschaft. de/en/institutes/leibniz-institutes-all-lists/deutsches-bergbau-museum-bochum-leibniz-forschungsmuseum-fuer-georessourcen[2024-01-04].

Max Planck Society. 2024. Facts and Figures. https://www.mpg.de/facts-and-figures[2024-01-06].

Organization for Economic Cooperation and Development. 2022. OECD Review of Innovation Policy: Germany. https://www.oecd.org/publications/oecd-reviews-of-innovation-policy-germany-2022-50b32331-en.htm[2023-10-17].

第四章　新型研发机构现状与创新发展阻碍分析

第一节　新型研发机构的建设现状

创新是新中国成立以来一直强调的话题，我国通过总体宏观布局和出台系列举措逐步增强对建设创新体系的摸索，推动知识交叉型、多元化发展，不断完善创新体系，增强创新能力。新型研发机构的发展就是在"大众创新、万众创业""创新驱动发展战略"及创新体系改革等宏观力量推动下演化发展形成的创新组织，为加强高校、企业、科研院等创新主体之间的协同互通，加快成果转化的效率提供一种新模式。

新型研发机构的雏形可以追溯到21世纪初期，它首先在珠三角地区萌生发芽。1996年12月，深清院正式成立，其独自建立理事会，在理事会的带领下进行判断决策，并且将责任院长化，以独特的企业化方式来运营整个研究院，从而能保证研究院整体前行方向始终结合产学研。深清院的理事会管理制度、推动产学研结合，以及扩展孵化、投资板块的做法取得了显著的发展成效（曾国屏和林菲，2013）。深清院"四不像"发展模式得到认可之后，珠三角地区先后成立了一批包括深圳华大基因研究院、中国科学院深圳先进技术研究院在内的新型研发组织。为鼓励新型研发机构这种新兴的创新组织模式，支持这一类研发机构的发展，2015年广东省出台《关于支持新型研发机构发展的试行办法》，首次鼓励建设新型研发机构并大力扶持其发展，拉开了新型研发机构在我国发展的序幕。

2016～2017 年，江苏[①]、福建[②]等地区也积极开展对新型研发机构的备案、扶持，2019 年科技部印发《关于促进新型研发机构发展的指导意见》，确定了新型研发机构的"正式身份"，自此新型研发机构在我国全面开花，逐步形成"星星之火，可以燎原"的发展趋势。发展至今，新型研发机构已经作为一股创新浪潮，成为区域创新体系建设的中坚力量。本节主要对新型研发机构的建设现状（包括各地扶持政策及机构建设的整体情况）进行梳理。

一、新型研发机构扶持政策发展

随着市场经济体制的建立与完善，国家科技体制改革要求科研院所和高等院校面向经济建设，加速成果的转化和推广，以科技引导和支撑经济的加速和健康发展。新型研发机构作为"政产学研用"协同创新的一种新模式，受到各个地方政府的广泛青睐。珠三角地区最早开始出台相关政策以支持区域内新型研发机构的发展。2015 年初《广东省人民政府关于加快科技创新的若干政策意见》（粤府〔2015〕1 号）第十一条明确指出，要扶持新型研发机构发展，满足条件的新型研发机构可以在政府项目承担、职称评审、人才引进、建设用地、投融资、税务缴纳等方面享受相关的优惠。2015 年 5月，包括广东省科学技术厅、广东省经济和信息化委员会等在内的十个省级部门出台《关于支持新型研发机构发展的试行办法》（粤科产学研字〔2015〕69 号），并于同年 10 月发布《关于下达第一批广东省新型研发机构名单（2015—2017）的通知》（粤科产学研字〔2015〕158 号），新型研发机构的发展首次得到政府的官方支持。可以认为，珠三角地区既是政府支持新型研发机构的典型示范区，也是相关政策逐渐在摸索中走向成熟的试验区。2015 年以来，广东省科技厅先后出台了 16 项地方工作文件和 3 项地方规范性文件来引导、鼓励、支持区域新型研发机构，主要进行了对新型研发机构的分批次认定、动态评估、建设指导等在内的工作。对新型研发机构的支持政策也从早期的"试行办法"逐步完善形成了《广东省新型研发机构管理办

---

① 江苏省科学技术厅、江苏省财政厅关于组织开展新型研发机构奖励申报工作的通知.https://www.pkulaw.com/lar/dde1656ac7b7cd1c 385f44835165f1bebdfb.html[2022-12-01]

② 福建省科学技术厅关于组织申报第一批省级新型研发机构的通知. https://www.pkulaw.com/lar/6d32e961258fae0e7be 738d2d8b12334bdfb.html[2022-10-10].

法》，政策支持的倾向性也从早期的全面支持逐渐向"高质量发展"转移；政策的完善呈现出了成熟化的发展趋势，对国内其他地方性政府出台新型研发机构扶持政策都起到一定的引导作用，对新型研发机构在我国的快速发展和成熟具有相当重要的实践意义。

在珠三角地区新型研发机构成功发展的推动下，2018年新型研发机构第一次被纳入政府工作报告，这也是新型研发机构首次出现在国家级的正式文件当中。文件指出当前出现一批具有国际竞争力的创新型企业和新型研发机构，以此来加强技术创新建设。这既认可了新型研发机构的良好的发展势头，也对新型研发机构赋予了加强技术创新的重任，新型研发机构和创新型企业并重，将在我国创新发展中发挥不可替代的重要作用。政府工作报告的出台进一步加速了新型研发机构布局的全国化进程。2019年9月，科技部印发《关于促进新型研发机构发展的指导意见》，正式明确了新型研发机构的功能定位和独立法人的身份，认同科技类民办非企业单位（社会服务机构）、事业单位和企业发展成为新型研发机构。

《关于促进新型研发机构发展的指导意见》的出台得到了各地政府的积极响应，各省市级政府纷纷出台针对新型研发机构发展的相关政策以加快在全国范围内组建大量新型研发机构，新型研发机构在我国的发展逐渐进入高潮。发展至今，新型研发机构的踪迹已经遍布我国各个区域，总数量已突破2000家，聚焦区域发展的科技前沿，在提升区域创新水平和产业创新效能等层面发挥了重要作用。

二、新型研发机构建设发展

在政府政策和产业对科技创新需求的共同推动下，新型研发机构在我国快速成长发展，南至广东，北至吉林，东至上海，西至甘肃，在我国各个区域形成了一股推动创新的新兴力量。

以下梳理了新型研发机构发展建设的基本情况。

首先，新型研发机构在国内的总体分布情况（《新型研发机构发展报告2020》编写组，2021）为：截至2021年7月，全国通过政府认定的新型研发机构已经达到2056家（不完全统计），各地新型研发机构的数量分布情况具体如表 4-1 所示。江苏省、广东省、山东省支持发展的新型研发机构数量最多，新型研发机构数量总和达 1113 家，占全国新型研发机构总数的 54.1%，近半数的新型研发机构集中在这三个省份，导致东部地区新型研发机构的总数为 1475 家，占我国新型研发机构总量的 71.7%。中部地区和西部地区的新型研发机构总数分别为 325 家和 201 家，分别占全国总数的 15.8% 和 9.8%，其中山西、重庆、安徽、河南等省份发展新型研发机构的表现较为突出，通过政府认定的新型研发机构数已突破 50 家。相较之下，东北地区发展新型研发机构的势头相对缓慢，总数为 55 家，仅占全国总量的 2.7%。

表 4-1 全国各地新型研发机构的分布情况

区域分布	省份	数量/家	区域分布	省份	数量/家
东部地区	北京	7	东北地区	辽宁	44
	天津	20	中部地区	山西	121
	河北	110		安徽	96
	上海	33		江西	27
	江苏	473		河南	71
	浙江	36		湖北	10
	福建	156	西部地区	广西	34
	山东	300		重庆	122
	广东	340		贵州	6
东北地区	吉林	11		甘肃	39

资料来源：《新型研发机构发展报告 2020》编写组（2021）。

总体来看，新型研发机构在我国的空间分布仍然呈现一个较密集的空间分布状态，以江苏省、广东省为代表的创新发展地区集聚了大批新型研发机构。究其原因，一方面，广东省、江苏省在全国范围内最早开始试点实施对新型研发机构的支持，逐步形成了较其他地区更成熟的新型研发机构发展环境；另一方面，广东省、江苏省、山东省本身存在较强的创新发展优势和复杂的产业创新需求，具备发展新型研发机构的先决条件，能更快地培育出符合区域产业特色的新型研发机构。

其次，对新型研发机构发展的速度进行了前后对比，表 4-2 列举了 2015 年以来全国通过各级政府认定的新型研发机构总量的逐年变化情况。2015 年、2016 年唯有广东省开展了对新型研发机构发展的支持，全国通过认定的新型研发机构总数不足 200 家。2017 年、2018 年，随着广东省发展新型研发机构成功案例的推广，各地区紧随其后，开始实施对新型研发机构的支持，当年通过认定的新型研发机构数量稳步增加，出台的新型研发机构扶持政策的区域范围逐步扩大。2019 年、2020 年，随着《关于促进新型研发机构发展的指导意见》的出台，当年通过认定的新型研发机构总量激增，分布范围迅速扩张，加之前期奠定的发展趋势，最终形成了整体稳定的发展趋势。

表 4-2　全国新型研发机构总量逐年变化情况

年份	当年认定新型研发机构总量/家	区域数量/个	区域范围
2015	124	1	广东
2016	56	1	广东
2017	231	6	广东、福建、江苏、河南、重庆、安徽
2018	268	8	广东、天津、河北、福建、安徽、重庆、河南、江苏
2019	408	11	广东、天津、河北、福建、安徽、重庆、河南、江苏、广西、甘肃、辽宁
2020	946	18	广东、天津、江苏、河北、福建、安徽、重庆、河南、广西、甘肃、辽宁、北京、浙江、山东、山西、湖北、贵州、吉林

再次，在三类组织性质的新型研发机构中，企业类新型研发机构的数量最多，事业单位性质的次之，民办非企业法人类型的新型研发机构数量最少。从建设主体来看，联合主体建设是新型研发机构组建的重要特征之一，约 75% 以上的新型研发机构由 2 家及以上的单位共同举办；从运营的基本条件来看，约 65% 以上的新型研发机构注册资本在 500 万元以上，95% 以上的新型研发机构拥有固定资产，当前新型研发机构的运营资本相对较为充足；从机构规模来看，机构人员规模在 50 人以下的占比约 60%（《新型研发机构发展报告》编写组，2021）。

最后，新型研发机构开展创新活动的产出成果丰富、成效显著。仅2019 年，新型研发机构平均承担财政科研项目 3.8 项，包括政府科研项目及面向企业开展的研发服务，平均科研经费达 1254.5 万元；60%以上新型研发机构拥有发明专利；收入均值达 9728.2 万元，且已有近一半的新型研发机构实现了盈利，盈利均值达 848.9 万元（《新型研发机构发展报告》编写组，2021）。但是值得关注的是，仍然有超过半数的新型研发机构尚未实现盈利，如何摆脱亏损和盈利为零的现状必须引起重视。自身造血功能不足是当年大量新型研发机构在发展中所面临的严肃问题，由人才、资金有限所导致的项目失败比比皆是，这就要求新型研发机构的发展必须逐渐摆脱对政府支持的依赖，建立起完善的自我运作机制，加强对资源的合理利用，瞄准市场空白，努力为机构发展创造空间，加快提升经济效益，从而实现从创新链前端到末端再到前端的良性内循环。

三、天津市新型研发机构建设发展现状

近年来，天津市一直积极推动新型研发机构（产业技术研究院）的建设与发展，其主要是促进产业原始创新，培育更多行业龙头企业和新兴产业。为了实现这个目标，天津市政府相继出台多项优惠政策来全面推动各支柱产业研究机构的建设和发展，以化解当前诸多新型研发机构"四不像"难题，彻底打通技术研发与产业化之间的通道，从而推进创新创业和产业结构升级。天津市政府大力支持新型研发机构表现在以下几个方面。

首先，积极推动市级新型研发机构的建设，以鼓励各类创新主体参与新型研发机构建设，增强机构建设的积极性。据不完全统计，目前天津市共有新型研发机构 100 多家，其建设和投资主体包括政府部门、高校、科研院所、企业、社会组织、产业联盟、科研团体或个人等多种类型，机构性质包括事业单位、企业、民办非企业、社会团体。联合方式包括以政府为主导，与科研院所、高校、企业等多家单位之间联合；或高校、科研院所、企业中以一家单位为主导，联合其他单位共建；或以社会组织、科研团体为主导，联合政府、高校、科研院所共建（毛义华和李书明，2020）。

其次，积极开展新型研发机构的认定工作，以选拔优秀的新型研发机构

引领天津市产业升级及产学研融合发展：2018 年，天津市科技局公示首批天津市产业技术研究院认定名单，其中包括浙大滨海院等在内的 7 家新型研发机构；2019 年，对以清华大学天津电子信息研究院为代表的 8 家单位给予新型研发机构认定；2020 年，以天津珞雍空间信息研究院有限公司为代表的 5 家单位通过天津市新型研发机构认定；此外，还有未通过认定的各类新型研发机构 100 多家。

再者，对经认定的新型研发机构给予各种形式的政策优惠，以激励新型研发机构的创新活动，增强其对市内产业的支撑作用：按照《天津市人民政府办公厅关于加快产业技术研究院建设发展的若干意见》《天津市产业技术研究院认定与考核管理办法（试行）》规定，市科技局根据考核结果择优给予其每年额度最高不超过 1000 万元的奖励，同时，产业技术研究院或衍生企业牵头承担国家科技重大专项和国家重点研发计划重点专项项目，市、区两级财政将共同给予国家支持额度 1:1 的配套资金支持；产业技术研究院申报市级科技计划的，不受申报项目数量限制；对于产业技术研究院进口仪器设备给予相应补贴；产业技术研究院衍生企业主要负责人优先纳入本市新型企业家培养工程；对产业技术研究院发起设立的天使基金和创投基金，天津市天使投资引导基金和创业投资引导基金同等条件下优先给予参股支持。

在政府的各类刺激下，天津市新型研发机构发展成效喜人，表现为数量的不断增加及影响力的不断扩张，在公共服务平台搭建、高层次人才集聚、纵向科研项目承担、知识产权产出、企业服务、企业孵化等方面均取得了不错的成效：多数产业技术研究院已建立省部级院士专家工作站、博士后科研工作站、技术转移机构、众创空间等，通过自行孵化和合作孵化形式，衍生孵化企业几百家，产值几十亿元，企业规模也在不断升级，如由产业技术研究院孵化的天津清科环保科技有限公司、泽达易盛（天津）科技股份有限公司均获批成为 2019 年天津市技术领先型企业。在科技金融方面，已有不少产业技术研究院成立了相关产业基金或专项基金，为科技成果转化、项目培育、企业孵化提供助力（毛义华和方燕翎，2020）。

第二节　新型研发机构的研究现状

作为我国区域"政产学研用"协同创新的重要平台，新型研发机构被众多学者视为国内科技创新管理、区域创新等研究领域的重要组成部分，为我国科技体制改革与产业转型升级提供了强有力的支撑。关于围绕其开展的学术研究，主要在机构功能定位、组织模式、体制机制、绩效等层面进行探讨并形成了一定的结论。随着新型研发机构在国内分布不断扩张，以及研究文章数量的激增，有必要对现有的核心研究文献进行整理归纳，明确现有研究的主要内容、理论基础、理论框架等。本节对新型研发机构的研究现状进行梳理，总结相关文献，梳理各研究主题的研究进展，剖析新型研发机构理论支撑，提出系统且相对全面的理论框架体系，完善新型研发机构理论研究的整体学术框架。

一、数据来源与研发方法

为了对新型研发机构领域的相关核心文献进行全面的收集及整理，本文通过文献阅读及专家访谈，设计中国知网（CNKI）"主题"检索关键词为"新型研发机构""新型研发组织""新型科研机构""产业技术研究院""工业技术研究院"；筛选科学引文索引（science citation index，SCI）、工程索引（engineering index，EI）、北大核心、中文社会科学引文索引（Chinese social sciences citation index，CSSCI）来源的核心文献。于 2021 年 3 月 1 日进行检索，限定时间范围为自 1997 年我国第一家新型研发机构成立起至 2021 年 3 月 1 日；以文章相关度、被引量及下载量为主要指标对检索所得文献进行筛选，共得到初始文献数据 245 条。进而，通过对所收集文献进行全文阅读，剔除主题不符文献，增加被遗漏的参考文献，最终得到有效文献数据 201 条，将其作为本节的分析对象。图 4-1 展示了 1997～2020 年新型研发机构领域发文情况。

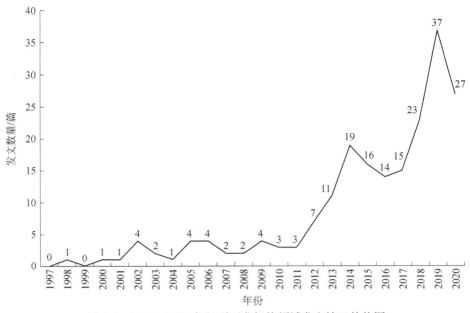

图 4-1　1997～2020 年新型研发机构领域发文情况趋势图

针对文献分析，本节采用了计量分析和内容编码分析两类研究方法。首先采用 CiteSpace 软件进行关键词聚类分析以明晰现有研究主题，并对其进行聚类划分。关键词聚类分析呈现了 13 个边界明显的聚类（cluster），包括研发投入、协同创新、产业技术研究院、产权激励、运行机制、社会网络分析、科技成果转化、创新驱动、产学研合作、创新价值链、创新绩效、运行治理、共建模式等，大致囊括了新型研发机构相关的主要研究内容。在此基础上，根据文献内容进行编码，在编码中强调研究方法、理论基础、研究发现等。根据上述研究结论，结合新型研发机构的组建方式与发展特征，从新型研发机构理论研究的组建逻辑及递进深化两个角度构建其理论框架。

二、新型研发机构研究理论框架

基于关键词共现分析、文献编码结果，提出新型研发机构研究理论框架（图 4-2）。可以看出，机构构建驱动力对应机构建设，包括理论支持及经验总结（已有案例的经验剖析）；运营发展模式对应机构发展运作环节，主要映射新型研发机构的组织内涵与特征，政产学研等创新主体协同，以及机构运行的创新机理与机制；机构产出与贡献主要对应新型研发机构的创新产出，对机构创新绩效、价值贡献作出梳理，此外，大量研究阐述了不同视角下机构面临的问题，为机构可持续运作提供了对策建议。理论研究框架体系内化了新型研发机构的创新发展逻辑，对现有研究内容、研究结论进行了系统性总结。

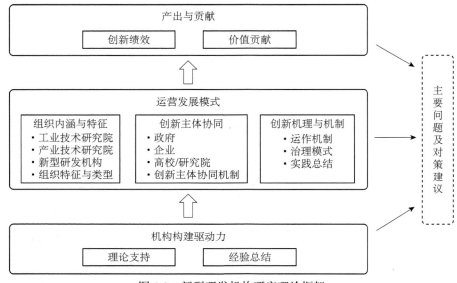

图 4-2　新型研发机构研究理论框架

（一）机构构建驱动力

1. 理论支持

理论是新型研发机构构建的基础。一方面，大量学者基于大量的理论基础积极论证新型研发机构组建的可行性与必要性，推动了新型研发机构在我国的发展。例如，李星洲等（2012）分析了三螺旋理论框架下的新型研发机构组织特征；任志宽（2019）从产学研合作理论出发，分析了新型研发机构产学研合作的多种模式及动态演进过程；吴卫和银路（2016）、陈红喜等（2018a）均从新巴斯德象限模型视角，在理论层面肯定了新型研发机构在科学研究与产业化之间的桥梁作用；苟尤钊和林菲（2019）从创新价值链理论出发，探索了新型研发机构扮演由认识价值向经济价值转化的关键角色，最终打通了创新价值链各个环节的完整创新体系的构建。另一方面，新型研发机构的发展拓展了现有理论的内涵和应用。可以认为，新型研发机构是在产学研理论框架下产生的政产学研深入融合下的实体产物，搭建起了政产学研各方沟通交流的网络平台，对促进知识流动、创新要素的整合有重要意义。在后学院科学范式下，针对技术需求的科学研究工作被称为"技术科学研究"，新型研发机构就是技术科学研究的主要载体：通过组建新型研发机构连接基础研究与应用研究，推动科学与技术的交融（孙喜和窦晓健，2019）。巴斯德象限模型解释了应用基础研究需求对新型研发机构发展的指导作用，同时在此基础上延伸出机构创新创业、技术服务等功能。三螺旋理论分析了政府、高校、企业三者的协作关系，为新型研发机构构建主体协同提供了思路。创新价值链理论、创新生态系统理论等认可了新型研发机构对于弥补创新链中间环节缺失、拓展创新生态系统功能的重要作用，对于解决我国当前技术与经济脱节问题、推动产业升级具有深刻意义。

2. 经验总结

为了推动新型研发机构在我国的快速发展，大量学者对国内外成熟的新型研发机构案例进行了经验剖析与总结，为我国建设发展新型研发机构提供了参考经验。在201条文献分析对象中，共出现了26篇关于国内外新型研发机构发展经验总结类文献，发展较早且较为成功的机构包括德国弗朗霍夫协会（安维复，2000；王俊峰，2007）、我国台湾工研院（刘强，2003；刘林青和甘锦锋，2014）、日本产业技术综合研究所（李顺才等，2008）等。此外，还有学者对韩国科学技术研究所（徐顽强和乔纳纳，2018）等国外科研院所、德国《科学自由法》（芮雯奕，2015）、美国联邦政府支持政策（丁明磊和陈宝明，2015）、国外产业技术研究院绩效评价体系（蒋海玲等，2016）等内容进行了研究。整体看来，此类经验总结文献发文时间相对较早，同时较多地采用对比分析法来分析我国新型研发机构建设现状与国内外成熟机构运作机制间的差距，提出了我国新型研发机构建设的思路、建议，从实践的角度为我国机构组建与运作提供了重要的参考依据。但也有学者指出，若新型研发机构忽视其发展的国情，盲目参考其他机构的成功经验，可能会导致其陷入"引进—落后—再引进"的循环，起到适得其反的效果（孙喜和窦晓健，2019）。成熟的经验固然有其参考的价值，但不经吸收、内化的照搬将对机构发展起到反向制约作用。故近年来，越来越多的学者从区域发展现状出发来考察新型研发机构构建的区域条件与建设必要性，如唐朝永等分别对山西省、广东省的新型研发机构培育和发展情况进行分析，提出机构发展的对策建议，强调了新型研发机构与区域创新环境的适配性（唐朝永等，2019；周恩德和刘国新，2018）。

（二）运营发展模式

1. 组织内涵与特征分析

对于新型研发机构的核心概念界定，不同研究学者对新型研发机构的概念有不同的看法，国内不同地区在新型研发机构认定政策中也呈现出不同的定义，整体上可认为当前新型研发机构尚未形成一个完全统一的概念，存在概念模糊问题。

对文献中出现的相关定义进行纵向对比分析发现，机构概念演化呈现较为清晰的演化脉络，大体上经历了"工业技术研究院—产业技术研究院—新型研发机构"三个阶段，具体表现为：一是早期文献多以"工业技术研究院"指代此类新型研发组织，工业技术研究院一词来源于学者对台湾工研院建设经验的剖析与总结，大陆地区沿用该名称构建早期工业技术研究机构；二是为了迎合国家发展战略性新兴产业的步伐，研究开发产业技术，2011年以来，产业技术研究院逐渐取代了工业技术研究院成为此类机构的统称，而从工业技术研究院向产业技术研究院的转变与我国推动各类新兴产业的发展趋势相吻合，体现了技术研究范围的扩张及研究创新程度的提升；三是2014年以来，"新型研发机构"逐渐受到学者的关注，相比工业技术研究院与产业技术研究院多聚焦于技术的研究与开发，可以认为新型研发机构在秉承上述概念与功能的同时，提升了对于创新创业的重视，实现了"科技+产业+资本"的"三位体"乃至"科技+产业+资本+教育"的"四位体"（曾国屏和林菲，2013），新型研发机构自身形成了一个微创新生态系统，在功能定位及组织运营等方面更具活力。概念的演化呈现出机构从单一的产业研发向多元化组织架构过渡的趋势，反映出机构功能与内涵的逐步扩张。

对新型研发机构不同定义所呈现的主要内容进行横向比较发现，定义概念对于机构内涵达成了较多的共识点，具体表现为：一是新型研发机构是为了对接区域产业化经济发展的科学技术需求，为地方企业提供具有针对性的科技服务而孕育成长起来的一类组织，机构主体仍然围绕"技术研发"与"创新"开展各项业务，但对比一般研发机构，其研究内容具有基础性、产业化、公共性等关键特征；二是新型研发机构作为区域创新平台，其运营管理模式显著创新，多为独立法人机构采用企业化运行，事业编制单位较少，使得机构能够跳出原有科技体制束缚，实现机构自身的制度创新，自主能动性强；三是新型研发机构以市场为主要发展导向，机构输入市场需求信息，输出与市场产业链对应的成果，在市场中发挥新型研发机构的产业优势；四是新型研发机构多采用理事会领导下的院长责任制，组织结构、用人机制的灵活性对机构运转有重要作用；五是新型研发机构资金来源丰富，多元化多渠道的经费投入在保证经费充足的前提下，使得机构能逐渐走向良性发展轨道（吴金希，2014a；吴卫和银路，2016；张豪和丁云龙，2012；夏太寿等，2014）。但有学者发现在机构实际运作中，往往存在几点悖论，体现在公益性与市场逐利性的矛盾、产权模糊与独立管理矛盾、孵化模式与服务模式的矛盾（龙云凤等，2018）……平衡新型研发机构的各类发展模式对促进其长远发展具有实际意义。

2. 创新主体协同机制

新型研发机构是政产学研协同的实体，其构建离不开政府、企业、高校、科研院所等创新主体的支持，不同主体参与新型研发机构建设的出发点、所扮演角色具有较大差异。

（1）政府出于对区域经济整体发展水平提升的需求参与新型研发机构的构建，而政府也是新型研发机构成立的重要基础条件，在场地、政策、资金等公共性产品方面提供了大力支持，在机构身份认定、顶层设计等方面发挥重要作用（任志宽，2019；陈红喜等，2018a）。近年来，政府政策、资金支持不能满足机构的发展需求，逐渐成为新型研发机构发展的制约条件之一，具体表现为管理分散、政策不完善、资金灵活度低、监管严格等。为鼓励新型研发机构在我国的进一步发展，政府仍需要制定政策、加大支持力度。此外也有学者指出政府支持可能对新型研发机构带来限制，对机构运营的过多介入会影响机构自身发展的空间，抑制产学研协同的效率（杨柏等，2021），故政府应为新型研发机构提供适度的支持，既要保证机构正常运作，又要减少干预，采取合适的绩效评价手段考核机构发展。

（2）高校是知识创新的重要载体，人才、科研成果储备丰富，但其产出知识与市场需求之间存在隔阂，故促进科技成果转化，加强人才培养及学科发展是高校参与新型研发机构组建的目的。高校输出包括知识、技术、人才、科技成果等在内的创新能力，为新型研发机构提供智力支撑（任志宽，2019）。高校与新型研发机构之间存在紧密的联系，但其人才归口、知识产权归属的二重性导致高校与机构在利益成果划分时会产生较多矛盾，从而影响机构员工的创新效率（章立群和翁清光，2020；袁传思和马卫华，2020）。故对内制定合理的激励机制，鼓励更多的团队加入新型研发机构；对外协调好和其他创新主体间的产权利益关系，建立稳定的产学研关系是高校作为创新主体的重要任务。

（3）区域产业经济创新主要表现为企业对新工艺、新产品的研发情况。企业是区域经济的重要推手，对产业趋势、市场变化高度敏感，但学术科研力量较弱，科研技术的研发投入有限，难以承受科研投入带来的高风险（陈红喜等，2018a）。企业参与新型研发机构建设可以获得科技创新产出带来的经济效益，还能获得知识、创新能力等隐形利益收益（任志宽，2019）。已有研究表明，"产研"融合深度不足将出现新型研发机构与地方产业结合不深、开放型技术平台缺失等问题，削弱机构对于区域产业发展的支撑作用（章立群和翁清光，2020）。因此，有必要吸引企业参与新型研发机构组建，基于企业的市场技术需求，融合产业链与创新链，以突破共性技术障碍。

此外，众多学者对新型研发机构创新主体的协同关系进行研究。产学研协同的本质是为实现主体共同利益而建立的资源互补、利益共享的稳定合作关系。由于利益分配机制不完善、信息不对称性等原因，创新主体受到自身利益驱动对产学研协同关系稳定性带来的影响，研究视角大致可以分为以下两类：一是利己思维导致新型研发机构产学研关系处于不稳定状态，创新主体在利益驱使下不断进行博弈，以争取自身利益最大化；二是互惠思维导致新型研发机构创新主体能够各取所需，使得协同利益最大化，产学研关系稳定（张根明和张曼宁，2020）。良好稳定高效的产学研合作关系是新型研发机构发展的必要条件，越来越多的研究从社会网络关系角度研究新型研发机构协同机制，探讨了机构作为网络组织的物质交换、信息沟通、知识集成、社会服务能力，以及机构协同创新激励机制、协同创新合作机制等，为实现主体优势融合与创新要素整合带来新内涵（曾海燕，2015）。

3. 创新机理与机制

从我国机构内部创新机理出发，众多学者对机构内部组织架构、运作机制、治理模式等问题进行了理论剖析与实践情况总结，对部分代表性观点进行了梳理。

（1）组织架构。从组织职能的角度看，新型研发机构的组织架构主要有两个方面的职能，一是项目团队所需承担的创新及科技成果转化的职能，二是行政机构所需承担的创新主体之间的联络与协调职能（杨明海等，2013）。为了实现这两种组织职能，新型研发机构往往会设立多个职能部门，包括技术研究部门、成果转化部门、企业孵化部门等，各部门下辖多个项目，在管理部门的协调下，新型研发机构实行项目矩阵式管理，多个项目并行开展（李培哲等，2014）。从组织管理的角度看，理事会领导下的院（所）长责任制，是多数新型研发机构为匹配多主体投资协同、多学科交叉研究、多目标重叠并存、多功能集成创新的组织特点而采取的管理制度（刘贻新等，2016）。在理事会领导下的院（所）长责任制治理下，新型研发机构的日常经营活动由院（所）长加以组织，由各类型成员共同组成的理事会进行决策，去行政化特征及市场属性明显，组织更为灵活，对产业信息反应更敏锐（章熙春等，2017）。

（2）运作机制。新型研发机构面向市场，多以企业化方式运作，故其如何兼顾科研特色与企业发展，如何利用好资源推动成果产出是长期困扰机构可持续发展的重要问题，也是相关领域的研究热点。大量学者基于我国新型研发机构案例从投入机制、项目选择机制、用人机制、激励机制、融资机制、利益分配机制、成果转化机制等维度进行了机制创新分析，普遍认为机制创新是新型研发机构区别于普通研发机构的重要特色（张豪和丁云龙，2012；陈红喜等，2018a；袁传思和马卫华，2020）。但当前研究也指出，机制创新仍然是制约我国大量新型研发机构发展的关键因素，如何真正实行企业化运作模式，激发创新要素的创新活力，还需要结合新型研发机构自身对运作机制进行探讨与融合（赖志杰等，2017）。

（3）治理模式。创新治理强调创新要素的参与、互动、协同，对新型研发机构创新治理模式的研究主要从机构治理与项目治理两方面展开。在机构治理方面，主要提出了利益相关者治理（何帅和陈良华，2018），运用数字技术进行数字化治理（李飞星等，2019），基于"一轴双核三螺旋"的治理策略（赖志杰等，2017），研究内容与机构体制机制建设直接相关。在项目治理方面，王磊等（2016）利用社会网络分析方法对项目治理特征及动态治理效果评价进行研究，提出了项目治理对策。相对而言，从微观视角剖析项目本身治理模式的研究较少，但项目治理与机构治理存在必然联系，需要从多重角度看待新型研发机构的发展与治理。

随着新型研发机构在我国日益成熟，对国内新型研发机构发展经验的案例分析、实践经验总结也随之增多。以深清院、华大基因为代表的我国典型成功新型研发机构是众多学者探讨的热点，其组织模式、运作机制等为我国其他地区构建新型研发机构提供了参考案例（曾国屏和林菲，2013；苟尤钊和林菲，2015）。此外，张豪和丁云龙（2012）以北京科技大学产业技术研究院为例，分析了新型研发机构中技术与资本结合的经验，夏太寿等（2014）以苏粤陕 6 家新型研发机构为例，分析了新型研发机构的协同运作模式……此类经验总结文献从我国典型新型研发机构实践经验出发，既补充了实践经验的理论总结，也印证了理论观点在实践中的可行性。

（三）产出与贡献

1. 创新绩效评价

创新绩效是评价新型研发机构运行发展情况的重要手段，构建合适的评价体系意义重大。但我国对新型研发机构绩效评价的研究起步比较晚，文献数量相对较少，同时实证研究方法较为单一，以层次分析法（analytic hierarchy process，AHP）为主，结构方程模型、主成分分析法等其他方法运用较少。根据研究内容与研究结果，可将相关文献大致分为两类：绩效评价体系构建和绩效影响机理分析。

（1）不同学者从不同的视角构建了新型研发机构的绩效评价体系，张光宇等（2021）基于生态位态势理论构建机构核心能力的评价体系；孟溦和宋娇娇（2019）从资源依赖理论出发，构建不同发展时期的机构社会影响力绩效评价体系；陈红喜等（2018b）根据南京新型研发机构的发展，构建机构成果转移扩散绩效评价体系……此类文章在绩效评价体系的构建中基本遵循了"投入-产出"的基本规律，在绩效指标的选择上具有一定的类似性，同时，上述绩效指标体系能否实际反映新型研发机构的发展情况十分重要，但仅有少量研究在体系构建基础上对机构的运作情况进行了评价结果分析。

（2）关于绩效影响机理的研究侧重对各类影响的实证，何帅和陈良华（2018）探究了网络关系强弱、资源整合、市场机制、创新环境对机构创新绩效的影响，周恩德和刘国新（2018）实证了研发经费支出、研发人员投入、政府专项补贴、政府税收减免、组建性质对创新绩效的影响。此类研究强调将机构资源投入、运作管理同创新绩效进行关联度匹配，明晰了绩效产出的内在机制。整体而言，当前对于新型研发机构创新绩效的研究具有一定局限性，对于创新绩效产出指标的选择可以向产业贴近，对于其评价体系的实际应用情况可以做进一步考量。

2. 创新价值

新型研发机构被赋予了包含黏合剂、聚宝盆、孵化器、转换桥等在内的七大功能（吴金希，2014b）。在具体的实践中，新型研发机构还在国家层面及产业层面表现出更大的价值，具体表现在以下几个方面。

（1）国家创新体系的建设。早期国家创新体系以企业作为主体，认为在创新体系中，企业主要承担了技术创新一环。随着产学研融合的不断加深，新型研发机构作为一类新兴知识密集型组织为我国创新体系的建设注入了新的活力，越来越多的学者认同应将新型研发机构纳入国家创新体系中，将其视为中国特色自主创新道路的"特色"，对深化我国科技体制改革起着重要作用（林祥，2015）。但实际上，新型研发机构在国家创新体系中的定位仍然十分模糊，缺少宏观制度和文化的支撑，将新型研发机构纳入国家现有科研体系中，实现科技政策覆盖是发展的必然趋势（吴卫和银路，2016）。

（2）区域发展。新型研发机构通过实现产业链与创新链的融合以推动区域经济发展，众多学者已从省域层面对经济提升途径进行了分析，其对于区域发展的贡献不仅停留在产业升级发展层面，还体现在对区域联合科技创新共同体、区域影响力、区域创新发展战略等层面（夏太寿等，2014）。总体而言，新型研发机构在我国的发展空间与发展潜力是巨大的，其能在我国科技进步、经济发展、体系建设等多个层面发挥重要作用，创造机构发展的大环境有利于推动我国整体实力的进步。

三、研究总结

前述章节主要从研究内容整合的角度对新研发机构各研究主题的主要研究内容进行了概括与理论框架整理。进一步按照发文的先后顺序，整理研究主题之间的横向发展脉络，总结各研究主题的演化路径。图 4-3 整理了新型研发机构研究主题的演化脉络关系，表现出由浅入深、由单一向多层次发展的规律。

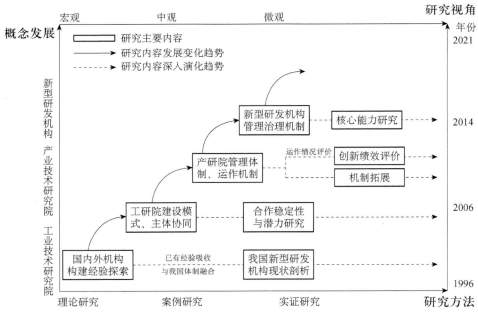

图 4-3　新型研发机构研究主题的发展与演化

整体来看，研究方法主要包含了理论研究、案例研究、实证研究三种，理论与案例研究占比较大，实证研究较少；研究视角主要包含宏观（创新环境）、中观（机构整体建设）、微观（机构内部细节）三个层面，对机构自身建设发展的研究占大多数。

（1）在研究内容发展变化趋势层面。早期研究数量较少，相对集中在以台湾工研院为代表的科研组织成功经验的探索方面，对组织结构、体制机制、成果转化路径等进行了深入的分析。在此基础上，我国开始尝试模仿构建共性技术、关键技术的研发科研组织，探讨各政府、高校、企业参与的工业技术研究院协同建设模式，探究主体权责。随着产学研合作模式逐渐加深，产业技术研究院数量随之增多，对其创新运作机制、管理体制的研究很快成为该领域的热点问题，在如何建设、如何引导、如何运营等方面提出了大量意见。以管理机制为例，随着国家对新型研发机构的高速支持和推进，也伴随出现了一些管理问题，如主体利益争端、员工创新动力不足及项目运作缺陷，因此对管理机制的设计和优化研究与日俱增，同时，随着研究力度的加深，相关研究从单一主题向多层次、多角度的研究方式转变，体现了科学研究广度和深度的正向非线性发展态势。

（2）从研究内容深入演化趋势层面。首先，在完成对国内外类似机构构建经验的吸收和内化后，我国新型研发机构大量涌现出对国内个别新型研发机构的现状研究，此类研究多基于一个或多个案例，旨在明确我国构建新型研发机构的困境与障碍，提出相应的意见和建议。我国新型研发机构从经验模仿到组建现状分析的演变趋势，在理论与实践两个角度均符合螺旋上升的内在逻辑。其次，对机构主体责权与合作模式的探究向产学研各方合作关系的稳定性、合作的潜力等方面演化，寻求长期的稳定的产学研协同关系是组建实体新型研发机构的重要意义。再次，运作机制作为机构运营最关键的研究主题，除在研究内容方面有了很大的拓展，同时衍生出对机构运作情况进行评价的绩效研究，完善了新型研发机构理论框架，也为度量机构现状、指导机构发展提供了有效的方法。最后，对机构管理治理机制的研究向核心能力研究演化，具体表现为对越来越多研究机构的内部能力进行了深入挖掘，包括资源整合能力、网络能力等（张光宇等，

2021)，对核心能力的挖掘明确了管理治理的重点，也指出了机构发展的必要条件。

四、小结

通过对 1997 年以来新型研发机构相关文献的归纳与总结，总体认为新型研发机构为我国科技经济的发展提供了一个重要的协同创新平台，当前对于新型研发机构的理论研究正处于膨胀发展阶段，仍存在值得进一步拓展完善的知识断层。基于前期对理论框架与发展脉络的分析，现总结新型研发机构领域的理论扩张趋势如下。

首先，对国内新型研发机构成功建设模式须进行深入探索与总结。我国新型研发机构正在逐步走向可持续运作，随着机构发展必然将涌现更多的成功案例。现有研究多从广义上将新型研发机构视为一类有别于传统研发组织的研发机构，探究其内在共性、组织特征等，随着新型研发机构范围的不断拓展，所在地区的经济发展状况、所研究产业的特色均会对机构运作带来不同影响，但当前鲜有研究针对某一地区或某一类型的新型研发机构进行组织共性的归纳总结，有必要对不同地区、不同组建模式的成功案例进行进一步的整合归纳，进一步拓宽新型研发机构的建设经验，完善机构运行机制等方面的相关理论，在扩充理论研究的同时，强化对各地建设新型研发机构的指导。

其次，网络组织是新型研发机构作为产学研合作实体的本质属性，当前对于新型研发机构网络化的研究尚停留在对机构社会网络关系、网络能力、项目网络治理等方面，研究内容分散，而网络化是新型研发机构理论发展的必然趋势，未来研究应强调新型研发机构网络化发展，在理论与实践层面拓展机构发展内涵。网络化发展既包括对以新型研发机构为核心的网络体系的构建，也包含对机构网络协同能力、网络交流能力的研究。在网络化视角下，重新定义新型研发机构，分析网络协同机制、信息交流与传递机制、绩效考核机制均有助于进一步提升新型研发机构的可持续发展能力，丰富理论研究体系。

最后，新型研发机构并非一成不变，其始终随着机构自身发展阶段、创新环境的变化而演化，仅从静态角度难以衡量新型研发机构的发展，故动态视角对研究新型研发机构具有重要意义。动态视角可以从两个方面进行考虑：一是结合生命周期理论，探究不同发展阶段的新型研发机构的区别，分阶段考量运行机制、绩效考核等；二是结合自组织理论，探究环境变化，包括创新环境变化、创新主体合作关系变动等对新型研发机构的演化推动作用。

第三节　新型研发机构的创新发展阻碍分析

尽管新型研发机构在发展上取得了一定成绩，但总体来说，目前新型研发机构的建设、运营和管理大多处于摸索阶段，在促进科技成果转化、带动区域产业转型升级及自身可持续发展方面均面临着方方面面的问题，本节从新型研发机构的外部和内部两个层面，分析其存在的具体问题。

一、新型研发机构的外部障碍因素

（一）政府的引导作用发挥不明显

在新型研发机构的建设中，政府的监督和引导作用非常重要。通过发现和确立新型的、更加有效和高效的机制，政府能对新型研发机构的建设和发展进行规划和引导，从而规范产学研合作中的各个主体，同时，政府又是有效信息占有较多的主体，能够利用其这一特点，从宏观上和总体上对新型研发机构及其创新创业行为进行协调。然而，从目前来看，政府对新型研发机构的建设规划与发展方向的引导并不充足和有效，具体体现在政策内容和方法较为单一且缺乏针对性、管理中的侧重点出现偏差、对产业参与产学研合作的引导不充分三个方面。

1. 政策内容和方法较为单一且缺乏针对性

尽管在国家层面，参与发布新型研发机构政策的部门数量呈现上升趋势，但政策多为面向新型研发机构的奖励、补贴政策，缺乏面向市场化的杠杆型政策，以及鼓励竞争的产业政策，加之关于新型研发机构的政策多分散在一些综合文件中，且大部分政策通过项目补助、土地补贴等手段支持新型研发机构，导致政策的针对性与扶持力度不够（陈宝明等，2013）。

以广东省为例，关于新型研发机构的政策主要表现为意见类和通知类，决定类的政策数量相对较小，政策整体的力度不足，且根据政策工具类型划分，广东省的政策中主要运用了环境面和供给面的政策，供给面的政策集中在人才激励和资金投入两个方面，而需求面的政策，诸如从国家或地方的重大科研任务需求或是从企业咨询服务需求方面设计针对新型研发机构的政策几乎没有。

2. 管理中的侧重点出现偏差

在对新型研发机构运行的顶层规划方面，部分地方政府很少综合考虑其在前沿技术研究、成果转化、高新技术和产品研发、高层次人才培养和引进方面的平台和示范作用。

同时，政府对新型研发机构的传统绩效考察办法，缺乏和实际产业的完全结合。现有的对新型研发机构的考察办法不外乎专家打分、实地考察、机构领导述职等，政府的考核内容在很大程度上集中在新型研发机构的产值绩效方面，较少重视过程的考核，这些方法和内容虽然能反映出机构的发展情况，但是或多或少存在一些主观性和片面性，无法真实体现新型研发机构对区域产业所做出的实质贡献（丁红燕等，2019），加之，非客观的评价标准对机构发展评价所带来的偏误，往往将导致后续对新型研发机构实施进一步支持的方向、强度产生偏差，从而使部分新型研发机构在运行时存在管理混乱，创新和创业的相关机制受到阻碍，影响其整体发展，也使得外部的创新软环境遭到破坏。

3. 对产业参与产学研合作的引导不充分

新型研发机构与高校和科研院所，尤其是企业之间还没有形成基于产业导向的协同创新态势，集聚迭代优质创新资源的能力亟待提升，加之，地方政府对新型研发机构的引导以项目补助和土地（场地）为主，未把重点放在引导地方产业需求与新型研发机构的供给紧密结合方面，"学研政"管理模式缺少与"产"的合作环节，从而挫伤了新型研发机构的研发积极性。

（二）创新的资源不足，创新难以为继

1. 风险资本的引入不顺畅

在丰富机构的多样化资金来源中，风险资本的加入是新型研发机构发展中的一种新模式。风险资本的进入主要有两种方式：一种是借助新型研发机构的社会和政府背景，与风险投资人进行合作互动，由风险投资人独立出资选择机构内的项目或在孵企业进行投资；另一种是由风险投资人和新型研发机构共同出资建立母基金，母基金独立运作，既投资机构内部项目，也能以新型研发机构为窗口对其他科研机构和高校的项目投资，将机构的资金不断放大。

在实际运作过程中，第一种方式常常难以实现。从风险资本的盈利本质来看，风险投资非常敏感和慎重，由于其需要承担较大的风险责任，在投资标的盈利能力凸显不够充分时不会轻易出资，而在新型研发机构的建设成效不突出的情况下，更加难以吸引风险资本的参与（张凡，2018）。因此，这不仅对新型研发机构保持其运行初衷来说是非常大的考验，也对政府的监管行为提出了更高的要求，若操作不当，则可能会导致以颠覆性技术研发为目标的新型研发机构脱离设立的初衷而转向逐利，导致机构运行的失败。

若采纳第二种"母基金"的方式，对成立初期资本不足的新型研发机构来说，其融资风险的容错率低，若在后期进展过程中出现资金不到位或预期不理想等情况，新型研发机构可能没有足够的资本和空间进行调整，从而严重阻碍其生存和发展（张凡，2018）。

2. 所在区域对高层次人才的吸引力不足

新型研发机构所在地区或功能区的人才吸引能力十分重要。很多情况下，新型研发机构选址于高新区，人才的吸引能力是高新区的规划和建设的重点，但"重引进，轻培养"的问题普遍存在（陈雨婷等，2020）。具体来说，若高新区的产城融合不紧密，如缺乏基础居住配套、缺乏现代服务业、不能满足生活和消费需求，或者对国际型人才的居住需求无法兼顾，均可导致区域内新型研发机构的人才流失。

（三）区域发展方面

在新型研发机构的空间分布上，有可能出现空间分散性的问题。一方

面，对于高校和科研院所建设的政府主导型新型研发机构来说，这类机构的人才和创新资源在很大程度上来源于依托的母体单位，但机构所在地往往与高校和科研院所存在一定的地理空间距离。例如，浙江大学与地方政府共建的机构所在地可以延伸至我国西部地区。距离势必影响科技和人才资源的聚集力度，但在空间上的另一种分散，则可以是同一区域内多家新型研发机构之间、新型研发机构与其他创新平台之间的距离分散性。

由于地理位置分散，新型研发机构与区域范围内其他的创新平台、高新技术企业、各大高校之间的沟通交流甚至合作较少。信息的阻塞、共享机制强度低下，都将致使新型研发机构无法发挥自身整合资源的作用，无法对区域内相关行业领域内的创新资源进行有效整合，也就不能为行业内的企业转型、产业的升级提供高质量、共享化的专业服务。在本书的第六章对天津市新型研发机构的专利合作网络分析中可尤为清晰地体现这一点。

此外，新型研发机构的良好发展在很大程度上与所在地区的经济发展水平相关，经济发达地区的新型研发机构往往实力较强，而迫切需要研发机构实现产业转型和升级的落后地区则很难吸引此类研发机构。区域发展不均衡及科教资源分布不均衡，导致资源配置中心化显著，进而导致区域新型研发机构发展存在马太效应（贺璇，2019）。以湖北省为例，武汉市和襄阳市集中了全省绝大部分科技资源，仅武汉市便吸纳了全省约 50%的产业技术研究院，而在省内其他城市，新型研发机构的数量较少，在半数以上的地级市内，新型研发机构的数量少于等于 1 家（陈建安和武雪朦，2015）。

（四）宏观层面的法律规范缺位及社会认识不足

从更加宏观层面来说，新型研发机构的发展受到其身份的法律认可度不足，以及社会层面的认识度不充分等因素的制约。在法律层面上，对新型研发机构的运行进行规范化的高阶法律条文尚未出现，仅有各地出台的新型研发机构的认定办法，而在社会层面上，全社会对新型研发机构的内涵、认定标准、独特功能和作用等问题还缺乏深刻认识，且对新型研发机构与政府有关部门的关系不能准确界定。

1.法律规范缺位

法律规范缺位体现在两方面，一方面，法律规范缺位使得对于新型研发机构的界定、认定标准难以统一，功能定位模糊不清，甚至有些产业技术研究院在建设过程中，与原先的传统研发机构运行方式并无本质区别，只是更换名称而已，导致全社会对新型研发机构缺乏深刻认识；另一方面，身份的缺失导致新型研发机构难以在现有的科技体制中，能够依据自身的特殊定位而享受相应的优惠政策，使得新型研发机构度过初期发展阶段的难度增加（陈宝明等，2013；贺璇，2019）。

2. 社会对机构的认识不清

新型研发机构的内部协同创新机制一般较为复杂，且机构内部设有专门负责孵化企业和成果转化的部门，但由于大多机构的发展时间较短，公众对于新型研发机构与其他创新平台，如孵化器、众创空间、加速器和技术转移中心之间的核心差异区分不明（梁红军，2020）。同样地，部分地方政府存在跟风行为，在尚未明确新型研发机构的定位和功能时，盲目引入新型研发机构，导致后期对于机构的宣传和扶持力度不足，进一步模糊了新型研发机构与政府之间的应有的关系，这不仅导致政府无法对机构进行分类管理与指导，也导致机构难以适应当地产业的发展需求，最终发展缓慢。

二、新型研发机构的内部障碍因素

（一）管理与考核机制不完善

1. 双重的考核机制降低创新效率

在多方共建的新型研发机构内，普遍存在不止一种的考核方案。例如，地方政府和高校共建的新型研发机构面临着政府和高校的考核，由于双方的利益出发点不同，考核内容也各有侧重，新型研发机构面临更多的压力，在运行过程中也可能因为双重考核机制下考核内容的差异性，给机构的战略规划和发展方向产生干扰，从而降低机构整体的运行效率（陈少毅和吴红斌，2018）。

2. 管理层不稳定，人才集聚不充分

由于新型研发机构属于新兴事物，受发展阶段、研发经费、创新体制、文化环境、社会保障等因素制约，我国新型研发机构高层次人才匮乏，尤其是能研发、懂技术、会管理和善经营的专业复合型人才稀缺，高水平领军型创新人员和团队引进难、留住更难，部分机构的科研人员流动性较大，导致

新型研发机构创新能力不足（梁红军，2020）。特别是在刚成立的新型研发机构内，设施配套不完善、管理层的频繁变动，以及高层次人才的兼职工作模式，均对机构人员的稳定性产生负面影响，导致整个机构的人员不能潜心工作，缺乏主动性和归属感，优秀人才难以长期留存（陈雪和叶超贤，2018）。

3. 原创研究与资金短缺的矛盾

新型研发机构需要先解决生存问题，为此，以未来产业和颠覆性技术为战略目标的新型研发机构，由于缺乏稳定的经费，可能在运行过程中转向一些短平快的研究，以此吸引社会资本。从长远来看，这不利于机构从事源头创新型技术的研究，亦会导致很多科研项目难以持续开展，这也成为此类新型研发机构在运行过程中面临的挑战和难题（沈彬和张建岗，2020）。

（二）产业化和商业化能力不足

1. 对政府的资金依赖性较强

鉴于新型研发机构的公共服务功能，许多机构由政府和高校（或传统研发机构）共建而来，机构在初期的运行资金大多来自政府资助，例如，湖北省各级政府合计对武汉生物技术研究院投入经费超过 7 亿元，这导致新型研发机构对政府的资金支持依赖性较强，而其市场化程度和竞争意识不足，自我造血功能较差，无法对接区域产业的发展需求（陈建安和武雪朦，2015）。

2. 人才团队的商业化经验不足

新型研发机构以科研人员为主体，其管理团队偏技术型，缺乏专业的管理运营经验和市场开拓能力，机构整体运作中面向产业共性关键技术的研发平台少，内设研究中心或研究所之间关联性低，难以支撑一个产业的发展，且以市场需求引导的长期协同创新项目少。此外，部分新型研发机构采用层级式管理体制，缺乏横向的协调性，有效信息在通过上下级传播的过程中，效率逐渐降低，这也阻碍了机构的商业化进程。

三、结论

总的来说，新型研发机构的外部制约因素可被概括为信息的不对称。一方面，由于市场信息不对称问题，市场需求对科技创新的导向作用尚未得到充分发挥，新型研发机构与投资主体之间也会在市场环境下，出现资金不到位、预期不理想，以及投资人由于自身原因承诺的条件不到位从而拖延新型研发机构建设等问题；另一方面，由于新型研发机构与政府信息不对称，政府对新型研发机构的实际发展情况不了解，加之部分基层地方政府仍然存在思想僵化，不了解创新驱动政策的本质等问题，这使得政府难以敏锐地根据机构的发展需求进行相应的政策调整，从而系统性地推进创新体系的建设和完善，导致"头痛医头，脚痛医脚"的混乱治理局面。

在新型研发机构的发展机制上，处理好政府、市场、产业、企业、机构之间的关系，核心是从政府"输血"到产业"造血"，重点围绕哪些由政府解决市场失灵、哪些由政府培育市场、哪些由市场来配置资源、哪些由产业群体突围、哪些由龙头企业重点突破、哪些由院所主导，建立完善的"产业导向、市场牵引、政府引导、企业主体、院所支撑、机构加持"发展结构与发展机制。从技术生命周期上来看，政府重点加强对产业技术中前端研发（基础研究、共性技术、中试加速）的支持，中后端研发（商业应用、转移转化、产业化）需要更多地交给产业企业和市场，产业企业与高校院所之间需要有加强股权纽带、深化商业关系，并构建互利共赢的生态合作关系。新型研发机构在发展前期由政府加大投入支持，在发展中期实现财政资本、产业资本与社会资本平衡，在发展后期以市场化运营为主。

总结新型研发机构的内部障碍因素可以发现，新型研发机构内部的可持续创新的体制机制还不健全，特别是管理层的不稳定性及复杂性，与运作层的被动性之间容易产生非良性循环，最终体现在机构核心技术的供给能力的欠缺，以及自我造血能力明显不足方面。此外，新型研发机构的用人机制与传统的科研机构区分度不高，在人才的商业模式创新和企业管理方面的能力培养上投入的精力不足，无法高效地将机构的科研成果进行转化。

本章参考文献

安维复. 2000. 弗朗霍夫模式：一种可以借鉴的知识创新机制. 自然辩证法研究，16（12）：39-45.

陈宝明，刘光武，丁明磊. 2013. 我国新型研发组织发展现状与政策建议. 中国科技论坛，（3）：27-31.

陈红喜，姜春，罗利华，等. 2018b. 新型研发机构成果转化扩散绩效评价体系设计. 情报杂志，37（8）：162-171，113.

陈红喜，姜春，袁瑜，等. 2018a. 基于新巴斯德象限的新型研发机构科技成果转移转化模式研究：以江苏省产业技术研究院为例. 科技进步与对策，35（11）：36-45.

陈建安，武雪朦. 2015. 湖北省新型产业技术研究院发展现状、问题与对策研究. 科技进步与对策，32（22）：61-66.

陈少毅，吴红斌. 2018. 创新驱动战略下新型研发机构发展的问题及对策. 宏观经济管理，8（6）：43-49.

陈雪，叶超贤. 2018. 院校与政府共建型新型研发机构发展现状与问题分析. 科技管理研究，38（7）：120-125.

陈雨婷，余全民，柯婷. 2020. 基于新型研发机构的理工科大学创新创业人才培养体系探究. 科技管理研究，40（13）：178-182.

丁红燕，李冰玉，宋姣. 2019. 新型研发机构创新发展机制研究. 山东社会科学，（3）：125-130.

丁明磊，陈宝明. 2015. 美国联邦财政支持新型研发机构的创新举措及启示. 科学管理研究，33（2）：109-112.

苟尤钊，林菲. 2015. 基于创新价值链视角的新型科研机构研究：以华大基因为例. 科技进步与对策，32（2）：8-13.

何帅，陈良华. 2018. 新型科研机构的市场化机制研究：基于理论框架的构建. 科技管理研究，38（21）：107-112.

贺璇. 2019. 新型研发机构的发展困境与政策支持路径研究. 科学管理研究，37（6）：41-47.

蒋海玲，王磊，王冀宁，等. 2016. 产业技术研究院绩效评价的国际比较研究. 南京工业大学学报（社会科学版），15（1）：109-114.

赖志杰，任志宽，李嘉. 2017. 新型研发机构的核心竞争力研究：基于竞争力结构模型及形成机理的分析. 科技管理研究，37（10）：115-120.

李飞星，刘贻新，张光宇. 2019. 科技经济困局成因及破解的数字化治理机制研究. 科技管理研究，（24）：21-29.

李培哲，菅利荣，裴珊珊，等. 2014. 企业主导型产业技术研究院组织模式及运行机制研究. 科技进步与对策，（12）：65-69.

李顺才，李伟，王苏丹. 2008. 日本产业技术综合研究所（AIST）研发组织机制分析. 科技管理研究，28（3）：76-78.

李星洲，李海波，沈如茂，等. 2012. 我国政产学研合作的新型组织模式研究——以山东省临沂市科学技术合作与应用研究院为例. 科技进步与对策，（22）：26-29.

梁红军. 2020. 我国新型研发机构建设面临难题及其解决对策. 中州学刊，（8）：18-24.

林祥. 2015. 何为中国特色自主创新道路之"特色". 科学学研究，（6）：801-809，823.

刘林青，甘锦锋. 2014. 建设新型产业技术研究院的初步思考. 中国科技产业，（2）：38-41.

刘强. 2003. 中国台湾工业技术研究院案例研究. 研究与发展管理，15（1）：42-46.

刘贻新，张光宇，杨诗炜. 2016. 基于理事会制度的新型研发机构治理结构研究. 广东科技，（8）：21-24.

龙云凤，任志宽，郑茜，等. 2018. 民办非企类新型研发机构的现实困境与构建方略：基于三元循环悖论的视角. 科技管理研究，38（16）：125-130.

毛义华，方燕翎. 2020. 天津市新型研发机构创新发展阻碍与对策研究. 天津科技，47（3）：9-11.

毛义华，李书明. 2020. 创新驱动战略下天津新型研发机构培育策略研究. 科技与创新，（5）：46-48.

孟溦，宋娇娇. 2019. 新型研发机构绩效评估研究：基于资源依赖和社会影响力的双重视角. 科研管理，40（8）：20-31.

任媛媛，陆婉清，丁元欣，等. 2017. 两种新型产学研合作组织发展问题与对策研究：以安徽省为例. 科学管理研究，35（4）：56-59.

任志宽. 2019. 新型研发机构产学研合作模式及机制研究. 中国科技论坛，（10）：16-23.

芮雯奕. 2015. 德国《科学自由法》对我国新型科研院所建设的启示. 科技管理研究，35（19）：84-87.

沈彬，张建岗. 2020. 新型研发机构发展机理及培育机制研究. 科技管理研究，40（15）：133-139.

孙喜，窦晓健. 2019. 我们需要什么样的基础研究——从科学与技术的关系说起. 文化纵横，（5）：104-113，143.

唐朝永，邢鑫，牛冲槐. 2019. 基于PSR模型的山西省新型研发组织培育机理研究. 科技管理研究，39（15）：71-76.

王俊峰. 2007. 构建面向中小企业的公共技术服务平台：德国弗朗霍夫协会的经验及其对我国的启示. 中国科技论坛，（10）：51-54，77.

王磊，丁荣贵，钱琛，等. 2016. 两类工业研究院协同创新项目治理比较：社会网络分析方法的研究. 科技进步与对策，33（12）：1-7.

吴金希. 2014a. 公立产业技术研究院与新兴工业化经济体技术能力跃迁：来自台湾工业技术研究院的经验. 清华大学学报（哲学社会科学版），29（3）：136-145，10.

吴金希. 2014b. 论公立产业技术研究院与战略新兴产业发展. 中国软科学，（3）：57-67.

吴卫，银路. 2016. 巴斯德象限取向模型与新型研发机构功能定位. 技术经济，35（8）：38-44.

夏太寿，张玉赋，高冉晖，等. 2014. 我国新型研发机构协同创新模式与机制研究：以苏粤陕 6 家新型研发机构为例. 科技进步与对策，31（14）：13-18.

《新型研发机构发展报告 2020》编写组. 新型研发机构发展报告 2020. 北京：科学技术文献出版社，2021.

徐顽强，乔纳纳. 2018. 2001-2016 年国内新型研发机构研究述评与展望. 科技管理研究，38（12）：1-8.

杨柏，陈银忠，李爱国，等. 2021. 政府科技投入、区域内产学研协同与创新效率. 科学学研究，39（7）：1335-1344.

杨明海，荆扬，王艳洁，等. 2013. 产业技术研究院的建设机制探究：以天津大学产业技术研究院为例. 科技管理研究，（24）：92-94，103.

袁传思，马卫华. 2020. 高校新型研发机构专利成果转化的激励机制：以广州部分重点高校为例. 科技管理研究，40（15）：126-132.

曾国屏，林菲. 2013. 走向创业型科研机构：深圳新型科研机构初探. 中国软科学，（11）：49-57.

曾海燕. 2015. 新型科技研发组织网络能力与资源整合研究. 科技进步与对策，32（2）：14-19.

张凡. 2018. 区域创新体系下新型研发机构发展模式：基于风险投资视角. 科技管理研究，38（11）：81-86.

张根明，张曼宁. 2020. 基于演化博弈模型的产学研创新联盟稳定性分析. 运筹与管理，29（12）：67-73.

张光宇，刘苏，刘贻新，等. 2021. 新型研发机构核心能力评价：生态位态势视角. 科技进步与对策，38（8）：136-144.

张豪，丁云龙. 2012. 产学研合作中技术与资本的结合过程探析：以北京科技大学产业技术研究院为例. 软科学，26（10）：5-9，34.

章立群，翁清光. 2020. 政校企三位一体的产学研协同创新机制研究：基于近年福州市的调查状况分析. 中国高校科技，（9）：67-70.

章熙春，江海，章文，等. 2017. 国内外新型研发机构的比较与研究. 科技管理研究，（19）：103-109.

周恩德，刘国新. 2018. 我国新型研发机构创新绩效影响因素实证研究：以广东省为例. 科技进步与对策，35（9）：42-47.

第五章 新型研发机构的运行机理

新型研发机构是"政产学研用"协同创新的新模式，是指以一个或多个主体投资，多样化模式组建，企业化机制运作，以市场需求为导向，主要从事研发、孵化、成果转化活动的新型机构。在政府的推动下，高等院校、科研院所、企业等积极参与，涌现了一大批新型研发机构。新型研发机构的建设作为开展技术创新、实现科技进步的基础条件，在创新体系构建中占据极其重要的地位。然而，当前新型研发机构建设运营和管理大都处于摸索阶段，在建设发展的过程中还面临思想认识、发展定位、建设模式、体制机制等多个方面问题。运行机制不健全、机构定位不明晰、资金投入有限、多主体分工不明确、组织形式不恰当等各类问题使得共建各方实现各自的初衷和需求变得困难，取得的成效不显著，机构运行受阻，发展受到限制。针对如何进一步促进新型研发机构建设发展，探索新型研发机构的运行机理尤为重要。本章从新型研发机构的影响因素、"双创"效益、创新氛围与知识管理三个维度进行探讨，明确新型研发机构的运行机理。

第一节 新型研发机构发展的影响因素层次化探究

一、新型研发机构发展的影响因素

新型研发机构需要在促进科技成果转化、带动区域产业转型升级等方面进一步优化和完善，从而提升自身的建设发展能力。综合学者们对新型研发机构的各类研究，我国新型研发机构建设发展过程中出现的主要问题集中在以下三个方面。

一是资金投入机制不完善。新型研发机构建设过程中大多数依靠地方政府资金支持运营，忽略了金融资本的作用。

二是运行机制待改进。新型研发机构的市场开拓能力较差，管理团队偏技术型，缺乏市场运作的管理运营经验，导致其成果转化效率不高；同时机构研发、孵化、转化的机制有待改进，自我造血能力较差。

三是配套体系不健全。新型研发机构缺少有效的沟通或合作平台，与其他创新平台间相互孤立，缺乏资源共享体系、知识共享体系，没有利用好区域内、行业领域内相关的创新资源。

目前已有学者研究了新型研发机构的影响因素，但鲜有学者研究各项影响因素之间的关系。本节将从新型研发机构建设发展的影响因素出发，从上述三个问题着手探讨新型研发机构的关键影响因素，并运用解释型结构模型探讨关键因素之间的层级关系，进而构建新型研发机构的运行机理，为机构的建设发展提供理论和实践指导。

二、因素收集与数据获取

为客观收集影响新型研发机构发展的关键要素，设置中国知网（CNKI）检索"主题"为"新型研发机构"或"产业技术研究院"或"工业技术研究院"，选取发表时间为2008～2019年，以文章被引量及下载量情况为主要标准，于2019年9月1日筛选得到有效价值文献43篇。通过阅读，筛选出初步的影响因素，通过专家访谈、行业人士访谈，对因素进行归纳、合并、整理，提取出最终的新型研发机构建设发展影响因素，并对其进行了相应的解释说明，如表5-1所示。

表 5-1　新型研发机构建设发展影响因素

编号	因素	说明
S_1	政府资金支持	主要指地方政府提供的支持机构运营的经费
S_2	政策支持	指政府对机构的政策支持，包括场地优惠政策、税收减免政策、科技引导政策等
S_3	产业基金	指为孵化项目提供投融资服务的基金

编号	因素	说明
S_4	组织体制	涉及是否作为独立法人存在，并决定其以事业单位或企业公司的形式运营
S_5	研发及产业化场地	包括用于研发、中试及生产的场地，如实验室、中试车间、产业园等
S_6	研发设备	包括研发及中试所需要的试验和检测设备等
S_7	区域环境	包括产业环境、创新环境等
S_8	风险控制机制	指机构运行过程中对风险的控制机制
S_9	创新平台建设	指重点实验室、工程中心等的建设
S_{10}	资源整合与配置	指有效整合内外部各项资源的能力
S_{11}	知识协同	指引进的项目团队研发及产业化内容具有一定关联性或在相关产业链上，知识模块化，可相互协同
S_{12}	项目孵化机制	指项目的孵化培育机制
S_{13}	知识产权保护	指对研发所得的知识成果进行保护，包括专利申请等
S_{14}	科技成果成熟度	指引进项目的技术成熟度
S_{15}	成果转化机制	指研发成果进行技术转移转让的机制
S_{16}	技术及管理人才	指技术及管理人才，以及对他们的激励机制
S_{17}	市场化收益分配机制	指对研发成果所得市场收入的分配机制
S_{18}	建设定位	指在成立新型研发机构时的定位

三、解释型结构模型下新型研发机构影响因素分析

解释型结构模型（interpretive structure model，ISM）由美国系统工程理论家 J.N.华菲尔特教授于 1973 年提出，是用来把模糊不清的思想关系转化为直观明了并具有良好结构关系的模型（刘忠艳，2017）。解释型结构模型适用于分析和理解具有多重影响因素且因素间有复杂关系的系统。本节利用解释型结构模型开展新型研发机构影响因素之间的相互关系，以进一步明晰新型研发机构的运行机制（常静和王苗苗，2017）。

（一）邻接矩阵和可达矩阵

首先，对表 5-1 所罗列出的各影响因素进行编号；其次，对从事新型研发机构相关工作的 5 位高级管理人员、2 位技术专家、2 位政府专家就上述提

及的 18 个因素及其相互关系进行调研和专家访谈；再次，将访谈结果进行汇总，结合因素特征和专家观点，为各个因素关系建立联系；最后，形成两两元素的邻接矩阵，其中 a_{ij} 是指处于方形矩阵中第 i 行和第 j 列的元素，表示影响因素 S_i 对 S_j 的作用影响关系，若 S_i 对 S_j 有直接影响关系，则 $a_{ij}=1$，反之，则 $a_{ij}=0$。最终建立邻接矩阵，如表 5-2 所示。

表 5-2　新型研发机构建设发展影响因素的邻接矩阵

因素	S_1	S_2	S_3	S_4	S_5	S_6	S_7	S_8	S_9	S_{10}	S_{11}	S_{12}	S_{13}	S_{14}	S_{15}	S_{16}	S_{17}	S_{18}
S_1	0	0	0	0	0	1	0	0	1	0	0	0	0	0	0	0	0	0
S_2	0	0	0	0	1	0	0	0	1	0	0	0	0	0	1	0	0	0
S_3	0	0	0	0	0	0	0	0	0	0	1	0	0	1	0	1	0	1
S_4	0	0	0	0	0	0	0	1	0	0	0	1	0	0	1	0	1	0
S_5	0	0	0	0	0	0	0	0	0	0	0	0	1	0	0	0	0	0
S_6	0	0	0	0	0	0	0	0	0	0	0	0	0	0	0	0	0	0
S_7	0	1	1	0	0	0	0	0	0	0	1	0	0	0	0	0	0	0
S_8	0	0	0	0	0	0	0	0	0	0	0	1	1	0	1	0	0	0
S_9	0	0	0	0	1	1	0	0	0	0	0	0	0	0	0	1	0	0
S_{10}	0	0	1	0	0	0	0	0	0	0	1	0	0	0	0	0	0	0
S_{11}	0	0	0	0	0	0	0	0	0	1	0	0	1	0	0	0	0	0
S_{12}	0	0	0	0	1	1	0	0	0	0	0	0	1	0	0	0	1	1
S_{13}	0	0	0	0	0	0	0	0	0	0	0	0	0	0	0	0	0	0
S_{14}	0	0	0	0	0	0	0	1	0	0	0	1	1	0	0	0	0	0
S_{15}	0	0	0	0	1	1	0	1	0	0	0	1	1	0	0	0	1	0
S_{16}	0	0	0	0	0	0	0	0	0	0	0	0	0	0	0	0	0	0
S_{17}	0	0	0	0	1	1	0	0	0	0	0	1	1	0	1	1	0	0
S_{18}	0	0	1	0	0	0	0	0	0	0	0	0	0	0	0	0	0	0

其中，研发设备购买与创新平台建设依赖于政府资金的支持，而创新平台建设对研发设备、场地和人员有一定要求。政府提供的政策支持将促进研发及产业化场地的落成，同时引导科技成果转化。区域定位、经济发展情况及文化等区域环境影响了地方政府能提供给新型研发机构的财税政策、引导基金支持、产业配套支撑等。产业基金是市场化投资行为，直接影响项目孵

化、成果转化和收益分配机制。组织体制是新型研发机构的发展模式和策略的体现，主要体现在风险控制、项目孵化、知识产权保护和成果转化四个方面，各个方面之间互相影响，共同塑造了组织体制的内涵。另外，上述机制还直接影响了对知识产权的保护及研发场地、设备和人员的配置。新型研发机构的资源整合与配置能力尤为重要，将直接影响其运行发展，包括产业基金设立、知识协同、成果转移转化等，而新型研发机构的建设定位对产业基金设立、创新平台建设起到引导作用，并影响项目孵化机制。项目的引进及孵化培育是新型研发机构发展的核心，成果能否快速产业化直接关系到新型研发机构提供的各项支持的风险和回报。

根据表 5-2 的邻接矩阵，在 MATLAB 中算出相应的可达矩阵，如表 5-3 所示。其中，A_{ij} 表示影响因素 S_i 对 S_j 的是否可达，若可达，则 $A_{ij}=1$，反之，则 $A_{ij}=0$。

表 5-3　新型研发机构建设发展影响因素的可达矩阵

因素	S_1	S_2	S_3	S_4	S_5	S_6	S_7	S_8	S_9	S_{10}	S_{11}	S_{12}	S_{13}	S_{14}	S_{15}	S_{16}	S_{17}	S_{18}
S_1	1	0	0	0	1	1	0	0	1	0	0	0	0	0	0	1	0	0
S_2	0	1	0	0	1	1	0	1	1	0	0	1	1	0	1	1	1	0
S_3	0	0	1	0	1	1	0	1	0	0	0	1	1	0	1	1	1	0
S_4	0	0	0	1	1	1	0	1	0	0	0	1	1	0	1	1	1	0
S_5	0	0	0	0	1	0	0	0	0	0	0	0	0	0	0	0	0	0
S_6	0	0	0	0	0	1	0	0	0	0	0	0	0	0	0	0	0	0
S_7	0	1	1	0	1	1	1	1	1	0	1	1	1	0	1	1	1	0
S_8	0	0	0	0	1	1	0	1	0	0	0	1	1	0	1	1	1	0
S_9	0	0	0	0	0	0	0	0	1	0	0	0	0	0	1	0	0	0
S_{10}	0	0	0	0	1	1	0	1	1	1	1	1	1	0	1	1	1	0
S_{11}	0	0	0	0	0	0	0	0	0	0	1	0	1	0	0	0	0	0
S_{12}	0	0	0	0	0	0	0	0	0	0	0	1	0	0	0	0	1	0
S_{13}	0	0	0	0	0	0	0	0	0	0	0	0	1	0	0	0	0	0
S_{14}	0	0	0	0	1	1	0	1	0	0	1	1	1	1	1	1	1	0
S_{15}	0	0	0	0	1	0	0	0	0	0	1	1	1	1	1	1	1	0
S_{16}	0	0	0	0	0	0	0	0	0	0	0	0	0	0	0	1	0	0

续表

因素	S_1	S_2	S_3	S_4	S_5	S_6	S_7	S_8	S_9	S_{10}	S_{11}	S_{12}	S_{13}	S_{14}	S_{15}	S_{16}	S_{17}	S_{18}
S_{17}	0	0	0	0	1	1	0	1	0	0	0	1	1	0	1	1	1	0
S_{18}	0	0	1	0	1	1	0	1	1	0	0	1	1	0	1	1	1	1

（二）影响因素层次划分

根据表 5-3 的可达矩阵，整理每个因素的可达集 R、先行集 A 和共同集 T（$T=R\cap A$），若某个因素的可达集 R 与共同集 T 相同，则该因素属于这一层。整理结果如表 5-4 所示。

表 5-4　影响因素层级梳理表

编号	可达集 R	先行集 A	共同集 T
S_1	1、5、6、9、16	1	1
S_2	2、5、6、8、9、12、13、15、16、17	2、7	2
S_3	3、5、6、8、12、13、15、16、17	3、7、10、18	3
S_4	4、5、6、8、12、13、15、16、17	4	4
S_5	5	1、2、3、4、5、7、8、9、10、11、12、14、15、17、18	5
S_6	6	1、2、3、4、6、7、8、9、10、11、12、14、15、17、18	6
S_7	2、3、5、6、7、8、9、11、12、13、15、16、17	7	7
S_8	5、6、8、12、13、15、16、17	2、3、4、7、8、10、12、14、15、17、18	8、12、15、17
S_9	5、6、9、16	1、2、7、9、10、11、18	9
S_{10}	3、5、6、8、9、10、11、12、13、15、16、17	10	10
S_{11}	5、6、9、11、13、16	7、10、11	11
S_{12}	5、6、8、12、13、15、16、17	2、3、4、7、8、10、12、14、15、17、18	8、12、15、17
S_{13}	13	2、3、4、7、8、10、11、12、13、14、15、17、18	13
S_{14}	5、6、8、12、13、14、15、16、17	14	14

编号	可达集 R	先行集 A	共同集 T
S_{15}	5、6、8、12、13、15、16、17	2、3、4、7、8、10、12、14、15、17、18	8、12、15、17
S_{16}	16	1、2、3、4、7、8、9、10、11、12、14、15、16、17、18	16
S_{17}	5、6、8、12、13、15、16、17	2、3、4、7、8、10、12、14、15、17、18	8、12、15、17
S_{18}	3、5、6、8、9、12、13、15、16、17、18	18	18

由表 5-4 可以得出 S_5、S_6、S_{13}、S_{16} 四个因素处于层级的第一层。将上述 4 个因素去除，重新对层级进行梳理，以此类推，划分出各个层级，最终得到如表 5-5 所示的新型研发机构影响因素层级划分结果。

表 5-5　新型研发机构影响因素层级划分结果

层级	要素
第一层	S_5、S_6、S_{13}、S_{16}
第二层	S_8、S_9、S_{12}、S_{15}、S_{17}
第三层	S_1、S_2、S_3、S_4、S_{11}、S_{14}
第四层	S_7、S_{10}、S_{18}

（三）影响因素递阶结构关系模型

根据表 5-5 的结果，并参照邻接矩阵中两两间的相互关系，可以做出新型研发机构影响因素递阶结构关系模型，如图 5-1 所示。

基于新型研发机构影响因素递阶结构关系模型，可以辨别出各个影响因素在整个影响系统中所处的位置、层次等级及影响程度。推动新型研发机构建设的影响因素被划分为 4 个层级，随着层级升高，影响程度不断递增。处于第一层的影响因素为研发及产业化场地（S_5）、研发设备（S_6）、知识产权保护（S_{13}）、技术及管理人才（S_{16}）4 个因素，属于影响新型研发机构建设发展的直接影响因素；处于第四层的区域环境（S_7）、资源整合与配置（S_{10}）、建设定位（S_{18}）及第三层的政府资金支持（S_1）、组织体制（S_4）、科技成熟度（S_{14}）6 个因素，属于影响新型研发机构建设发展最基础、最根本的影响因素；处于第二层和第三层的其余 8 个影响因素是直接影响因素和根本影响因素的承接。

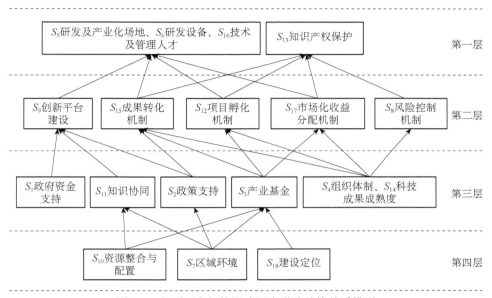

图 5-1　新型研发机构影响因素递阶结构关系模型

（四）运行机理分析

从上述的递阶结构关系模型中可以看到，不同的影响因素对新型研发机构建设发展的影响程度和范围是不同的。对模型的层级关系进行整理后，可以梳理出新型研发机构的运行机理，从而探寻出促进新型研发机构发展的关键因素，如图 5-2 所示。

新型研发机构的建设发展需要直接依赖于研发及产业化场地、研发设备、技术及管理人才、知识产权保护，其中，研发及产业化场地和研发设备是物质保障；技术及管理人才是主要生产力；知识产权保护是维护动力。在物质保障、生产力、维护动力三者俱全的情况下，项目研发、企业孵化或两者并行才能又好又快地发展。

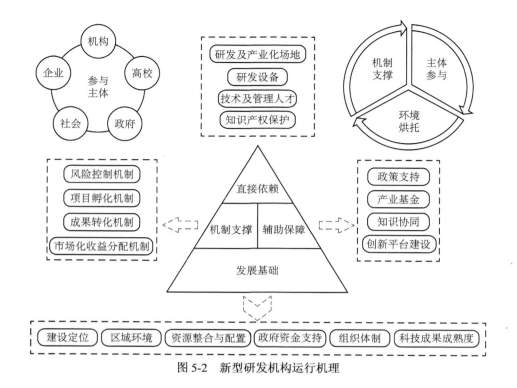

图 5-2　新型研发机构运行机理

　　新型研发机构的建设发展需要六个基础，其中，建设定位是导向基础，决定了新型研发机构发展前进的方向和步伐，映射研发机构"想要什么"；区域环境是氛围基础，奠定了机构的周边资源与竞争力，映射机构"依托什么"；资源整合与配置是传递基础，推动了机构、社会、企业两两之间的联系，映射机构"能干什么"；政府资金支持是财力基础，铺垫了机构的启动资金及支持资金，为机构的萌芽打下基础，映射机构"怎样开始"；组织体制是法律基础，开启了机构运作、行动的程序，映射机构"怎样运营"；科技成果成熟度是过滤基础，筛选了何种团队才能入驻机构，并在之后能为机构创造价值，映射机构"怎样选择"。

　　机构的建设发展需要加强各种机制的支撑，其中，风险控制机制、项目孵化机制保障了机构能生生不息地运作，合理科学地规避风险，切实有效地运作项目、管理团队；成果转化机制、市场化收益分配机制为机构提供了劳动成果分配的依据；研发成果、经济收入、市场份额等的合理分配为团队成员、孵化企业、机构本身的未来发展提供动力，促进三者的协作协同，并注入充足的前进动力。

政策支持、产业基金、知识协同、创新平台建设为新型研发机构的建设发展提供辅助保障，其中，政策支持表明政府对机构的态度；产业基金表明产业、社会对机构的认可；知识协同为各方信息流通搭建了桥梁，创新平台建设为研发提供了平台基础和保障。

四、小结

新型研发机构建设发展的影响因素众多，本节通过介绍结构模型分析各种影响因素及其相互关系，梳理出机构发展的关键因素，得出以下结论。

（1）新型研发机构的建设发展以研发及产业化场地、研发设备、技术及管理人才、知识产权保护为直接依赖，以建设定位、区域环境、资源整合与配置、政府资金支持、组织体制、科技成果成熟度为发展基础，以风险控制机制、项目孵化机制、成果转化机制、市场化收益分配机制为机制支撑，以政策支持、产业基金、知识协同、创新平台建设为辅助保障。直接依赖为新型研发机构建设发展直接影响因素，发展基础为机构建设发展最基础、最根本的影响因素，机制支撑与辅助保障为中间承接因素。

（2）机构的发展依赖社会、政府、企业、高校等主体，相互间的协同、信息流通是提高主体参与度的必备条件，通过主体参与、环境烘托、机制支撑，优先确保直接依赖、着力夯实发展基础，并行加强机制支撑和辅助保障，方能有效推动新型研发机构发展，对国家实施创新驱动发展战略、促进产业转型升级及区域经济增长具有重大战略意义。

第二节　新型研发机构创新与创业的差异化机制分析

一、相关理论

新型研发机构是在"双创"理念的指导下形成的，能够凝聚众多创新资源进行技术研发，同时面向市场开展成果转化与企业孵化，在科技创新与创业服务双层面发挥重要作用。为了实现创新与创业的双功能，新型研发机构内设众多研发中心，采取企业化、市场化机制对研发中心进行管理，为中心的科技研发、成果转化、企业孵化等提供资金、场地等支持，强调研发中心功能建设的多元化。研发中心是机构创新和创业的主要动力来源：一是在创新效益层面，研发中心结合前沿产业科技研究领域的技术创新需求，直接产出科学技术成果破解产业困境；二是在创业效益层面，研发中心直接成立并孵化科技企业，进入市场竞争环境，通过企业生产、管理等运营手段产出产值，实现科技成果转化。此外，研发中心也通过产出的溢出效应帮助机构扩大社会影响力，为机构的市场化运作带来更多的资金渠道和相关支持。可以认为，新型研发机构与内设研发中心二者间存在相互反馈的良性循环，机构鼓励并支持内设研发中心有利于自身"双创"效益的提升。因此，研发中心始终是机构建设的重点。

新型研发机构的核心功能体现在创新与创业两方面，而创新与创业对资本、人才等基础投入要素的投入存在差别化需求。为了进一步探索新型研发机构内部管理机制，明确新型研发机构在创新效益及创业效益的差异，本节收集了 7 家新型研发机构 47 个内设研发中心的投入与产出数据，采用实证研究方法分别探讨内设研发中心创新产出与创业产出的影响因素，比较资本和人员投入对于二者的作用机制及其差异性，探究新型研发机构该如何对内设研发中心实施支持与管理，尤其关注不同功能侧重（科技研发与企业孵化）的研发中心间的差异性，明确新型研发机构内部研发中心运作管理的机理。

（一）人力资源与"双创"效益

从创新效益的角度来看，人力资源影响着科学技术成果的产出：刘家树和菅利荣（2011）认为，R&D 人员对知识产出具有显著影响；Yueh（2009）发现，研发人员投入是能否产出专利的一项决定性因素；Li 和 Hu（2010）以河北省为例，发现人力投入对专利产出有积极作用；Lee 等（2005）认为，个人的受教育水平对专利、文章的发表有积极作用。从创业效益的角度来看，人力资源影响着企业或产业的产值：顾穗珊（2004）根据 1995～2001 年我国的经济统计数据，得出了科技人员对高技术产业的生产总值的促进作用比 R&D 经费更加显著的结论；Martinez 等（2017）认为高学历、高技术水平的研发人员可作为关键推动力，帮助企业实现盈利增长，而对于任何规模的组织而言，发展人力资源、培育人力资源的多样性有助于获取并产出新知识、推动组织发展（Lin，2014；Okoye and Ezejiofor，2013）。此外，从新型研发机构自身来看，人力资源投入是评价新型研发机构竞争力、公共服务能力的重要指标，已有研究表明，研发人员数量和受教育程度对新型研发机构的效益起正面积极的影响（陈雪等，2019；郭百涛等，2020）。故本文研究选取研发人员数量与高学历（硕士及硕士以上学历）人员数量两个因素探究其对内设研发中心的"双创"效益的影响。综上，本文做出如下假设。①H1a：研发中心研发人员数量与其创新产出存在正相关关系；②H1b：研发中心研发人员数量与其创业产出存在正相关关系；③H2a：研发中心高学历研发人员数量与其创新产出存在正相关关系；④H2b：研发中心高学历研发人员数量与其创业产出存在正相关关系。

（二）资本与"双创"效益

资本是开展科技研发和企业生产的必要条件，大量研究表明，资本投入与专利产出、产品创新等方面存在显著联系。在创新效益层面，Hall 等（1986）认为研发资金与专利产出之间有强烈的同期关系；国内外众多学者认可研发经费投入对专利产出的正向作用，尤其是对于处于研发初期的组织而言更为重要（Scherer，1955；Nilsen et al.，2020；朱月仙和方曙，2006）。除研发资金投入的数量大小外，对于新型研发机构一类高新技术研发组织而言，资本投入的种类等也会对研发产出产生影响，如部分学者认为政府资助有助于提高企业创新绩效，同时政府资助开展企业合作有利于推动专利等的产出（García-Manjón et al.，2017；Szczygielski et al.，2017）。在创业效益层面，企业产出产值主要依赖新产品的开发与产出，而资金是产品创新，包括设计、制造、营销环节的重要投入资源（Parthasarthy and Hammond，2002），Kamien 和 Schwartz（1975）认为资金投入对新产品的开发具有促进作用；Shapiro 等（1986）也得出了投资与企业产出强相关的结论。对于新型研发机构内设研发中心而言，资本的来源并不单一，一般包括机构分拨给各中心的政府资助经费，以及中心通过自身企业化运作及与外部企业开展合作等方式获得的纵横向经费，尽管两者均属于中心受到的经费支持，但实际在经费来源与使用条件上有所不同。为进一步明确研发资金来源是否对创新创业效益存在不同程度的影响作用，本节在研发资金投入方面选取研发中心已支出的受资助经费及纵横向经费两个变量作为影响因素。

此外，施亚斌和陶忠元（2006）认为固定资产投资对科技进步有巨大贡献；王洋和刘萌芽（2010）认为生产设备为科技进步、科技创新提供了动力，同时目前对于新型研发机构的创新绩效评价体系的构建中，科研仪器设备、科研设备原值等被众多学者认为是评价中心进行研究与办公基础条件的重要指标，对新型研发机构创新绩效有推动作用（陈雪等，2019；郭百涛等，2020）。固定资产累计支出基本代表了新型研发机构内设研发中心在科研仪器、生产设备等基础设施方面的投入情况，因此本节选取固定资产累计支出占比作为一个影响因素，以研究研发中心的创新创业产出如何受其固定资产支出的影响。综上，本文做出如下假设：①H3a：研发中心受资助经费与其创新产出存在正相关关系；②H3b：研发中心受资助经费与其创业产出存在正相关关系；③H4a：研发中心纵横向经费与其创新产出存在正相关关系；④H4b：研发中心纵横向经费与其创业产出存在正相关关系；⑤H5a：研发中心固定资产累计支出占比与其创新产出存在正相关关系；⑥H5b：研发中心固定资产累计支出占比与其创业产出存在正相关关系。

二、数据获取与模型构建

（一）数据获取

为了分别探究人力资源和资本对新型研发机构内设研发中心创新效益、创业效益的影响，本节以内设研发中心为分析样本，调研了包括广东省、江苏省、山东省、四川省、天津市在内的 5 个省市的 47 家新型研发机构，收集了各研发中心的经费、人员等相关数据，剔除缺失相关数据的研发中心后，得到 47 个研发中心的有效样本数据。

（二）变量选取与定义

1. 因变量

研发中心是新型研发机构"双创"动力的主要来源，兼具论文发表、专利产出等创新科技研发功能，以及成果转化、企业孵化等创业功能，故在内设研发中心的创新创业效益评价指标的设计上，本节选取中心累计发明专利申请数量作为因变量反映创新产出，选取中心孵化企业累计产值作为因变量反映创业产出，直观且客观地反映内设研发中心"双创"效益情况。

2. 自变量

结合文献调研结果，本节选取成立年限作为控制变量；选取研发人员投入、高学历研发人员投入来反映人力资源的投入情况；选取支持经费数额、纵横向经费数额、设备条件来说明资本投入情况，分别探究其对创新产出、创业产出的影响。各个变量的表示及定义如表 5-6 所示。

表 5-6　变量表示及定义

变量	变量名称	变量表示	变量定义
因变量	研发中心创新产出	Pat	中心累计发明专利申请数量（个）
	研发中心创业产出	Pro	中心孵化企业产值（万元）
解释变量	研发人员投入	Hum	中心在职员工人数（人）
	高学历研发人员投入	Edu	中心在职硕士及以上学历人员数量（人）
	支持经费数额	Exp	中心累计获得新型研发机构的支持经费（万元）
	纵横向经费数额	Fun	中心累计获得的纵横向经费（万元）
	设备条件	Fac	中心累计固定资产经费占总支出经费比例（%）
控制变量	成立年限	Age	中心开始受到资助至今的时间（年）

（三）模型构建

本节主要研究我国新型研发机构内设研发中心的创新产出、创业产出的影响因素，对不同的因变量分别构建回归模型如下：

$$\text{Pat} = \alpha_0 + \alpha_1 \text{Hum} + \alpha_2 \text{Edu} + \alpha_3 \ln(\text{Exp}) + \alpha_4 \ln(\text{Fun}) + \alpha_5 \text{Fac} + \alpha_6 \text{Age} + \varepsilon_1 \quad （5\text{-}1）$$

$$\ln(\text{Pro}) = \beta_0 + \beta_1 \text{Hum} + \beta_2 \text{Edu} + \beta_3 \ln(\text{Fun}) + \beta_4 \text{Fac} + \beta_5 \ln(\text{Exp}) + \beta_6 \text{Age} + \varepsilon_2 \quad （5\text{-}2）$$

其中，Pat、ln(Pro) 是模型的被解释变量；α_0、β_0 是常数项；$\alpha_1,\cdots,\alpha_5$ 及 $\beta_1,\cdots,\beta_5$ 是研发人员投入、高学历研发人员投入、支持经费数额、纵横向经费数额、设备条件 5 个解释变量的回归系数；α_6、β_6 是控制变量受资助时间的回归系数；ε_1、ε_2 是随机误差项。

三、实证结果分析

（一）描述性统计与相关性分析

对模型中主要变量进行描述性统计，结果如表 5-7 所示。

表 5-7　描述性统计结果

变量名称	均值	标准差
研发中心创新产出/个	18.09	7.45
研发中心创业产出/万元	4 872.71	9 930.17
研发人员投入/人	11.30	7.46
高学历研发人员投入/人	5.49	3.45
支持经费数额/万元	911.22	611.64
纵横向经费数额/万元	438.96	870.21
设备条件/%	0.29	0.19
成立年限/年	3.74	2.13

根据结果可以得到以下结论。

（1）从研发中心创新产出来看，中心的专利申请数均值为 18.09 个，标准差为 7.45 个，不同的研发中心的专利申请数量呈现较大差异，而从研发中心创业产出来看，孵化企业累计产值的均值为 4 872.71 万元，标准差为 9 930.17 万元，个体差异较大，而成果的成熟度、企业所在行业的发展及企业所在地的经济状况等都会对孵化企业累计产值产生影响。

（2）从研发人员投入和高学历研发人员投入来看，虽然各研发中心的研发人员数量存在差异，但是各研发中心内的研发人员学历差异较小。

（3）从资本的投入情况看，不同研发中心的受资助情况差异较大，且机构直接拨给中心的支持经费数额远高于研发中心所获得的纵横向经费数额。

从设备条件可推断，各研发中心设备支出差异较小，说明科研性质的活动对于研发设备等硬件设施的依赖普遍存在。

相关性分析的统计结果见表 5-8。相关性统计结果显示，本文所选取的各变量之间的相关系数均小于 0.7，不存在严重的共线性问题，因此数据可进行层次回归分析。

表 5-8 相关性统计结果

指标	Pat	ln(Pro)	Hum	Edu	ln(Exp)	ln(Fun)	Fac	Age
Pat	1.000	—	—	—	—	—	—	—
ln(Pro)	0.069	1.000	—	—	—	—	—	—
Hum	0.256	0.355*	1.000	—	—	—	—	—
Edu	0.541**	0.118	0.421**	1.000	—	—	—	—
ln(Exp)	0.157	0.566**	0.424**	0.172	1.000	—	—	—
ln(Fun)	0.044	0.541**	0.120	0.142	0.442**	1.000	—	—
Fac	−0.250	0.510**	−0.066	−0.272	0.217	0.330*	1.000	—
Age	−0.243	0.452**	0.025	0.062	0.582**	0.483**	0.179	1.000

注：**表示在 0.01 水平（双侧）上显著；*表示在 0.05 水平（双侧）上显著。

（二）层次回归分析

层次回归是对两个或多个回归模型进行比较，根据模型间所解释的变异量的差异来比较所建立的模型，一个模型解释了越多的变异，则它对数据的拟合就越好。假如在其他条件相等的情况下，一个模型比另一个模型解释了更多的变异，则这个模型是一个更好的模型。为了判断各个自变量对因变量预测模型的改变，使用分层回归分析方法，该方法检验一个预测变量是否显著，是以一个不包含这个变量的第一个模型为基础，再添加新的预测变量进入模型，如果该新添加的预测变量解释了显著的额外差异，那么这个模型比第一个模型更优。为了分别探究不同解释变量对不同绩效指标的影响情况，本节采用层次回归分析法进行实证研究。本次实证分析的影响因素分 6 次分别进入模型。

1. 研发中心创新产出的回归拟合

对于研发中心创新产出的层次回归分析结果如表 5-9 所示。

表 5-9　研发中心创新产出的层次回归分析结果

自变量	因变量（Pat）					
	模型1	模型2	模型3	模型4	模型5	模型6
Age	−0.243* (0.100)	−0.249* (0.083)	−0.277** (0.027)	−0.524*** (0.001)	−0.545*** (0.001)	−0.556*** (0.001)
Hum	—	0.262* (0.069)	0.034 (0.800)	−0.150 (0.300)	−0.148 (0.311)	−0.155 (0.287)
Edu	—	—	0.544*** (0.000)	0.563*** (0.000)	0.557*** (0.000)	0.505*** (0.000)
Exp	—	—	—	0.429** (0.011)	0.414** (0.017)	0.443** (0.011)
Fun	—	—	—	—	0.063 (0.643)	0.116 (0.417)
Fac	—	—	—	—	—	−0.158 (0.230)
R^2	0.059	0.128	0.370	0.461	0.464	0.483
调整后 R^2	0.038	0.088	0.326	0.409	0.398	0.405
ΔR^2	0.059	0.069	0.243	0.091	0.003	0.019
F 值	2.819***	3.220**	8.431***	8.974***	7.089***	6.225***

注：括号内为 p 值；***、**、*分别表示系数在 1%、5%、10%的水平上显著。

R^2（变异的解释统计量）是多层回归分析的重要指标，可以反映自变量解释因变量变异的程度，由 6 个模型的 R^2 可以看出，随着自变量的不断加入，模型的解释力逐渐上升，但是由 R^2 变化的数值（即 ΔR^2）发现，每次回归新加入的自变量对模型的优化程度各不相同。模型 1 中，成立年限做自变量，此时 R^2 较小，成立年限对于研发中心创新产出的影响程度较小。模型 2 在时间变量的基础上，加入研发人员投入自变量，ΔR^2 为 0.069，研发人员投入对研发中心创新产出的解释有一定改善，且在 10%水平上显著。模型 3 继续加入高学历研发人员投入自变量，ΔR^2 为 0.243，人员学历加入对模型的优化效果较为明显，模型解释度提高了 24.3%，且这种改善在 1%水平上显著。模型 4 继续加入支持经费数额自变量，从调整后的 ΔR^2 可以发现，支持经费数额自变量的加入对模型存在 9.1%的优化作用，且在 5%水平显著。模型 5、模型 6 分别继续加入纵横向经费数额、设备条件自变量，但对模型的优化作用均十分微弱。

进一步分析回归系数得出如下结论。

（1）成立年限变量在模型中对于因变量研发中心创新产出的影响系数，从模型1～模型6均为负数，并且均通过了显著性检验，表明成立年限对于研发中心创新产出有着非正向影响，这一结论与现实情况不符。通过专家调研发现，造成这一结论的原因可能是所选取的绩效指标申请专利数的统计规则仅统计了署名到研发中心名下的专利申请数，但实际上存在专利署名归属于孵化企业中，或在研发中心在与企业合作的过程中专利不断流转到企业中等情况，知识产权从产业链前端向后端转移，导致研发中心名下的专利申请数量随时间推移不断减少。

（2）在模型3～模型6中，研发人员投入对研发中心创新产出的影响基本不显著，假设H1a未得到支持；高学历研发人员投入对研发中心创新产出存在正向影响，并且该种正向影响在1%水平上显著，在所建立的所有模型中呈现了最显著的正向影响作用，可见研发中心创新产出会受到中心内人员学历影响，假设H2a成立。

（3）在模型4～模型6中，支持经费数额变量的系数为正，且这种影响在5%的水平上显著，研发中心受资助经费对中心专利产出呈现显著正向影响，假设H3a成立。

（4）纵横向经费数额对研发中心创新产出的影响不显著，假设H4a不成立，这可能是由于研发中心从外部获得的纵横向经费支持多用于进行合作式的研究与开发工作，存在一定的专利转移与外流情况。

（5）设备条件对研发中心创新产出的影响并不显著，假设H5a不成立，这可能是由于不同的研究领域对于固定资产的需求及支出不相同，因此设备条件并不与研发中心创新产出呈现显著线性相关性。如对固定资产依赖度较高的机器人、生物研究中心，其设备条件对研发中心创新产出有积极作用，但对固定资产依赖度较低的研究中心，这种积极作用并不显著存在。

2. 研发中心创业产出的回归拟合

对于研发中心创业产出的层次回归分析结果如表5-10所示。

表 5-10　研发中心创业产出的层次回归分析结果

自变量	因变量（ln_Pro）					
	模型7	模型8	模型9	模型10	模型11	模型12
Age	0.425*** (0.001)	0.443*** (0.001)	0.477*** (0.001)	0.262* (0.054)	0.252** (0.036)	0.171 (0.221)
Hum	—	0.343*** (0.008)	0.371*** (0.010)	0.343*** (0.010)	0.329*** (0.005)	0.261** (0.047)
Edu	—	—	−0.066 (0.635)	−0.098 (0.449)	0.045 (0.710)	0.048 (0.689)
Fun	—	—	—	0.387*** (0.006)	0.234* (0.067)	0.215* (0.094)
Fac	—	—	—	—	0.421*** (0.001)	0.403*** (0.001)
Exp	—	—	—	—	—	0.164 (0.276)
R^2	0.204	0.322	0.326	0.438	0.578	0.590
调整后 R^2	0.187	0.291	0.279	0.385	0.526	0.529
ΔR^2	0.204	0.118	0.004	0.112	0.140	0.013
F 值	11.546***	10.451***	6.921***	8.185***	11.217***	9.601***

注：括号内为 p 值；***、**、*分别表示系数在1%、5%、10%的水平上显著。

从表 5-10 可以看出，模型 7 的 R^2 较大，可见成立年限对研发中心创业产出的影响较大。模型 8 加入研发人员投入自变量，ΔR^2 为 0.118（$p=0.008$），可见研发人员投入对研发中心创业产出有 1%显著性水平上的优化作用。模型 9 继续加入高学历研发人员投入自变量，但从 R^2 可知，高学历研发人员投入加入对模型的优化效果并不明显。模型 10 继续加入纵横向经费数额自变量，该变量对模型拟合起到 11.2%（$p=0.006$）的优化作用。模型 11 继续加入设备条件自变量，该自变量的加入对模型存在 14.0%的优化效果，且在 1%水平显著。模型 12 继续加入支持经费数额自变量，从拟合结果来看，该变量对模型解释的优化作用较弱。

进一步结合变量回归系数可得以下结论。

（1）在模型 8～模型 12 中，研发人员投入的影响系数均为正，且通过显著性检验，假设 H1b 得到支持，研发人员投入规模对孵化企业产值有正向作用，但高学历研发人员投入对研发中心创业产出的影响并不显著，假设 H2b

不成立，这可能是因为研发中心创业产出增长更依赖于管理运营人员，而对高学历研发技术人员的需求相对较弱。可见研发人员投入对研发中心创业产出发挥了更重要的作用。

（2）在模型 12 中，支持经费数额对研发中心创业产出的回归系数为正值，但未通过显著性检验，假设 H3b 不成立，造成这一结论的原因可能是机构拨给中心的政府资助资金使用限制条件较多，而孵化企业运营则要求企业资金能够灵活周转，导致资助经费对中心孵化企业运作无显著影响，该部分资助经费未能充分发挥支持作用。纵横向经费数额对研发中心创业产出的影响系数始终保持 10% 水平上的正面影响，假设 H4b 成立，说明中心加强与外部企业的合作，能促进中心孵化企业更快与市场导向接轨，引入纵横向经费数额，对提高研发中心创业产出有正向作用。设备条件变量的影响系数始终在 1% 显著水平上为正，其对研发中心创业产出的影响较为显著，假设 H5b 成立，说明对于中心孵化企业而言，包括设备、场地等固定资产的投入对于企业运营管理有显著的正向作用。

（3）在模型 7～模型 11 中，成立年限变量均对研发中心创业产出表现出显著的正向影响，但在模型 12 中加入支持经费数额变量后，成立年限对研发中心创业产出的影响作用不显著。分析其原因，认为主要是由于成立年限变量和支持经费数额间存在显著弱相关性（0.582**），而支持经费数额未对研发中心创业产出产生显著正向作用，导致成立年限变量对研发中心创业产出的正向作用不显著。综上所述，仍然认可成立年限对研发中心创业产出的显著正向作用。

（三）结果分析

整体来看，基于对我国 5 个省市的 47 家新型研发机构内设研发中心的运营、产出数据的层次回归分析，得出以下结论。

（1）高学历研发人员投入及支持经费数额对以发明专利申请数量为代表的研发中心创新产出有显著的正向影响。

（2）研发人员投入、设备条件及纵横向经费数额对以孵化企业产值为代表的研发中心创业产出有显著正向影响。

（3）成立年限对研发中心创新产出有显著的非正向影响，对研发中心创业产出有显著正向影响。对结论进行对比可知，除成立年限变量外，新型研发机构内设研发中心创新产出与研发中心创业产出的影响因素是两组完全不同的变量。

通过进一步的专家访谈与实地调研发现，专利申请数量代表了研发中心创新能力，创新能力与中心研发水平高度相关，机构通过引进高科学技术水平的研发团队成立研发中心进一步进行科学研究，在这个过程中，高知识水平的成员，如高校教授等，往往会成为团队的核心，实现专利成果产出，而孵化企业产值代表的是研发中心创业能力，当孵化企业逐渐走向成熟，更加强调企业的运营管理能力而非研发人员的教育背景，除基本的场地、投产设备等基本固定资产投入外，同时需要拥有具备专业企业运营、管理才能的人员投入（赵剑冬和戴青云，2017），以帮助孵化企业的正常运转，实现产值增加，对高技术水平的科技研发需求则相对弱化。故可以认为，创新产出（研发中心专利产出）和创业产出（孵化企业产值）既反映了中心"双创"效益的两个不同层面，也反映了研发中心发展的不同阶段，创新产出与创业产出影响因素的差异也与当前内设研发中心实际运作情况相符。

第三节 创新氛围、知识管理与新型研发机构创新绩效

自2012年党的十八大提出"实施创新驱动发展战略"以来，我国的科技创新事业蓬勃发展，科技成果的转化与产业化逐步成为区域经济发展的推动力。作为科创事业的主力军，科研机构和科创企业在推动科技经济发展中占据重要地位。新型研发机构作为我国科研体系的新生力量，主要从事科技研发相关活动，其自主经营、独立核算和面向市场的特征，有效地改善了传统科发机构严重依赖政府的缺点。新型研发机构参与主体多，相比于孵化器和产学研合作模式，更能有效整合创新链、产业链和资金链，在一定程度上缓解科技创新成果商业化的困境，对推动科技经济发展具有重要战略意义。为

了探明新型研发机构营造创新氛围，实施知识管理是否推动了机构创新绩效，本节进一步开展创新氛围、知识管理与新型研发机构创新绩效之间的关系研究，厘清机构运作的内部管理机制。

一、理论分析及研究假设

（一）组织创新氛围与创新绩效

国内学者杨百寅等（2013）提出，组织支持创新的环境在一定程度上影响员工的行为、价值观和工作态度，继而影响员工的工作效率。组织创新氛围是上述环境的维度之一，组织创新氛围对员工的创新行为具有一定引导性。段锦云等（2014）通过实证研究，证实组织创新氛围能够正向促进员工个人创造力的发挥。因此假设 H1：组织创新氛围对创新绩效有正向影响。

（二）内部协同网络与创新绩效

从网络理论角度，组织可以被定义为一个网络，组织内各个部门、个人即为内部网络中的节点，节点之间的联系即为组织内不同部门、不同职能成员的相互交流、合作，节点联系越密集，网络内的知识转移和交换速度越快，组织整体创新效率越高。Reagans 和 Zuckerman（2001）通过研究发现，具有高密度的组织，生产率水平要高于稀疏网络的组织。王婉娟和危怀安（2018）在对国家重点实验室的实证研究中证实，内部协同网络对创新产出有积极的正向作用，并揭示了内部协同网络的作用机理。因此假设 H2：内部协同网络对创新绩效有正向影响。

（三）知识管理能力与创新绩效

知识管理是指通过获取、选择、分享、应用知识等活动来管理组织的内外知识。对知识管理活动的分类，Davenport（1998）将其分为获取、创造、组装、应用和再利用。Holsapple 和 Singh（2001）以波特价值链模型为基础，提出知识管理活动的知识链模型，其中包括获取、选择、创造、内部化和外部化过程。Shin 等（2001）指出，知识管理是一个知识从起始流向终点的过程，知识在其中表现为一种可以创造价值的资源。因此本文依据知识在价值创造过程中的状态，将知识管理能力定义为知识获取能力、知识吸收能力和知识保护能力。

知识从外部获取知识的深度和广度，将在价值创造链的源头对绩效产生影响。彭新敏（2009）在对企业开放式创新的研究中发现，外部知识获取对技术创新的促进作用显著。黄豪杰（2015）通过实证分析得出，知识获取对创新绩效存在显著的正向作用。知识吸收是价值创造链的核心，知识吸收能力概念率先被 Cohen 和 Levinthal（1990）提出，他们认为企业的知识吸收能力越强，越有机会将竞争对手的外溢知识引入企业内部。王朝晖（2014）通过实证分析证实，知识吸收能力在企业内部具有重要的核心作用，并且知识吸收能力对企业创新绩效具有正向影响。关于知识保护能力，李晓燕（2018）在对江苏省高新技术企业的研究中发现，企业对知识产权的投入和经营有利于知识市场化，并会对企业的创新产生正面影响。Rivette 和 Kline（2000）认为企业的竞争力得益于创新成果，而不是对市场、材料的控制，并指出知识产权是价值创造的源泉。综上所述，本文提出以下研究假设。

（1）H3：知识管理能力对创新绩效有正向影响。

（2）H3a：知识获取能力对创新绩效有正向影响。

（3）H3b：知识吸收能力对创新绩效有正向影响。

（4）H3c：知识保护能力对创新绩效有正向影响。

（四）组织创新氛围、知识管理能力与创新绩效

组织创新氛围作为组织对创新活动支持程度的外在表现，对组织内员工具有较强的引导效应，在更优质的创新氛围中，员工从事创新活动的积极性更高，创新过程参与感更强，具体表现为员工信息交互、创新合作更频繁。交互行为依赖机构内部的协同网络，因此交互频率上升的同时，促进内部协同网络的形成和发展。在良好的创新氛围之下，知识作为创新活动要素和交互行为对象，被更频繁地进行传递、交换和吸收，机构的知识管理能力作为结果也得到提升。

知识管理的实质是知识的流动，从机构外部、内部获取不同类型知识，并将其进行传递，在组织内部进行吸收。知识是具有黏性的隐性创新资源，其流动依靠外力推动，交互行为的实质就是人员的交通、协同，因此知识管理能力越强，意味着知识交换的人员协同活动越多，组织内部的协同网络关

系越强、网络越密集。综上，本文提出以下研究假设。

（1）H4：组织创新氛围对内部协同网络有正向影响。

（2）H5：知识管理能力对内部协同网络有正向影响。

（3）H5a：知识获取能力对内部协同网络有正向影响。

（4）H5b：知识吸收能力对内部协同网络有正向影响。

（5）H5c：知识保护能力对内部协同网络有正向影响。

（6）H6：组织创新氛围对知识管理能力有正向影响。

（7）H6a：组织创新氛围对知识获取能力有正向影响。

（8）H6b：组织创新氛围对知识吸收能力有正向影响。

（9）H6c：组织创新氛围对知识保护能力有正向影响。

（五）内部协同网络与知识管理能力的中介作用

内部协同网络的中介作用实质是资源在协同网络中的交互。创新氛围提升创新绩效是通过引导员工进行创新要素的转移，提升员工创新活动效率，因此创新氛围通过知识管理间接对创新活动绩效产生影响，而知识作为具有黏性的创新要素，需要通过协同网络作为媒介进行转移流动，因此协同网络是创新氛围影响知识管理能力的途径。知识转移的效率越高，意味着机构中知识获取、吸收和保护的能力越强，知识的利用率越高，创新绩效越优。在知识管理能力与创新绩效之间，协同网络作为知识交互的平台，将知识管理能力的正向作用传导给创新绩效。综上，本文提出以下研究假设。

（1）H7：内部协同网络在创新氛围与创新绩效之间有中介作用。

（2）H8：内部协同网络在知识管理能力与创新绩效之间有中介作用。

（3）H8a：内部协同网络在知识获取能力与创新绩效之间有中介作用。

（4）H8b：内部协同网络在知识吸收能力与创新绩效之间有中介作用。

（5）H8c：内部协同网络在知识保护能力与创新绩效之间有中介作用。

（6）H9：内部协同网络在创新氛围与知识管理能力之间有中介作用。

（7）H9a：内部协同网络在创新氛围与知识获取能力之间有中介作用。

（8）H9b：内部协同网络在创新氛围与知识吸收能力之间有中介作用。

（9）H9c：内部协同网络在创新氛围与知识保护能力之间有中介作用。

（10）H10：知识管理能力在创新氛围与创新绩效之间有中介作用。

（11）H10a：知识获取能力在创新氛围与创新绩效之间有中介作用。

（12）H10b：知识吸收能力在创新氛围与创新绩效之间有中介作用。

（13）H10c：知识保护能力在创新氛围与创新绩效之间有中介作用。

（六）研究模型

基于上述研究假设，进一步得出如图 5-3 所示的新型研发机构创新绩效内部因素影响路径模型。

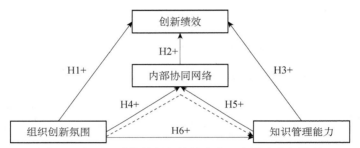

图 5-3 新型研发机构创新绩效内部因素影响路径模型

二、研究设计

（一）变量测量与量表设计

本节变量包括知识管理能力、组织创新氛围、内部协同网络和创新绩效，其中知识管理能力变量分为知识获取能力、知识吸收能力、知识保护能力三个维度，创新绩效、组织创新氛围和内部协同网络则采用一个维度进行测量。研究采用利克特（Likert）5 级量表对各个研究变量维度进行测量，量表题项以已被文献证实有效的且符合研究对象内涵和特征的量表为基础，结合新型研发机构相关专家的访谈意见进行设计。受访者可根据自己所在机构的实际运行情况进行指标评价，评价等级划分为从"1 完全不符合"到"5 完全符合"。

知识管理能力变量测量在马宏建（2005）、毕可佳等（2017）和巩新宇（2017）量表的基础上，从知识获取能力、知识吸收能力和知识保护能力三个维度，对机构获取知识的渠道、速度，知识的传递、应用水平，知识保护意识与机制等方面进行测量。组织创新氛围的测度基于顾远东等（2014）对组织创新氛围的研究，主要选取组织创新氛围、创新激励制度两方面测量。内部协同网络以王婉娟和危怀安（2018）对国家重点实验室创新网络的实证研究所用的量表为基础，结合新型研发机构管理层调研，从成员共同愿景、组织协同文化两方面测量。创新绩效则结合新型研发机构的功能定位，通过机构成果产出和转化的速度、数量及孵化服务水平等方面进行测量（表 5-11）。变量测量得分为维度对应题项的算术平均值。

表 5-11　研究变量对应量表题项

研究变量维度	题项编码	题项内容
知识获取能力	A1	机构能够迅速收集并分析同性质机构的相关数据、信息和知识
	A2	机构能以较低成本获取外部知识和信息
	A3	机构获取数据、信息和知识的渠道数量较多
知识吸收能力	A4	机构能应用已有知识创造新的知识
	A5	机构注重应用知识获得竞争优势的意识较强
	A6	机构善于在发展新产品（服务）时应用适用的知识和技术
	A7	机构能较快地将新知识应用到关键需求上
	A8	机构能迅速将所需要解决的问题与相应知识进行匹配
	A9	机构中不同需求、不同类型的知识能通过不同职能进行传播
	A10	机构有相应的程序和渠道将知识传递至机构的各个部门和个人
	A11	机构能将外部的知识吸收后在其内部进行有效的传递
知识保护能力	A12	机构员工清楚地知道保护创新成果的重要性
	A13	机构有明确、科学的知识产权制度
	A14	机构有明确科学的成果保护制度
组织创新氛围	B1	机构的核心理念体现了创新的思想
	B2	机构的绩效考核体系中明确有与创新相关的指标
	B3	机构能够对员工的创新成果给予公正的评价
	B4	机构能够对员工创新给予奖励
	B5	机构经常对员工进行有针对性的讲座和培训
	B6	机构为成员的创新工作提供资金、设备器材、场地支持
	B7	机构尊重创新精神，营造开放和信任的工作环境
	B8	机构能容忍失败，并将此视为学习的良机

续表

研究变量维度	题项编码	题项内容
内部协同网络	E1	机构内成员对协同创新目标的认同度高
	E2	机构内成员对实现协同创新目标充满激情
	E3	机构成员对协同创新任务的完成度高
	E4	机构内研发中心、部门愿意相互合作以取得共同成功
	E5	机构内部有开展协同创新的具体规划
	E6	机构有认同协同创新的组织文化
	E7	机构内各个研发中心/部门人员具有参与协同创新的积极性
	E8	机构内部层级结构少，扁平化程度高
	E9	机构研发中心/部门成员彼此间的信任程度高
创新绩效	G1	与同类科研机构相比，机构有效专利数目更多
	G2	与同类科研机构相比，机构的专利产出速度更快
	G3	与同类科研机构相比，机构新产品/新技术研发成功率高
	G4	与同类科研机构相比，机构新产品/新技术研发速度快
	G5	机构所提供的孵化产品和服务能够较好匹配在孵企业的需求
	G6	在孵企业对机构的孵化服务水平和质量较为满意

（二）数据收集

本节调研对象为新型研发机构，正式问卷调研时间从 2018 年 11 月至 2019 年 2 月，样本数据主要通过电子邮件、网站调研、实地访谈等方式获取，共发放问卷 300 份，回收问卷后，剔除不合格问卷，共获得有效问卷 126 份。调研对象为事业单位、企业性质的新型研发机构，调研机构涵盖了小型、中型、大型规模，但主要以小、中规模为主，成立时间 4～7 年占 40.48%，8～11 年占 48.41%，包含年轻、较为成熟、相当成熟的新型研发机构。问卷填写人员以新型研发机构内部的管理层人员为主。

（三）信度和效度检验

首先使用 SPSS 软件对问卷数据的信度与效度进行检验。信度采用克隆巴赫 α 系数（Cronbach's α 系数）方法分析，由表 5-12 可知，知识管理能力、组织创新氛围、内部协同网络和创新绩效的 Cronbach's α 系数均大于 0.7，内部协同网络中 E8 题项的 CICT 值小于 0.4，删除该题，除此之外其余题项的 CICT 值均大于 0.4，问卷信度较好（表 5-13）。其次，通过对新型研发机构领域专家的访谈，对所使用量表题目和文字表达进行修正，使量表能够更准确、更易被理解，量表内容效度较好。量表结构效度使用探索性因子分析方法验证，研究变量的 KMO 系数值均大于 0.7，且 Bartlett 系数 p 值均显著，说明样本数据适合做因子分析。利用因子分析检验量表效度，结果如表 5-12 和表 5-13 所示，知识吸收能力 A5 题项的因子荷载系数小于 0.4，创新氛围 B2 题项的共同度小于 0.4，删除 A5 和 B2 题项，除此之外其余题项的因子荷载系数、共同度均大于 0.4，因此量表具有较好的结构效度。

表 5-12　信度效度检验结果（一）

变量	Cronbach's 系数	KMO	Bartlett 检验 p 值	累计解释方差/%
知识管理能力	0.942	0.753	0.000	76.40
组织创新氛围	0.906	0.835	0.000	62.94
内部协同网络	0.938	0.845	0.000	69.66
创新绩效	0.925	0.758	0.000	73.22

表 5-13　信度效度检验结果（二）

变量	测量题项	CITC	因子荷载	共同度	处理
知识获取能力	A1	0.609	0.561	0.563	保留
	A2	0.643	0.868	0.870	保留
	A3	0.755	0.754	0.841	保留
知识吸收能力	A4	0.652	0.420	0.530	保留
	A5	0.736	0.383	0.681	删除
	A6	0.774	0.750	0.747	保留
	A7	0.772	0.854	0.855	保留
	A8	0.775	0.628	0.701	保留
	A9	0.743	0.736	0.705	保留
	A10	0.714	0.739	0.806	保留
	A11	0.778	0.810	0.846	保留
知识保护能力	A12	0.752	0.570	0.821	保留
	A13	0.653	0.922	0.898	保留
	A14	0.665	0.864	0.834	保留

续表

变量	测量题项	CITC	因子荷载	共同度	处理
组织创新氛围	B1	0.612	0.714	0.509	保留
	B2	0.476	0.559	0.312	删除
	B3	0.770	0.835	0.697	保留
	B4	0.724	0.824	0.680	保留
	B5	0.681	0.736	0.542	保留
	B6	0.762	0.825	0.681	保留
	B7	0.935	0.953	0.908	保留
	B8	0.776	0.840	0.706	保留
内部协同网络	E1	0.806	0.865	0.748	保留
	E2	0.769	0.834	0.696	保留
	E3	0.873	0.904	0.818	保留
	E4	0.808	0.856	0.732	保留
	E5	0.811	0.853	0.727	保留
	E6	0.793	0.849	0.720	保留
	E7	0.879	0.915	0.838	保留
	E8	0.336	0.393	0.154	删除
	E9	0.883	0.915	0.837	保留
创新绩效	G1	0.673	0.760	0.578	保留
	G2	0.764	0.831	0.691	保留
	G3	0.873	0.919	0.844	保留
	G4	0.841	0.899	0.807	保留
	G5	0.788	0.860	0.740	保留
	G6	0.773	0.856	0.732	保留

三、实证分析

（一）描述性统计与相关性分析

研究变量描述性统计结果如表 5-14 所示，知识获取能力、知识吸收能力和知识保护能力的均值分别为 4.079、4.711 和 4.444，组织创新氛围、内部协同网络和创新绩效的均值分别为 4.349、4.290 和 4.197。各变量的相关分析结果显示，变量两两之间的相关系数均大于 0.6，且均在 5% 水平（双侧）上显著，研究假设得到初步验证。

表 5-14　样本数据描述性统计与相关分析结果

变量	均值	标准差	知识获取能力	知识吸收能力	知识保护能力	组织创新氛围	内部协同网络	创新绩效
知识获取能力	4.079	0.807	1	—	—	—	—	—
知识吸收能力	4.711	0.823	0.827**	1	—	—	—	—
知识保护能力	4.444	0.675	0.697**	0.794**	1	—	—	—
组织创新氛围	4.349	0.662	0.654**	0.777**	0.766**	1	—	—
内部协同网络	4.290	0.713	0.682**	0.782**	0.798**	0.850**	1	—
创新绩效	4.197	0.723	0.613**	0.724**	0.753**	0.770**	0.809**	1

注：**表示系数在 5% 的水平上显著。

（二）回归分析

利用 SPSS 软件中的回归分析，对研究假设进行检验，结果如表 5-15 所示。从线性回归的分析结果可知，组织创新氛围、内部协同网络、知识管理能力对科研机构的创新绩效有正向作用，该作用在 0.001 水平上显著，假设 H1～H3 成立。知识获取、吸收能力决定了科研性质机构的知识应用和研发效率的高低，科研机构对自身创造的知识、技术的保护程度也将对机构的创新产物持有水平有一定影响，机构保护意识越强，所持有的创新成果越多。目前大多数的科研活动开展均采用团队形式，团队合作效率除取决于知识管理能力的硬条件之外，创新研发氛围、协同网络等软条件也会影响创新绩效。

内部协同网络的影响因素中，组织创新氛围对内部协同网络的回归系数为 0.85，且在 0.001 水平上显著，并且创新氛围对模型的解释度较高，假设 H4 成立，可见创新氛围的好坏对协同网络的优劣影响较大，创新氛围越好机构的内部协同意愿及效率更高。知识管理能力对协同网络也有显著的正向作用，假设 H5 成立，说明知识获取能力、吸收能力和保护能力的强弱将影响机构协同网络的质量。组织创新氛围对知识管理能力的正向作用同样在 0.001 水平上显著，创新氛围对知识获取能力、知识吸收能力、知识保护能力具有积极作用，假设 H6 成立。

表 5-15　研究假设回归分析结果

编号	回归模型	自变量 β 标准系数	调整后 R^2	F 值	假设是否成立
H1	组织创新氛围→创新绩效	0.770***	0.589	180.07***	成立
H2	内部协同网络→创新绩效	0.809***	0.652	235.302***	成立
H3a	知识获取能力→创新绩效	0.613***	0.371	74.825***	成立
H3b	知识吸收能力→创新绩效	0.724***	0.520	136.497***	成立
H3c	知识保护能力→创新绩效	0.753***	0.563	162.304***	成立
H4	组织创新氛围→内部协同网络	0.850***	0.721	323.641***	成立
H5a	知识获取能力→内部协同网络	0.682***	0.460	107.593***	成立
H5b	知识吸收能力→内部协同网络	0.782***	0.609	195.352***	成立
H5c	知识保护能力→内部协同网络	0.798***	0.633	216.729***	成立
H6a	组织创新氛围→知识获取能力	0.654***	0.423	92.674***	成立
H6b	组织创新氛围→知识吸收能力	0.777***	0.600	188.539***	成立
H6c	组织创新氛围→知识保护能力	0.766***	0.583	175.921***	成立

注：***表示系数在1%的水平上显著。

（三）中介作用检验

为了检验内部协同网络中介效应，采用温忠麟等（2005）提出的方法，该方法能同时使第一类错误率和第二类错误率均控制在较小的范围内，且能检验部分中介效应和完全中介效应。采用依次检验和边缘检验（Sobel 检验）对内部协同网络的中介效应进行研究，其中依次检验按照下列方程顺序进行。

$$Y = cX + e_1 \tag{5-3}$$

$$M = aX + e_2 \tag{5-4}$$

$$Y = c'X + b + e_3 \tag{5-5}$$

其中，X 为自变量；Y 为因变量；M 为中介变量；$e_1 \sim e_3$ 为误差项。

中介效应检验结果如表 5-16 所示。表中依次检验结果显示，加入内部协同网络中介变量后，模型自变量对应系数值变小，且系数显著性有所下降。Sobel 检验结果显示，内部协同网络中介效应值均在 0.4 以上，且在 0.001 水平上显著，子举法检验（bootstrap 检验）的置信区间均不包含 0。综合依次检验和 Sobel 检验结果，内部协同网络在创新氛围与创新绩效、知识管理能力与创新绩效、创新氛围与知识管理能力之间均存在显著的中介作用，并且在知识获取与创新绩效之间具有完全中介效应。知识管理能力在创新氛围与创新绩效之间的中介作用的 Sobel 检验结果中，知识管理能力中介效应均显著，且 bootstrap 置信区间不包含 0，但 Sobel 检验的中介效应值较小，因此知识管理能力在创新氛围与创新绩效中的中介作用相对较弱。

表 5-16　中介作用依次检验和 Sobel 检验结果

编号	a	b	c'	Sobel 检验 z 值	中介效应值	结论
H7	0.9162***	0.5673***	0.3213**	5.4782***	0.5197***	部分中介效应显著
H8a	0.6020***	0.7409***	0.1035	7.2546***	0.4460***	完全中介效应显著
H8b	0.6775***	0.6350***	0.2058*	6.6659***	0.4302***	部分中介效应显著
H8c	0.8427***	0.5818***	0.3166***	6.2034***	0.4903***	部分中介效应显著
H9a	0.9162***	0.5130***	0.3278*	3.6037***	0.4700***	部分中介效应显著
H9b	0.9162***	0.5072***	0.5014***	4.2470***	0.4647***	部分中介效应显著
H9c	0.9162***	0.4999***	0.3229**	5.0930***	0.4580***	部分中介效应显著
H10a	0.7979***	0.1725*	0.7034***	2.4958*	0.1376*	部分中介效应显著
H10b	0.9662***	0.2794***	0.5711***	3.5312***	0.2700***	部分中介效应显著
H10c	0.7810***	0.4240***	0.5099***	4.5156***	0.3311***	部分中介效应显著

注：表格内自变量 β 系数为未标准化系数。***、**、*分别表示系数在 1%、5%、10%的水平上显著。

（四）假设模型检验

从回归分析和中介作用检验结果可知，假设 H1～H10 均成立。组织创新氛围对创新绩效具有正向作用，内部协同网络在其中具有显著的中介作用，而知识管理能力在创新氛围与创新绩效之间具有中介作用，但中介作用相对较弱。知识管理能力，包括知识获取、吸收、保护能力，对创新绩效具有正向作用，且内部协同网络在其中呈现显著的中介效应。创新氛围通过内部协同网络对机构知识管理能力产生正向影响，且内部网络的中介效应显著。本文实证分析结论与假设模型中变量作用路径吻合，经检验假设模型成立。

四、研究结论

本节以新型研发机构为研究对象，对影响机构创新绩效的内部因素进行研究，从内部协同网络视角，对科研机构的知识管理能力、组织创新氛围和创新绩效之间的关系进行实证研究，结果如下。

（1）新型研发机构的知识管理能力，包括知识获取能力、知识吸收能力和知识保护能力，对创新绩效提升具有显著的正向作用。新型研发机构作为科研性质机构，知识管理能力是创新产出的重要保障。不同于高校、科研院所，新型研发机构的功能定位为科技创新、企业孵育和人才培养，运营管理模式更加市场化，其自身产生新知识的能力较弱，从外部获取新知识并培育是主要的科技创新手段，知识获取的速度快、渠道多是机构能够开展和维持频繁创新活动的前提。科技创新是利用知识解决问题或创造新知识，机构对知识的吸收能力代表其对知识应用和分享程度，知识吸收能力强则知识在机构中的传递、转化效率更高，创新产出更多。研究表明，作为创新链的最后一环，创新成果保护能力的强弱会对成果流向产生巨大影响，提升知识保护意识、能力是创新绩效提升的重要举措。

（2）新型研发机构的组织创新氛围、内部协同网络对创新绩效提升有显著的正向作用。科研活动大多数以团队形式开展，团队创新氛围对员工工作积极性具有显著的正向影响。组织内对创新理念的重视、培养，以及对创新活动的支持，将提高组织内员工创新活动参与度，显著提升机构的创新绩效。内部协同网络反映团队成员的合作意愿、协作程度与创新资源交互水平，良好的创新氛围引导成员的创新协作，促进工作网络中资源的传递，因此对机构创新产出产生影响。协同积极性高、协作程度高能加快创新成果的产出速度，提高创新绩效。

（3）新型研发机构的内部协同网络在知识管理能力对创新绩效的正向作用中有显著的中介效应。知识获取是一个合作与交互的过程，知识获取能力对创新绩效的正向作用，依赖机构的内部协同网络。知识获取后的传递、应用，需要团队成员相互协同、互为补充，因此机构内知识的有效吸收发生在组织的内部协同网络之中。知识保护能力无法通过机构内部的单独个体提升创新绩效，而是在机构内部形成一张"看不见"的"保护网"，有效地"留住"创新产出，维持机构的良好绩效。

（4）新型研发机构组织创新氛围对知识管理能力有显著正向作用，且内部协同网络在这二者之间有显著的中介效应。知识作为无形的创新资源，具有惰性，存在外界刺激时才会产生被动的知识交换，新型研发机构作为连接多方的重要节点，知识在机构中的流动同样需要合适的外界条件才会发生。本节研究表明，良好的创新氛围能加速知识通过机构内部协同网络进行流动，知识流动速率增加，知识获取、吸收、保护的可能性更高，效果也更优。

五、小结

新型研发机构作为自主经营、独立核算的科研性质机构，在国家的创新战略体系中占据重要地位。随着政策不断利好，新型研发机构数量不断增长，同时也面临着诸多问题，如盈利支出不平，研发经费仍依赖政府补贴，科研成果少、转化率低，机构运营绩效差等。为了充分发挥新型研发机构在重点技术攻关、科技成果转化、科技企业孵化等层面的重要作用，应加快探明新型研发机构运作的内部机理，提升"双创"绩效。

基于对新型研发机构影响因素的探究，本章明确了影响新型研发机构发展的四个因素层级，从人才、资金、设备、知识等直接支撑机构发展的资源要素，到机构建设的功能定位、区域环境等各类底层要素，再到各类维持机构正常运作的机制，以及为机构长远发展给予辅助的政策、产业基金等保障要素。四个层级层层推进，囊括了新型研发机构可持续发展的必要因素，形成了机构运作的基本架构。

随着机构数量的增多，创新绩效提升成为新型研发机构的发展重心，新型研发机构的发展应从重"量"向重"质"转变。新型研发机构与企业、高校等创新组织尽管存在相似性，但仍然存在差异。除创新科技研发外，科技成果转化、科技企业孵化和集聚培养高端人才都属于新型研发机构的发展定位，新型研发机构创新绩效提升还应该走适合其发展的路径。一方面，通过对新型研发机构"双创"效益的对比，发现创新效益和创业效益的提升是两种不同的发展路径，新型研发机构应做好定位，明确发展规划，针对性地实施成长路径管理；另一方面，创新氛围、知识管理在新型研发机构内部扮演着重要角色，充分的知识管理能力是新型研发机构开展创新活动的前提，良好的组织创新氛围不仅能够促进知识管理能力的提升，也能够对创新绩效的提升产生积极作用。

新型研发机构作为多功能定位的科研性质机构，业务种类繁多，内部机制复杂。从要素依赖层面上看，新型研发机构的运作需要多元化资源的累积；从管理机制层面上看，新型研发机构的运作需要运用各类机制整合资源，加强知识管理；从运作环境层面上看，新型研发机构的运作不仅需要加强内部创新氛围建设，也和所在区域环境息息相关；从绩效发展层面上看，推动创新绩效、创业绩效的提升，实现机构长久发展，是新型研发机构在市场竞争中得以生存发展的关键。本章从要素到管理机制再到绩效水平，将新型研发机构的运作机理进行了逐层剖析，为新型研发机构如何融合资源、如何实施管理、如何加强绩效提出了可供参考的理论路径，此外还引入了"协同网络"的相关概念。网络化架构的创新模式是新型研发机构发展的必经之路，关于如何在新型研发机构的发展中搭建网络协同模式，该问题将在第七章进一步讨论。

本章参考文献

毕可佳，胡海青，张道宏. 2017. 孵化器编配能力对孵化网络创新绩效影响研究：网络协同效应的中介作用. 管理评论，29（4）：36-46.

常静，王苗苗. 2017. 科技成果转化中试环节影响因素分析：基于解释结构模型. 科技管理研究，37（19）：194-200.

陈雪，李炳超，叶超贤. 2019. 广东省新型研发机构竞争力评价指标体系研究. 科技管理研究，39（1）：70-76.

段锦云，王娟娟，朱月龙. 2014. 组织氛围研究：概念测量、理论基础及评价展望. 心理科学进展，22（12）：1964-1974.

高航，丁荣贵. 2014. 工业技术研究院协同创新平台与创新绩效关系研究. 科技进步与对策，31（24）：1-5.

巩新宇. 2017. 企业创新网络特征与创新绩效关系研究：基于知识吸收能力. 徐州：中国矿业大学.

顾穗珊. 2004. 我国高技术产业科技投入及产业发展灰关联研究. 工业技术经济，23（6）：74-76.

顾远东，周文莉，彭纪生. 2014. 组织创新氛围、成败经历感知对研发人员创新效能感的影响. 研究与发展管理，26（5）：82-94.

郭百涛，王帅斌，王冀宁，等. 2020. 基于网络层次分析的新型研发机构共建绩效评价体系研究. 科技管理研究，40（10）：72-79.

何帅，陈良华. 2019. 新型科研机构创新绩效的影响机理研究. 科学学研究，37（7）：1306-1315.

黄豪杰. 2015. 外部知识获取、内外研发配置对企业创新绩效影响的实证研究. 南京：东南大学.

李晓燕. 2018. 知识产权对创新绩效的驱动作用研究. 技术经济与管理研究，（7）：28-32.

刘家树，菅利荣. 2011. 知识来源、知识产出与科技成果转化绩效：基于创新价值链的视角. 科学学与科学技术管理，32（6）：33-40.

刘忠艳. 2017. ISM 框架下女性创业绩效影响因素分析：一个创业失败的案例研究. 科学学研究，35（2）：272-281.

马宏建. 2005. 中国高技术企业知识管理能力与绩效研究. 上海：复旦大学.

彭新敏. 2009. 企业网络对技术创新绩效的作用机制研究：利用性-探索性学习的中介效应. 杭州：浙江大学.

施亚斌，陶忠元. 2006. 对江苏科技进步的实证分析. 商场现代化，（10）：185-186.

王婉娟，危怀安. 2018. 内部创新网络对协同创新能力的影响机理：基于国家重点实验室的实证研究. 科研管理，39（1）：143-152.

王洋，刘萌芽. 2010. 基于设备投资角度的我国经济增长与科技进步分析. 价值工程，29(2)：127-128.

王朝晖. 2014. 承诺型人力资源管理与探索式创新：吸收能力的多重中介效应. 科学学与科

学技术管理，35（10）：170-180.

温忠麟，侯杰泰，张雷. 2005. 调节效应与中介效应的比较和应用. 心理学报，37（2）：268-274.

杨百寅，连欣，马月婷. 2013. 中国企业组织创新氛围的结构和测量. 科学学与科学技术管理，34（8）：43-55.

张豪，丁云龙. 2012. 产学研合作中技术与资本的结合过程探析：以北京科技大学产业技术研究院为例. 软科学，26（10）：5-9，34.

赵剑冬，戴青云. 2017. 广东省新型研发机构数据分析及其体系构建. 科技管理研究，（20）：82-87.

朱月仙，方曙. 2006. 我国专利申请及 R&D 经费支出情况统计分析. 情报科学，24（9）：1419-1424.

Cohen W M, Levinthal D A. 1990. Adsorptive capacity: a new perspective on learning . Administrative Science Quarterly, 35(1):128-152.

Davenport T H, De Long D W, Beers M C. Successful knowledge management projects. MIT Sloan Management Review, 1998, 39(2): 43.

Martinez M G, Zouaghi F, Garcia M S. 2017. Capturing value from alliance portfolio diversity: the mediating role of R&D human capital in high and low tech industries. Technovation, 59: 55-67.

García-Manjón J V, Romero-Merino M E. 2012. Research, development, and firm growth. Empirical evidence from European top R&D spending firms. Research Policy, 41(6): 1084-1092.

Hall B H, Griliches Z, Hausman J A. 1986. Patents and R and D: is there a lag? International Economic Review，(2):265-283.

Holsapple C W, Singh M. 2001. The knowledge chain model: activities for competitiveness. Expert Systems with Applications, 20(1): 77-98.

Kamien M I, Schwartz N L. 1975. Market structure and innovation: a survey. Journal of Economic Literature, 13(1): 1-37.

Lee S H, Wong P K, Chong C L. 2005. Human and social capital explanations for R&D outcomes. IEEE Transactions on Engineering Management, 52(1): 59-68.

Li W, Hu B. 2010. Research on the relationship between R&D input and patent output in Hebei Province//2010 IEEE 17Th International Conference on Industrial Engineering and Engineering

Management. Xiamen, China. IEEE, 1718-1722.

Lin J Y. 2014. Effects on diversity of R&D sources and human capital on industrial performance. Technological Forecasting and Social Change, 85: 168-184.

Nilsen Ø A, Raknerud A, Iancu D C. 2020. Public R&D support and firm performance: a multivariate dose-response analysis. Research Policy, 49(7): 104067.

Okoye P V C, Ezejiofor R A. 2013. The effect of human resources development on organizational productivity. International Journal of Academic Research in Business and Social Sciences, 3(10): 250-268.

Parthasarthy R, Hammond J. 2002. Product innovation input and outcome: moderating effects of the innovation process. Journal of Engineering & Technology Management, 19(1): 75-91.

Reagans R, Zuckerman E W. 2001. Networks, diversity, and productivity: the social capital of corporate R&D teams. Organization Science,12(4): 502-517.

Rivette K G, Kline D. 2000 Rembrandts in The Attic: Unlocking The Hidden Value of Patents. Brighton: Harvard Business Press, 2000.

Scherer F M. 1995. Firm sizes, market structure, opportunity and the output of patented innovations. American Economic Review, (55): 1097-1125.

Shapiro M D, Blanchard O J, Lovell M C.1986. Investment, output, and the cost of capital. Brookings Papers on Economic Activity, (1): 111.

Shin M, Holden T, Schmidt R A. 2001. From knowledge theory to management practice: towards an integrated approach. Information Processing and Management, 37(2): 335-355.

Szczygielski K, Grabowski W, Pamukcu M T, et al. 2017. Does government support for private innovation matter? Firm-level evidence from two catching-up countries. Research Policy. 46(1): 219-237.

Yueh L. 2009. Patent laws and innovation in China. International Review of Law and Economics, 29(4): 304-313.

第六章　新型研发机构的科技成果转化

第一节　科技成果转化的概念

创新是新中国成立以来一直强调的话题，我国一步一步布局和落实系列举措来推动创新体系的发展壮大。2015 年《政府工作报告》提出要"打造大众创业、万众创新和增加公共产品、公共服务'双引擎'，推动发展调速不减势、量增质更优，实现中国经济提质增效升级"。2018 年 9 月，《国务院关于推动创新创业高质量发展打造"双创"升级版的意见》正式发布，该文件从根本上认定了"双创"对国家经济发展和社会推动的影响力，进一步提出推动创新创业高质量发展的意见，并且指出要加大创新创业在高校平台、科研院所等方面的协同互通力度，加大成果转化的效率和效益，使得高校、企业、科研院所共同推动平台建设。2021 年修订的《中华人民共和国科学技术进步法》，鼓励以应用研究带动基础研究，促进基础研究与应用研究、成果转化融通发展，要求加强科技成果中试、工程化和产业化开发及应用，促进科技成果转化为现实生产力。2022 年工信部等《关于开展"携手行动"促进大中小企业融通创新（2022—2025 年）的通知》指出，"推动各类科技成果转化项目库、数据库向中小企业免费开放，完善科研成果供需双向对接机制，促进政府支持的科技项目研发成果向中小企业转移转化"。

根据《现代科技管理词典》，科技成果是指科研人员在其从事的某一科学技术研究项目或课题研究范围内，通过实验观察、调查研究、综合分析等一系列脑力、体力劳动所取得的，并经过评审或鉴定，确认具有学术意义和实用价值的创造性结果。科技成果转化主要侧重于创新链的末端，即应用技术成果向能实现经济效益的现实生产力的转化。

在西方国家，科技成果转化则非通用术语，具体来说，美国、澳大利亚等国家多使用"技术转移"，而欧盟、英国等国家和组织多采用"知识转移"这一术语。美国、澳大利亚等国家所使用"技术转移"和欧盟、英国等国家和组织所使用的"知识转移"名称有所不同，但是从这些国家技术（知识）转移的监测主体对其内涵进行的界定及实际的转移活动开展上看，"技术转移"和"知识转移"的内涵相对一致。表6-1列出了美国、欧盟及英国相关机构对于"技术转移"和"知识转移"的界定。根据其定义及国外当时致力于推动技术或知识转移的宏观经济和科技发展背景，所谓的"技术"和"知识"都是指政府财政资金支持下由大学、科研机构等产生的科学知识、应用技术、产品原型及相关经验、技术诀窍等，可以说技术或知识转移活动中的"技术"和"知识"都突破了其本身的定义，是一个相对广义的概念。然而，从这些技术（知识）转移机构具体实践的角度来看，其转移的"技术"或"知识"多指的是可以面向应用、具有潜在经济价值的技术成果，这也与美国、欧盟、英国等国家和组织致力于推动科技与经济结合的目的相一致。对于"转移"而言，"技术转移"和"知识转移"更多强调的是"技术"和"知识"的商业化或使用权通过不同的渠道由大学、科研机构向私营部门（主要是企业）乃至全社会的转移。

与国外技术或知识转移的概念相比，我国的科技成果转化所指的对象更为具体，主要指科学研究与技术开发的成果，而国外技术或知识转移所指的对象有些则涉及经验、技术诀窍等隐性的知识或成果。从转化的渠道及其产生的效果方面看，我国的科技成果转化与国外技术或知识转移较为相似，其中国外的技术或知识转移更强调在不同主体之间的流动。总体而言，我国《中华人民共和国科技成果转化法》中所定义的"科技成果转化"是一个相对狭义的概念，与国外技术或知识转移的内涵较为一致，特别是随着实践工作的不断开展，我国的科技成果转化活动日益体现为以技术（知识）转移为主要特征的科技成果转化。

表 6-1　国外技术（知识）转移的概念界定与比较（许端阳，2013）

国别/组织	来源	概念	具体界定
美国	国家技术转移中心	技术转移	技术转移是将技术、经验、技术诀窍和设备等用于不同于其发明机构最初目的的一个过程
	美国大学技术经理人协会	技术转移	技术转移是指将科学研究产生的创新成果和发明的使用及商业化权力从一个机构转移到另一个机构。大学典型的技术转移行为包括通过专利和版权对创新成果进行保护，然后向其他机构授权许可
	联邦实验室技术转让联合体	技术转移	技术转移是在联邦研发资金资助下所产生的知识、设备、能力来满足公众及私营部门需求的一种过程
欧盟	欧洲科学技术转移职业联盟	技术转移	技术转移活动总体上包括技术（商标许可）的识别、记录、评估、保护、市场化及知识产权管理等相关的活动
	欧洲委员会	知识转移	知识转移是"直接"和"间接"知识（包括技巧、能力）获取、收集、分享的一个过程。这一过程包含商业化和非商业化的活动，例如，合作研究、咨询、许可、成立新企业、人员流动、出版等
英国	英国研究理事会	知识转移	知识转移是指知识、创意、研究结果、技能从其创造者向潜在的使用者流动的过程
	英国大学研究与产业联合协会	知识转移	知识转移是技术、技巧、经验、技能从一个机构向另一个机构转移，从而促进创新、带来经济效益、推动社会发展

第二节　科技成果转化的理论与实践

一、科技成果转化的法律保障

为促进科技成果的顺利转化，我国颁布了一系列法律并在近年进行了修订，特别是《中华人民共和国促进科技成果转化法》（2015 年版）。根据法律条文分析不同维度的内容，可以发现该法有如下几个方面的改进。

（1）权益归属。在《中华人民共和国促进科技成果转化法》（2015 年版）颁布之前，按照财政部和教育部的有关规定，国家设立的研究开发机构、高等院校对其科技成果进行转化，需要审核报批，并且科技成果转化所带来的收入，需要上交国库，且审批过程烦琐，还不能保证能够从科技成果转化中受益，这大大限制了研究开发机构及高等院校的科技成果转化自主权，同时也影响了它们的积极性。《中华人民共和国促进科技成果转化法》于2015年修订后，对以下几点做了重要变更：一是研究开发机构、高等院校对其持有的科技成果转化拥有自主权，不需要再审批备案；二是研究开发机构、高等院校对科技成果转化所得拥有自主处置权，50%以上所得给予完成、转化职务科技成果中做出重要贡献的人员，剩余归本单位。以上大大激励了单位从事科技成果转化工作的积极性。

（2）资金投入。资金是科技成果转化过程中的一项必要因素，近年来，我国政府越来越重视通过多种渠道筹集资金，促进科技成果转化。《中华人民共和国促进科技成果转化法》（2015年版）中对政府在资金投入方面的内容较多，主要是国家注重对科技成果转化的财政资金投入，同时也以各种方式引导社会资金投入。

（3）科技成果信息汇交与科技中介服务。信息沟通不畅是导致高校及研发开发机构科技成果转化与产业不能有效对接的重要因素，《中华人民共和国促进科技成果转化法》（2015年版）提出，要建立、完善科技报告制度和科技成果信息系统，同时重视各类中介、市场的力量促进科技成果转化，如推动知识产权交易市场建设、知识产权信息共享平台建设、国家设立的研究开发机构和高等学校的仪器设备共享，建立和完善科技成果评价和评估体系，培育一批专业化科技成果评估人员的机构，发挥科技社团的纽带作用，实现科技成果转移转化供给端与需求端的精准对接等。

（4）人才和科技成果转化基地。这一内容主要包括促进人才的流动，鼓励科研人员服务企业，支持企业与研究开发机构、高等院校、职业院校及培训机构联合建立学生实习实践培训基地和研究生科研实践工作机构，共同培养专业技术人员和高技能人才，开展技术转移人才培养，组织科技人员开展科技成果转移转化，允许科研人员和教师依法依规适度兼职兼薪等；促进国家大学科技园、科技企业孵化器、创新示范基地等科技类企业创业与发展基地的建设发展，对国家大学科技园和科技企业孵化器实施税收优惠政策，政策引导生产力促进中心、高新产业区等基地发挥在科技成果转化方面的重要作用。

（5）科技成果转化法律责任与制度建设。这一内容主要包括科技成果转化过程中的司法责任、决策责任方面的政策，以及法律制度建立方面的政策。对以科研为主的高校和科研院所来说，其主要的政策精神和内容是尽职免责。最高人民法院、最高人民检察院在此政策维度也有发文，强调发挥审判智能、检查智能促进科技成果创新发展。

（6）高校和科研院所产业管理。为了规避高校直接投资经营企业的风险，教育部曾在 2005 年发布的《教育部关于积极发展、规范管理高校科技产业的指导意见》（教技发〔2005〕2 号）中明确规定：高校除对高校资产公司进行投资外，不得再以事业单位法人的身份对外进行投资。2015 年修订的《中华人民共和国促进科技成果转化法》中规定：国家设立的研究开发机构、高等院校对其持有的科技成果，可以自主决定转让、许可或者作价投资，但应当通过协议定价、在技术交易市场挂牌交易、拍卖等方式确定价格。随后在 2016 年，教育部、科技部联合发布《教育部 科技部关于加强高等学校科技成果转移转化工作的若干意见》（教技〔2016〕3 号），规定高校对其持有的科技成果，可以自主决定转让、许可或作价投资，除涉及国家秘密、国家安全外，不需要审批或备案。这实际上是对高校投资在一定程度上放开了监管。

同时"双创"战略的实施和创新示范基地的陆续建立带动了全国很多组织团体和个人开始创业，尤其是科技型企业，全国对科技成果转化的需求也越来越急切，原有的科研组织和许多新组织都开始大规模投入科技成果转化中来，形成多种科技成果转化模式。

二、科技成果转化的阶段与主体

科技成果转化的要素包括人才、知识和资本。科技成果转化的过程并非单一的投入产出模式，而是从知识成果的产生到成果的具体化、产品化、商品化及产业化。其中，具体化指的是以专利、论文、论著、科技报告、技术标准等形式展现创新活动产生的成果；产品化是通过研发人员和研发设备的投入，产出新产品、新技术和新工艺；商品化是将产品化的内容进行销售以形成订单；而产业化是产生规模化效应得到最终的营业收入和经济利益。

总结科技成果转化的过程，其需要的投入都是多元化的，无法依靠单一的主体完成全部的过程：在知识的开发阶段中，科学研究是主要内容，而科研的投入需要大学和科研机构提供高层次人才，同时也需要企业、政府及其他融资机构提供资金、设备和场地的支持，企业、大学和科研机构通过知识的转移、吸收、消化、共享、集成、利用和再创造，为商品化、产业化进行有效的铺垫，同理，在成果产业化的阶段不仅需要政府及融资机构提供中试及扩大流水线所需要的场地和经费，需要企业提供相关人员，也需要科技服务等中介机构甚至是法律机构提供高新技术相关的服务。

科技成果转化涉及的主体包括政府、科技成果供给方、科技成果需求方、技术交易所、中介组织、行业协会甚至个人等，其核心内容是成果持有人采取各种方式将成果转化为现实生产力。为实现该内容，需要政府在宏观层面的政策支持，需要科技成果转化活动主体企业自身积极地组织实施，也需要技术交易所、中介机构及行业协会等第三方组织的积极促成。

三、科技成果转化的模式

世界科技的发展和突破不断凸显科技水平对国家经济实力的重要贡献，以智能、绿色和普惠为特征的新产业变革蓄势待发，科技创新将从根本上改变全球竞争格局和国民财富的获取方式。回顾世界历史的发展轨迹，在 18 世纪已经出现科学和技术进行合作的实践，而到 19 世纪中叶，已经形成从生产—技术—科学的发展模式到科学—技术—生产的发展模式转变，进入 20 世纪，越来越多的人意识到科学与技术的融合具有改变物质生活和精神生活的巨大力量，并且科学和技术的创造主体也经由单一的科学家主体发展变成多元化的大众主体创造，高校、科研院所、企业共同成为科学和技术的创造主体（陈劲和阳银娟，2012）。

在各个国家，企业都是实施创新及科技成果转化的主要行为主体，通过自主创新产业化模式和技术转让产业化模式，可将创新的成果在企业中进行快速的转化；此外，随着创新主体中高校和科研院所的作用日益凸显，创新的边界不断被打破，各方间也在积极寻求各种合作方式，形成了产学研合作的创新成果产业化模式（杨栩和于渤，2012）。

（一）自主创新产业化模式

自主创新产业化模式是指科研院所或者大专院校自身研发的科研成果在本单位内部进行转化的一种产业化方式。科研院所与大专院校以自身研发成果为核心，通过自办科技型企业实施科技成果转化，因此该模式具有以下特点。

（1）科技成果转化迅速。研发机构本身就是科技成果的创造者，对科技成果的了解要比社会其他组织（如企业）早得多，也清楚得多，因此，在科技成果的转化过程中，行动也会比较快。

（2）能为科技成果转化提供足够的技术支持。研发机构自身拥有一定的科研实力，成果转化过程会有较多参与科技成果创造的人也参与其中，可以为科技成果的转化提供更多的背景资料和可衔接的知识，加大科技成果产业化成功的可能性。

（3）研发机构自己创办的科技企业，拉近了研发机构科研活动与市场的距离，对研发机构的科研活动起到一定的示范和激励作用。这一模式转化的成功率较高，但限于资金、风险和产业基础，产业化规模一般都较小。

（二）技术转让产业化模式

技术转让产业化模式指通过签订技术转化合同，将新技术、新工艺、新产品等专利权、专利申请权、专利实施许可权等进行转让。一般来说，该模式指的是科研院所或者大专院校通过有偿方式将自身的科技成果转让或许可企业使用。该模式具有以下优点：能有效利用企业对市场需求的敏感性及企业先进的管理制度、产业基础、资金规模等优势克服科研院所及大专院校自主产业化的缺陷，扩大科技成果产业化的规模。但是由于成果产生源与成果转化吸收体相分离，没有形成长期、紧密合作，使得科研机构与大专院校自主创新产业化模式科技成果转化迅速、提供技术支持等优点也随之消失。

（三）产学研合作产业化模式

深入剖析创造过程中的单个主体可以发现，每个创造主体都处在科技成果转化链的不同位置，并且在实施过程中存在一定的难度：对于企业来说，在知识经济时代很难通过单一技术实现长效可持续发展，而企业的资金和生存压力决定其通过自主研发扩大技术多元性的有限性，为实现技术积累和进步，企业需要借助外部资源不断充实其核心技术；而对于高校和传统科研院所来说，其纵向经费来源有限，需要与企业合作，通过共同研发、委托-代理研发、专利授权、专利转让等方式获得横向科研经费。以市场和需求为内在驱动力的产学研合作是目前科技成果转化的重要途径，但是由于风险和信息的不对称，自发形成的产学研合作在数量和力度上都存在一定的局限性，基于此，创新和科技成果转化的市场需要一类中介机构，借助其已有的科研和市场背景，主动促进产学研各方深入合作，而新型研发机构则是应此类需求而产生的产学研合作模式的升级与创新实体。

因此，当前促进科技成果转化的实践中最为流行的、使用最广泛的形式是产学研合作产业化模式。该模型将企业、高校、科研院所相结合，有效发挥科研、教育、生产不同社会分工在功能与资源优势上的协同效应，打通技术创新上、中、下游的耦合壁垒。根据产业化主导单位的不同可将产学研合作分为以下三种情况。

（1）以企业为主导的产学研合作转化模式。企业委托科研机构或高等学校研究开发科技成果，企业为产业化主体，在合作对象的选择、紧密程度及利益分配方面均占据主动；高校和科研院所作为积极参与的角色加入企业的研究开发中。该模式的特点是以市场需求为导向，能做到有的放矢，把科技成果转化的市场风险降到最低，有效克服技术转让产业化模式的缺点，见效快、效率高，但是由于项目合伙制模式在合作伙伴的选择、合作体的管理和创新成果的分享等方面完全由合伙各方协商进行，交易成本较高，往往会产生无法通过协商解决的矛盾和纠纷。

（2）以科研单位为主导的产学研合作转化模式。在该模式下，高校或科研院所凭借自身享有的知识和人才优势，处于主导地位，直接参与企业技术创新，负责创新中的某些环节或者全过程，帮助企业将技术投入生产，形成生产能力和产品。该模式的特点是：大学和企业的科研人员从实验研究到中试直至规模生产，全过程参与，有利于形成成熟的工艺和产品，降低技术风险，但易受体制制约，企业风险高。

（3）以政府为主导的产学研合作转化模式。政府是形成产学研合作的主导者，主要在前瞻性技术领域进行布局，通过在科研项目的立项和技术开发的招标过程中引入企业和科研机构共同参与，企业发挥资金、产业化和市场优势，科研机构发挥科研和人才优势，政府发挥决策指挥、协调管理、评估监督、信息交流的作用。该模式的特点是合作紧密，运行顺畅，抗风险能力强，但易受干预，转化效益低（王新新，2013）。

（四）启示

在新世纪，不借助外部条件，仅靠企业内部支持进行研发活动，从而达到市场垄断的封闭式创新范式面临高研发成本和新兴企业的市场冲击，已经逐渐被市场淘汰。新型企业的出现及其对技术创新的另辟蹊径，打破了传统产学研机构的组织边界，逐步形成开放式创新范式，在开放系统下，将自身看作是一个无边界的组织或者一个更大系统中的子系统，实现资金、信息、人才等资源的有序输入和输出，以及全要素会聚的系统增值，是科技成果转化能够成功的重要依据。因此，在自主创新产业化模式和技术转让产业化模式的基础上，目前更为广泛使用的是产学研合作的产业化模式。

虽然以上科技成果产业化模式发展已经相当成熟，但仍然存在局限性，如自主创新产业化模式缺乏创新思想、创业资金等导致科技成果产业化水平不高；技术转让产业化模式存在技术壁垒，难以提高科技成果的产业化成功率及产业化水平；产学研合作产业化模式存在合同纠纷、各方合作难、体制制约、企业风险高，以及转化效益低等缺陷。随着创新驱动发展战略的深入实施及科技体制的深化改革，新型研发机构孕育而生。

与传统研发机构科技成果转化模式不同，新型研发机构采取更加灵活的市场运行机制，以高新基础性技术与应用性技术产业化为导向，积极引领战略性新兴产业发展，推动实现政府、产业和科研机构间的高水平融通创新与协同发展，是科技体制改革探索的"新标杆"。通过发展新型研发机构能够进一步优化科研力量布局，强化产业技术供给，促进科技成果转移转化，推动科技创新和经济社会发展深度融合。如何进行协同创新是各个创新主体在其战略设计中要考虑的重点和难点，对于新型研发机构来说，其在产学研合作上进行了许多有益的探索。接下来，本文将详细介绍机构在科技成果转化中的具体路径和方式。

四、新型研发机构科技成果转化的实践

自 1996 年第一所新型研发机构成立以来，经过 20 多年的实践和发展。相关研究把机构在成果转化方面的实践可总结概括为"三发"联动研发模式、海外技术引进（转移）模式、技术入股创业模式、孵化创业模式、资金技术创投模式、公共技术服务平台模式和政学研金主导的转化模式等 7 类（陈雪和龙云凤，2017）。下面选择 7 类模式中的资金技术创投模式、公共技术服务平台模式和政学研金主导的转化模式进行详细案例分析介绍。

（一）资金技术创投模式

企业发展中，资本的重要性不容小觑，新型研发机构以其高校背景和体制机制的灵活性，通过设立成果转化公司/中心、产业投资基金或者投资公司，扶持科技型企业并加速其成果转化。如深清院通过整合社会资本，成立深圳清华力合创投有限公司，通过对高新企业的参股、并购和重组，进一步优化资源配置，同时也为研究院的发展提供持续不断的资金支持。

（二）公共技术服务平台模式

创业初期的企业及现存的中小企业，其自身的研发能力往往较弱，基于资金和人才的限制，通过内部封闭式创新实现技术升级的可能性很低，针对这一问题，新型研发机构紧密结合当地产业发展和企业难题，通过其强大的研发能力或检测服务能力为企业服务，实现技术升级。华中科技大学在江苏无锡和广东东莞设立的研究院正是在企业需求的牵引下，完成了核心技术的二次开发，并实现了基础研究和应用研究的交叉融合：华中科技大学无锡研究院通过对地方企业的调研，发现风电、交通等行业存在大曲面部件效率低且安全风险性高等问题，针对这些公关难题，推动了航发叶片机器人磨抛技术的转型应用，并进行了产业化扩展（丁珈和李进仪，2018）；清华大学天津电子信息研究院设立的电子综合检测中心配备了世界顶级电子信息检测所需要的仪器和设备，服务众多中小微电子信息类企业。

（三）政学研金主导的转化模式

以政府和高校联合创办的新型研发机构，在"挖掘"校本部的科技成果方面极具优势：高校的科研成果大多停留在实验室阶段，而新型研发机构通过遴选其背景高校的科技成果，以市场需求为导向进行二次研发，将实验室的成果转化为实际生产力的模式，可以促进高校的科技成果转化。例如，浙大滨海院对纺织数码色浆的科研成果进行中试的配套投入，在技术相对成熟后投放到市场转化，生产规模达到 1 万 t 以上，实现高校、研发机构和政府之间的协同创新。

除以上七类模式外，基于新型研发机构的研发功能而实现的成果转化也面向其内部创业公司和大型企业。以深清院为例，其实验室与其内部创办的创业公司密切协作，为创业公司提供研发支持，在相互关系中，创业企业是实验室的主要服务对象，且实验室是企业的主要研发力量，同时，研究院和外部企业通过合建研发中心的方式，助力企业产业升级，深清院与万裕科技集团有限公司合作建立万裕电化学研发中心，万裕科技集团有限公司每年向研发中心提供大量的经费支持，以期通过研发中心解决企业技术难题，并且在未来帮助企业谋划发展方向（董书礼，2010）。

第三节　新型研发机构的科技成果转化情况 （以天津市为例）

自 2018 年天津市政府办公厅发布《天津市人民政府办公厅关于加快产业技术研究院建设发展的若干意见》以来，天津市科技局积极开启新型研发机构（产业技术研究院）的认定工作。根据作者收集整理，截至 2022 年 12 月，通过认定的市级新型研发机构共有 23 家。按照单位性质的不同，可以将天津市新型研发机构分为企业性质法人单位（即有限责任公司）、事业性质法人单位与民办非企业单位。其中，企业性质法人单位占 60.87%（14 家），事业性质法人单位占 34.78%（8 家），民办非企业单位占 4.35%（1 家）。

一、专利为代表的科技成果产出情况

专利是新型研发机构产出的重要组成部分，是新型研发机构创新能力的直接体现。通过对天津市新型研发机构的专利分析，能够有效反映该市科技创新合作及科技成果转化的现状。本节收集了 23 家天津市新型研发机构自成立起至 2023 年 5 月 30 日申请的所有专利及其转化的数据作为研究样本。为保证数据有效性，样本选择遵循以下原则：①剔除专利类型为外观设计的专利；②若同一专利申请了不同类型，将保留发明专利，剔除实用新型专利；③剔除当前法律状态为驳回、撤回、放弃、公开、未缴年费、避重放弃、未进入国家阶段-专利合作条约（patent cooperation treaty，PCT）有效期内、未进入国家阶段-PCT 有效期满及进入国家阶段-PCT 有效期满的专利。经处理后最终得到 1461 件专利作为样本。所有数据均来自 incoPat 专利数据库，数据处理采用 Excel、UCINET 和 NetDraw 软件。

在这 1461 件专利中，以新型研发机构为单一专利权人申请的专利数共 1050 件，占总数的 71.87%；与创新主体合作申请的专利数共 411 件，占总数的 28.13%，说明新型研发机构大部分专利为自主研发，与其他创新主体合作研发产生的专利相对较少。从表 6-2 天津市新型研发机构申请的专利数量来看，专利申请数超过 100 件的新型研发机构共 4 家，占机构总数（23 家）的 17.39%；专利申请数在 50～100 件的新型研发机构共 7 家，占机构总数的 30.43%；低于 50 件的新型研发机构共 8 家，占机构总数的 34.78%，剩余 4 家的新型研发机构并未统计在表 6-2 中，其原因是：其中一家新型研发机构成立时间较短，专利数量较少，且难以反映该新型研发机构科技成果转化的实际情况；另外三家新型研发机构申请专利较少，且违背样本选择原则，因此被剔除。从以上分析可以看出，天津市新型研发机构之间的创新能力差距较大，按照专利申请数排名，前 4 家新型研发机构的专利申请数平均值与后 4 家相差 184 件；部分新型研发机构创新能力有待进一步提升，专利申请数少于 50 件的新型研发机构超过天津市新型研发机构总数的一半。

从专利类型来看，发明专利申请数占专利申请数的 67.97%，实用新型专利申请数占 32.03%，这表明天津市新型研发机构对自身创新的要求较高。从当前的法律状态来看，授权专利 823 件，占专利申请数的 56.33%，其中发明专利授权数占 24.30%，实用新型专利授权数占 32.03%。《国家知识产权局 2022 年度报告》显示，2022 年，我国授权专利占专利申请数（包括发明专利申请数与实用新型专利申请数）的 78.82%，其中发明专利授权数占 17.46%，实用新型专利授权数占 61.36%。天津市新型研发机构授权率低于国家水平，而发明专利授权率高于国家水平，说明新型研发机构的创新能力高于国家平均水平。

表 6-2　天津市新型研发机构专利申请情况　　（单位/件）

新型研发机构名称	专利申请数	发明专利申请数	实用新型专利申请数
清华大学天津高端装备研究院	285	219	66
天津国科医工科技发展有限公司	186	144	42
浙大滨海院	154	115	39
天津中科先进技术研究院有限公司	151	28	123
天津大学前沿技术研究院有限公司	93	58	35
天津中科智能识别产业技术研究院有限公司	93	87	6
北京大学（天津滨海）新一代信息技术研究院	75	74	1
天津包钢稀土研究院有限责任公司	75	73	2
南京理工大学北方研究院	67	61	6
中科和光（天津）应用激光技术研究所有限公司	57	40	17
天津大学滨海工业研究院有限公司	52	5	47
天津珞雍空间信息研究院有限公司	42	5	37
天津先进技术研究院	35	30	5
天津市滨海新区环境创新研究院	29	6	23
天津中科智能技术研究院有限公司	27	23	4
天津市滨海新区微电子研究院	14	10	4
天津中津科苑智能科技有限公司	11	8	3
清华大学天津电子信息研究院	9	7	2
天津城建大学建筑设计研究院有限公司	6	0	6
总计	1461	993	468

二、天津市新型研发机构合作研发情况

前文提到，新型研发机构与其他专利权人共同申请的专利数量为 411 件，占申请专利总数的 28.13%。本节利用 NetDraw 软件，以共同申请的专利为样本，绘制新型研发机构合作创新网络图谱，如图 6-1 所示。

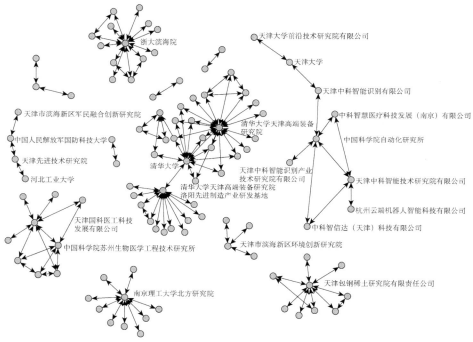

图 6-1　天津市新型研发机构合作创新网络图谱

天津市新型研发机构合作创新网络涉及 102 个合作主体，包括 12 个子网络。其中，包含超过 10 个合作主体的子网络有 2 个，主要以清华大学天津高端装备研究院和浙大滨海院为核心节点进行专利合作；包含 5 个及以上合作主体的子网络有 4 个，以天津国科医工科技发展有限公司、天津包钢稀土研究院有限责任公司、中国科学院苏州生物医学工程技术研究所、南京理工大学北方研究院和中国科学院自动化研究所等科研院所与企业作为核心节点；低于 5 个合作主体的子网络有 6 个，多以企业为核心节点。这说明，高校主导的新型研发机构能够利用自身的创新资源成立科研院所或者与其他联系紧

密的创新主体一起合作，形成紧密合作的"小团体"，增强了创新辐射能力，对推动产学研专利合作创新发展作出了重大贡献，但各个核心节点的联系并不紧密，且低于 5 个合作主体的子网络以企业为主，这表明各个子网络之间存在合作壁垒。

（一）网络整体特征分析

通过分析网络整体特征指标，并结合合作创新网络图谱，能够判断网络整体特征情况，其结果如表 6-3 所示。

表 6-3　天津市新型研发机构合作创新网络整体特征

指标	指标值
网络规模	102
关系数	117
网络密度	0.023
网络度数中心势	0.159
平均路径长度	2.399
聚类系数	0.319

从网络规模来看，天津市新型研发机构与许多其他创新主体进行合作，但是从关系数和网络密度来看，各创新主体之间的连接关系并不紧密，网络中的节点并没有积极与更多的节点寻求合作关系，更多是与某一固定节点之间建立一对一的合作关系，导致建立起联系的合作伙伴并不广泛，资源流动通道较为闭塞，说明天津市新型研发机构合作创新网络的整体结构较为松散，知识共享的程度不高，合作创新活动仍有待加强。从网络度数中心势来看，该网络的网络度数中心势为 0.159，与星形或辐射形网络相比，该网络内主体连接情况仍呈现小规模集群的形式。从平均路径长度和聚类系数来看，该网络的整体聚类系数为 0.319，说明此阶段内部联系情况较为紧密，同时平均路径长度为 2.399，说明两两创新主体间平均需要大约 2 个中间主体就能建立联系，符合 D. J. 瓦茨（D. J. Watts）提出的"同时拥有较高的聚类系数及较短的平均路径长度"，网络具备小世界特性，即网络创新主体之间会"抱

团"出现，网络结构分布呈现集团化特征，内部联系紧密，信息资源传递性较强。

综上所述，天津市新型研发机构合作创新网络特点如下：网络规模较大，网络密度较低，二者存在显著的负向关系；中心势较弱，网络内连接不够紧密，网络具备小世界特性，即网络创新主体之间会"抱团"出现，网络结构分布呈现集团化特征。

（二）网络个体特征分析

对网络内具体节点进行个体特征分析，计算各点的聚集系数、中心度及结构洞指数，并结合合作创新网络图谱，能够反映节点在网络中的位置情况，由于篇幅限制，本节仅展示度数中心度排名前十的节点，将其作为主要创新节点，分析其与网络中其他节点的连接合作情况，如表6-4所示。

表6-4　天津市新型研发机构合作创新网络个体特征

排名	专利主体	聚集系数	中心度			结构洞指数
			度数中心度	相对中间中心度	相对接近中心度	限制度
1	清华大学天津高端装备研究院	0.078	18	0.050	0.182	0.167
2	清华大学	0.128	13	0.070	0.208	0.267
3	浙大滨海院	0.045	12	0.012	0.119	0.132
4	清华大学天津高端装备研究院洛阳先进制造产业研发基地	0.015	12	0.061	0.173	0.101
5	南京理工大学北方研究院	0	9	0.007	0.089	0.111
6	天津包钢稀土研究院有限责任公司	0.071	8	0.005	0.079	0.203
7	天津国科医工科技发展有限公司	0.143	7	0.004	0.070	0.245
8	中国科学院苏州生物医学工程技术研究所	0.500	5	0.001	0.058	0.525
9	中国科学院自动化研究所	0.200	5	0.004	0.053	0.365
10	天津中科智能技术研究院有限公司	0.333	4	0.001	0.042	0.493

由表 6-4 可以看出，清华大学天津高端装备研究院的度数中心度相对较高，与网络中其他创新主体的联系程度较高，说明其在网络中的影响力较大，居于核心位置；从聚集系数来看，中国科学院苏州生物医学工程技术研究所、天津中科智能技术研究院有限公司和中国科学院自动化研究所排在前三，说明这三个新型研发机构同它们的临界点聚集成派系的可能性最大，即该网络的小团体性较强；从相对中间中心度和结构洞指数——限制度来看，清华大学天津高端装备研究院洛阳先进制造产业研发基地和清华大学天津高端装备研究院对网络中资源的控制力较强，处于网络中比较重要的核心位置。

综上所述，机构合作创新意识较差，基本以自身资源为基础向外寻找合作单位，形成"小团体"现象。转化专利数排名较高的创新主体以事业单位性质的新型研发机构居多，而企业性质的机构在子网络中参与度较低，且聚类系数较大，说明企业性质的新型研发机构利用的资源有限，而事业单位性质的新型研发机构比起其他类型的研发机构拥有较多的知识资源与合作机会，因此更易占据桥梁位置。

三、天津市新型研发机构专利转化情况

23 家新型研发机构中的 12 家机构共计 100 件专利发生了专利权的转让，包括清华大学天津高端装备研究院 36 件、天津国科医工科技发展有限公司 14 件、天津中科先进技术研究院有限公司 13 件、天津大学滨海工业研究院有限公司 9 件、北京大学（天津滨海）新一代信息技术研究院 6 件、天津先进技术研究院 6 件、天津中科智能技术研究院有限公司 5 件、南京理工大学北方研究院 4 件、天津中科智能识别产业技术研究院有限公司 4 件、清华大学天津电子信息研究院 1 件、天津包钢稀土研究院有限责任公司 1 件、天津大学前沿技术研究院有限公司 1 件等，占专利申请总量的 6.84%，该比例远高于国家知识产权局的《2022 年中国专利调查报告》显示的一般高校科研院所的发明专利转化率 3.9%的比例，且仍有上升空间。据作者了解，有些新型研发机构在专利转化时未在国家知识产权局备案，但此处不再另行统计，如表 6-5 所示。

表 6-5　天津市新型研发机构专利转化情况

专利主体	转让专利数量/件
清华大学天津高端装备研究院	36
天津国科医工科技发展有限公司	14
天津中科先进技术研究院有限公司	13
天津大学滨海工业研究院有限公司	9
北京大学（天津滨海）新一代信息技术研究院	6
天津先进技术研究院	6
天津中科智能技术研究院有限公司	5
南京理工大学北方研究院	4
天津中科智能识别产业技术研究院有限公司	4
清华大学天津电子信息研究院	1
天津包钢稀土研究院有限责任公司	1
天津大学前沿技术研究院有限公司	1
合计	100

在发生专利权转移的专利中，以新型研发机构为单一专利权人的专利共 82 件，占转移专利的 82%；与其他创新主体共同为专利权人的专利共 18 件，占转移专利的 18%。从产业分类来看，天津市新型研发机构将更多精力聚焦在新兴产业领域，尤其是新一代信息技术产业、高端装备制造产业、新材料产业和生物产业。在发生专利权转移的专利中，属于战略性新兴产业的专利共 77 件，占转移专利的 77%，属于传统制造业的专利共 23 件，占转移专利的 23%（图 6-2）。

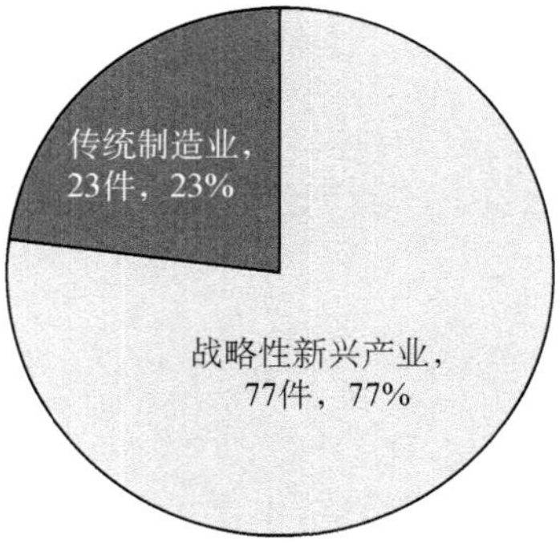

图 6-2　转移专利所属产业领域情况

四、小结

通过对天津市 23 家新型研发机构专利及其转化情况的分析发现：①机构大部分专利自主研发，与其他创新主体合作研发产生的专利相对较少，且机构之间的创新能力差距较大，部分机构创新力有待提升；②机构合作网络连接不紧密，网络结构分布呈现集团化特征，这是由于缺乏创新合作平台，机构之间存在信息不对称，导致机构只能依靠自身资源寻找合作伙伴，从而出现机构之间的合作以事业单位居多，而企业性质的机构参与度较低；③机构专利转化率远高于一般高校科研院所，且大部分转化的专利属于战略性新兴产业。

由此可见，天津市新型研发机构确实起到了重要的成果转化作用，带动了相关企业及产业的创新发展，但与全国相比，仍有进步空间。根据科技部火炬中心发布的《2022 年新型研发机构发展报告》，截至 2021 年底，全国新型研发机构拥有的发明专利中已被实施的共 2.1951 万件，占拥有发明专利总量的 46.46%。天津市通过专利转让及许可等多种方式实施转化的发明专利达60 件，占天津市新型研发机构发明专利申请量的 6.04%，远低于全国水平。天津市新型研发机构应在投入主体多元化、管理制度现代化、运行机制市场化、用人机制灵活化、围绕创新链和产业链融通等方面布局开展多元业务，进一步挖掘新型研发机构的"新"内涵，促进科技成果转化。

本章参考文献

陈劲，阳银娟. 2012. 协同创新的驱动机理. 技术经济，31（8）：6-11，25.

陈雪，龙云凤. 2017. 广东新型研发机构科技成果转化的主要模式及建议. 科技管理研究，37（4）：101-105.

丁珈，李进仪. 2018. 院校与政府共建型新型研发机构建设发展模式探索：以华中科技大学无锡研究院为例. 科技管理研究，38（24）：115-119.

董书礼. 2010. 科技成果产业化的一种新模式：基于深圳清华大学研究院的案例研究. 中国科技论坛，（12）：56-59.

王新新. 2013. 科技成果产业化的理论分析及对策选择. 科技与经济，26（4）：11-15.

许端阳. 2013. 国外技术转移监测评价的特点及其对我国科技成果转化评价的启示. 科技管理研究，33（21）：23-28.

杨栩，于渤. 2012. 中国科技成果转化模式的选择研究. 学习与探索，（8）：106-108.

第七章　新型研发机构网络协同创新

新型研发机构打破了技术从原创到实际应用，再到产业化生产过程中主体因组织边界而存在的"隔阂"，形成了一种创新主体交互、创新资源融合的网络化、扁平化的科技研发组织新模式。新型研发机构参与主体要素多、协同伙伴各异、资料来源广泛，机构的发展对协同网络的依赖度较高，网络结构特质将对创新绩效产出具有较大影响。本章从网络化视角观察新型研发机构的发展，将新型研发机构视为一种网络组织形式，协同多个创新主体，探索新型研发机构的创新绩效网络化发展模式。

第一节　新型研发机构协同创新网络模型构建

新型研发机构是近几年来国家实施创新驱动发展战略的重要载体，随着更多的主体参与到技术创新过程中，新型研发机构所要协同和联结的要素呈现出多样性，其复杂性和多样性迫切需要理论的拓展。本节基于扎根理论，选取浙大滨海院为典型案例展开分析，探索新型研发机构技术创新过程中所形成的协同网络结构，尝试为新型研发机构网络化协同发展提供经验和借鉴，丰富机构网络化协同发展的理论。

一、理论背景

在管理学界，首先提出协同理念的是美国战略理论研究专家伊戈尔·安索夫，他在1965年出版的《公司战略》一书中，把协同作为公司战略四要素（产品市场范围、发展方向、竞争优势和协同）之一（Ansoff，1965）。新型研发机构协同网络近年来也是研究热点。朱静毅（2017）认为，实现隐性知识协同是推动知识创新及获取竞争优势的有效手段，知识协同过程分为隐性知识需求匹配、隐性知识获取、吸收、共享和增值五个阶段。郭百涛等（2020）认为，科研产出、政策扶持等是新型研发机构共建绩效的重要考核指标，影响机构相互协同共建的效果。张华等（2016）认为，各协同主体外部的社会网络对主体创新绩效提高有显著的正向影响，协同主体越多，网络作用发挥越大，但各主体从网络中识别对自身有利知识的难度也相应增大。陈忆（2014）认为，大规模的协同网络尚未形成，学研机构发挥着重要的主导和桥梁作用。陈超逸（2013）认为，风险评价、风险控制与风险交流是复杂协同网络中最需关注的，直接影响了产学研组织的绩效。

在协同创新的大环境下，新型研发机构的协同发展就显得尤为重要。不管是从协同主体角度，还是从协同机制等细节角度，以协同观的理念来考量和支持研发机构来构建网络，是当前环境下较为迫切的需求。科技部于 2019 年 9 月 12 日印发了《关于促进新型研发机构发展的指导意见》，在其中指明了发展方向和要求。本节将从典型案例出发，通过定性研究方法对新型研发机构协同创新网络模型进行理论研究，有望为该方向奠定一定基础。

二、研究设计

（一）研究方法

扎根理论研究法是由哥伦比亚大学的 Glaser 和 Strauss（1967）共同发展出来的一种研究方法，是一种将理论与经验、抽象与具体联系起来的定性研究方法。扎根理论对收集到的资料的处理分为三步：第一步为开放式编码，将搜集到的文字资料进行分解、分析，将现象初步概念化，形成初始概念；第二步为主轴编码，将初始概念归纳总结、分析对比，提炼出初始范畴，再从初始范畴中提炼出主范畴，然后从主范畴里提炼出核心范畴；第三步为选择性编码，对已经提炼出的核心范畴进行分析，形成相互之间的因果关系（郭安元，2015）。

（二）案例分析

本节的研究对象是新型研发机构，由于机构的数量比较多，通过对各类案例材料的对比分析和筛选，最终选择浙大滨海院作为典型案例。选择浙大滨海院作为典型案例主要有以下三点原因：一是浙大滨海院通过协同网络进行技术创新取得了较好的成果，成功的过程涵盖了协同网络结构的构建和典型的网络结构，提供了一个很好的研究对象；二是本文研究人员从事新型研发机构的运营和管理，与浙大滨海院有着密切的联系，与研究院内各个研究中心也有着合作关系，并拥有新型研发机构的调研团队，收集了大量的一手资料，为本节奠定了扎实可靠的数据基础；三是浙大滨海院处于新型研发机构技术创新的实践先列，获批天津市首批产业技术研究院称号，是运用协同网络结构的典型案例，拥有广泛的宣传渠道，为本节提供了丰富的二手资料，提高了结论的可信度和准确性。

（三）数据收集

本节所采集的数据资料主要包括：一是对研究院负责人及参与技术创新的关键人物进行半结构化和开放式的访谈，访谈对象涉及不同层次的负责人和参与人员，包括浙大滨海院的高层运营管理人员、研发中心负责人、技术专家，以及负责新型研发机构管理的政府人员；二是对研究院的运营管理部门及其研究中心进行非正式观察的二手数据；三是研究院档案资料、宣传资料、内部公开视频等二手资料；四是正式的公开资料和网络二手数据，如报纸、杂志、期刊、网络资料、专利数据等。

三、案例分析

（一）浙大滨海院的技术创新模式

浙大滨海院是由浙江大学与天津市滨海新区人民政府共建的事业法人单位，于 2014 年 8 月注册成立，坐落于天津滨海高新区未来科技城。自成立以来，依托浙江大学的科技、人才、教育等优势资源，围绕高端装备制造、节能环保、医药健康和现代服务业等主导产业及战略性新兴产业，浙大滨海院开展了成果转化、人才培养、科技服务、创新创业等一系列工作，取得了良好的成绩。为进一步推动区域产业创新，结合国家及天津市的产业发展需求，浙大滨海院将智能制造和医药大健康作为两大主攻方向。截至 2023 年

12月，浙大滨海院已申请各类知识产权 335 余项，研发各类样机及产品 150 多项，在孵高科技企业 174 余家，其中含瞪羚企业 1 家、雏鹰企业 45 家、国家高新技术企业 45 家、国家级科技型中小企业 48 家，累计产值超 23 亿元。浙大滨海院已引进培育各类人才 400 余人，其中含两院院士、天津市外国专家等各类高层次人才 100 余人，成立研究中心 17 个、院企联合研发中心 16 个，研发办公场地及标准厂房 35 300m²[1]。

在现有的新型研发机构技术创新实践过程中，多数是将资本、技术、知识、人才、设备、场地等要素孤立连接或部分联结，协同效应不明显，而浙大滨海院在运作过程中，成功构筑了一个相对完整的技术创新网络，并在内部搭建了创新生态系统，一方面，浙大滨海院既是核心主体，又是整个系统网络中的主要参与者；另一方面，浙大滨海院自身内部也是一个系统，将各个部门和研究中心联合，协同管理、共同创造、网络创新。

通过多次调研，研究人员发现浙大滨海院为了实现技术创新的内外部系统，建立了一个关联浙大滨海院内外部需求和资源的技术创新系统，如图7-1所示。内部系统设有科技研发、成果转化、公共服务、企业孵化等平台，包

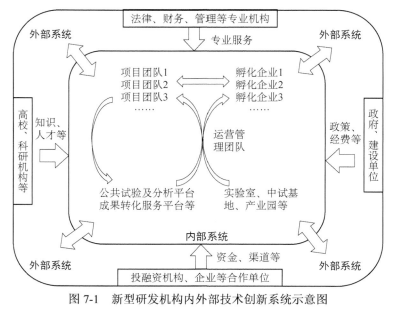

图 7-1 新型研发机构内外部技术创新系统示意图

---

① 研究院简介. https://www.zjubh.com/home/gywm/gywm/cate_id/6.html[2024-05-25].

含孵化企业、项目团队、内部管理和服务团队等要素。浙大滨海院同时与政府、高校、科研机构、行业协会，以及提供咨询、投融资、管理和法律等的专业服务机构通过各类合作建立关系网络，形成外部系统。

（二）浙大滨海院技术创新的协同网络

1.开放式编码及主轴编码

为研究协同网络结构的作用机制，本节对访谈收集得到的一手资料和多个渠道获取的二手资料进行逐句分析并贴标签，然后进行开放式编码及主轴编码，如表 7-1 所示。在编码过程中，将初始概念归纳形成 72 个初始范畴（由于篇幅原因，表 7-1 只显示了 15 个初始范畴），用 a1，a2，…，a72，表示，并将初始范畴进行后续的提炼和整合后，归纳出 15 个主范畴，用 A1，A2，…，A15 表示。根据定性研究逻辑性和推演理论对主范畴进行整合，将表述含义属于同一类别的主范畴归纳在一起，最终梳理出 5 个核心范畴，用 AA1，AA2，…，AA5 表示。

表 7-1　案例材料编码表

案例材料	编码过程		
	初始范畴	主范畴	核心范畴
首席信息官在谈到新型研发机构布局时透露，招商已成为新型研发机构的重要手段，规模为上年营业收入的1%，且看重短期的投入产出比（a1）……在机构内成长并任职的领导更倾向于"协调者"和"激励者"的领导风格。在很大程度上，他们的领导风格体现出了文化特征，即团队利益凌驾于个体绩效（a2）……随着追求稳健收益、以中长线交易为主的机构投资者逐步进入，他们对新型研发机构有着较高的投研实力要求，企业的研究进入卖方时代，产品市场成熟度进一步上升（a3）……报告总结提炼了适合浙大滨海院发展的目标模式，进而提出基于市场化、规范化和现代化发展目标的市场评价体系，分析现实与目标的差距及原因（a4）……	a1：把关项目投入产出比。a2：参与方主体利益妥协化。a3：入市产品的市场成熟度。a4：研究院考核关键	A1：风险控制（a1）。A2：各方利益分配（a2）。A3：市场准入规则（a3）。A4：项目成果评价体系（a4）	AA1：机制协助支持（A1～A4）
内部需求面临进一步下行压力、研发下行周期对机构的拖累更加明显等诸多掣肘（a5）……机构外部需求疲弱，投资气氛低迷。上半年产出总额较去年同期大幅下滑（a6）……由于市场规模有限，科研水平易受结构性影响，直接公示信息并不能很好地反映市场真实情况，也难以向市场传达准确合理的信号（a7）……深厚的产研文化和重要的交通枢纽，是新型研发机构吸引外界资源的重要竞争力（a8）……	a5：内在需求发掘。a6：引入市场化需求。a7：市场需求信息整理。a8：外界输入资源	A5：内部需求合理优化（a5）。A6：外部需求科学介入（a6）。A7：市场信息需求化（a7）。A8：资源统一整合（a8）	AA2：资源信息整合（A5～A8）

214

续表

案例材料	编码过程		
	初始范畴	主范畴	核心范畴
在公众认可市场地位之后，科研机构将迎来较好的发展契机，走向联合将成为研究中心合作联盟进一步拓展市场、获得资源、实现优势互补的重要途径（a9）……正是这次研究中心交流融合的机遇，使研发人员踏上了精准医疗的研究之路，开启了计算机科学与医学交叉学科研究的新征程（a10）……	a9：同方向研究中心专业合作。 a10：研究中心交叉学科推进	A9：相似研究中心之间提高合作力度（a9）。 A10：研究中心之间技术知识交流融合（a10）	AA3：平台共建/知识协同（A9～A10）
此次限制性激励计划有利于绑定其他主体与研究院利益，充分调动员工实现健康发展的积极性与创造性，实现利益共赢（a11）……当前发展进入新常态，呈现出了一些新特点，包括企业活力增强、科研效益明显好转、区域结构加速调整等，对提高生产积极性及扩大市场规模有着积极作用（a12）……	a11：共赢合作利益最大化。 a12：高盈利促成扩大市场	A11：利益共赢促进合作（a11）。 A12：盈利能力扩充市场（a12）	AA4：利益共赢合作（A11～A12）
实现跨平台的交流将会有效地提高科研平台的交互体验，能进一步拓展平台的社交关系，也能让平台获得的信息流进一步加大（a13）……技术科技服务网络致力于打造跨地域、跨机构的技术创新服务基础设施，这将改变目前联盟链应用的高成本局域网架构（a14）……创新中心将以研究所及工程实验室的自身品牌影响力和政府一起引入智能制造领域相关专家及企业，形成创新中心生态链（a15）……	a13：科研建设平台节点地位。 a14：跨机构多方建设。 a15：政府、企业、机构相互推动、扶持、产出	A13：机构跨平台交流（a13）。 A14：机构间合作建设平台（a14）。 A15：政企学三方协同（a15）	AA5：平台耦合效益（A13～A15）

资料来源：根据访谈材料和二手资料整理。

2. 核心编码

在对案例材料进行编码的基础上，首先对 5 个核心范畴的内涵和性质进行分析。

1）核心范畴：机制协助支持

核心范畴"机制协助支持"是指新型研发机构在技术创新过程中由于各类复杂因素影响而防止其无法运作的机制。通过对案例材料的剖析可以发现，"机制协助支持"包含"风险控制""各方利益分配""市场准入规则""项目成果评价体系"4 个主范畴。浙大滨海院在整个技术创新体系中运用各个协助机制来保障自身科学合理运作，通过利益分配机制来控制各方主体在利益上的矛盾冲突，制定市场成熟度考核体系，确保项目产业化运行，建立成果评价体系以推动内部需求和外部需求在可控性范围下优化产出。在各个支持机制的协同下，技术创新有序开展。

215

2）核心范畴：资源信息整合

核心范畴"资源信息整合"是指新型研发机构为推动技术创新的开展而建立统一化、规模化、标准化的机制。通过对案例材料的剖析可以发现，"资源信息整合"包含"内部需求合理优化""外部需求科学介入""市场信息需求化""资源统一整合"4个主范畴。浙大滨海院的技术创新结构系统涵盖了内部需求和外部需求如何转化为实际生产研究的方式，在研究中心和服务平台的辅助下，将资源、信息、技术、资金等基本要素统一集中，整合成可产可研的信息源头，为科研统筹部、市场评价部提供内在性指向和外在性驱动。外部资源作为风险型技术要素和天使型技术要素两个方式投入，在一定程度上为资源扩充和信息导向做了协同性基础。

3）核心范畴：平台共建/知识协同

核心范畴"平台共建/知识协同"是指新型研发机构在已有信息资源的基础上进一步扩充和壮大影响力范围的机制。通过对案例材料的剖析可以发现，"平台共建/知识协同"包含"相似研究中心之间提高合作力度"和"研究中心之间技术知识交流融合"2个主范畴。浙大滨海院以国家基础及重大科研项目研发、战略性新兴产业技术转化研发、传统产业技术转型升级为主要核心业务，目前已经建设成立精准医疗检测公共平台、智能制造公共平台、大数据研究服务中心、新型产业技术专利评估分析服务平台、面向新型产业的创新创业培训服务平台等，多个平台的共建和合作为技术创新提供助力。多平台协同互助，交叉学科知识协同融合，构建协同网络的重要技术知识节点，形成多网络拓扑结构。

4）核心范畴：利益共赢合作

核心范畴"利益共赢合作"是新型研发机构为确保最终盈利及利益分配的促成型机制。通过对案例材料的剖析可以发现，"利益共赢合作"包含"利益共赢促进合作"和"盈利能力扩充市场"2个主范畴。浙大滨海院开拓浙大本部资源渠道、泛浙大资源渠道、浙大合作企业资源渠道和国际化资源渠道，多渠道进行创新创业的合作扩展。盈利能力是其最终驱动力，在合作共赢战略的支撑下，在机构的保驾护航下，在市场化产业链的拉动下，项目运作，获取的利益反馈于前线市场，隐含可行性信息，促成市场再度发力，推动项目的孵化和产出稳固向前。为实现市场共建、产品共制、主体共享、利益共赢的目标，合作必不可少，在多方利益共同体的完善下达到共赢局面。

5）核心范畴：平台耦合效益

核心范畴"平台耦合效益"是新型研发机构结合多平台力量打造多层次网络结构进而协同技术创新发展的机制。通过对案例材料的剖析可以发现，"平台耦合效益"包含"机构跨平台交流"、"机构间合作建设平台"和"政企学三方协同"3个主范畴。浙大滨海院成立院士专家工作站、博士后科研工作站、天津市国际技术转移中心、天津市产业技术研究院、天津市留学生创业园、天津市众创空间等，建立多位一体综合性研发机构单位，通过与各个平台及其他机构间的合作交流，促进技术创新协同网络的纵向发展，并与政府、企业、机构共建创新创业新格局。平台交互、平台碰撞、平台耦合，多角度共促技术创新协同网络的实质性结构化完善，耦合效益在网络结构中起到节点强相互作用，构筑功能性节点，联结推动性节点。

四、研究发现

（一）技术创新的网络特征

经过扎根理论的开放式编码、主轴编码和核心编码，梳理出上述5个核心范畴，结合相关理论并从案例中提取的各概念间的逻辑关系，整合形成如图7-2所示的核心范畴的关系结构。

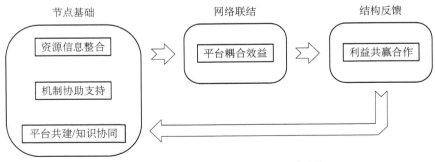

图7-2　浙大滨海院核心范畴的关系结构

"资源信息整合""机制协助支持""平台共建/知识协同"分别为浙大滨海院技术创新的资源性保障、扶助性保障、原动力保障，三者在理论层面具有一致性，在现实层面具有相关性。资源、扶助和动力是网络结构的驱动要素，在网络节点构成方面，是必不可少的基础环节。浙大滨海院运用教育、科技、人才、校友、国际、浙商优势资源，主力推动科技服务、人才培养、成果转化、科技创业、产业协同，打造集促进科技成果转化和推动区域产业创新于一体的机构单位，服务于天津市滨海新区，布局于全国科研创新网络。浙大滨海院通过资源信息、支持机制、共建平台和协同知识，构筑技术创新网络节点，着力完善技术创新网络结构，保证创新创业的开展。

"平台耦合效益"是浙大滨海院技术创新的网络化保障。顾名思义，"平台耦合效益"这一核心范畴是整个网络结构的中坚力量，联结所有网络节点，巩固联结强度和促进联结生成。浙大滨海院通过产业技术转化引领科研力量茁壮发展，利用公共平台的共享性形成前端布局，推动产业集群的广度和深度发展，扩展渠道窗口来协同区域产业和科研的尖端突破，吸纳新兴企业来孵化加速新型研发机构市场型链条的成型。

"利益共赢合作"是浙大滨海院技术创新的正反馈保障。利益共赢是多方意愿平衡的结果，是网络结构是否合理和科学的反馈信息。浙大滨海院培育创新创业团队，孵化产业化企业，进而来满足技术创新的内外部需求，加速联合培育新企业，同时搭建资本对接桥梁，提供场地、技术等配套服务，形成网络结构反馈渠道，用以检验和校准市场化导向，满足研究院自身的使命和目的。

5个核心范畴所形成的关系结构恰恰是浙大滨海院技术创新网络结构的基本雏形。"资源信息整合""机制协助支持""平台共建/知识协同"作为节点基础，紧密关联了各个节点，使得网络节点形成个性化和区域性特征；"平台耦合效益"作为网络联结，联结节点和要素，构筑以节点为主体、产业链为目的的网络结构；"利益共赢合作"作为结构反馈，将节点形成的网络联结所得反馈回节点，促成节点成长性发展，推动网络结构扩张和完善。

（二）技术创新的协同网络结构

在运用扎根理论整合初始范畴、主范畴、核心范畴并梳理核心范畴关系结构的基础上，结合实际情况，进一步对新型研发机构技术创新的协同网络结构进行了归纳和总结，如图 7-3 所示。

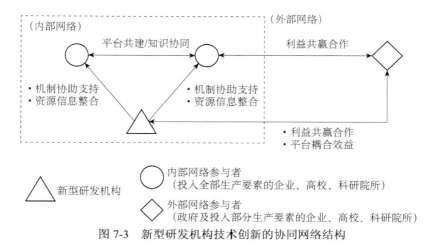

图 7-3　新型研发机构技术创新的协同网络结构

　　技术创新所需要的生产要素不仅仅是资金、技术、知识，还包括人才、政策、信息、市场化需求等，内部系统所涉及的项目团队、孵化企业、试验平台、中试基地等投入各个种类的生产要素，而外部系统所涉及的投融资机构等合作单位、政府、高校等仅投入部分种类的生产要素，两类个体代表不同网络构成。鉴于内外部技术创新系统的实际运作，并结合扎根理论调研内容及归纳而得的核心范畴关系结构，将新型研发机构技术创新协同网络结构中的主体归纳为三个，一是新型研发机构自身，二是内部网络参与者（将投入全部生产要素的企业、高校、科研院所概括为内部网络参与者），三是外部网络参与者（将政府及投入部分生产要素的企业、高校、科研院所概括为外部网络参与者）。新型研发机构与内部参与者形成内部协同网络，对内部参与者有着协同作用，而内部参与者之间相互存在协同关系，相互影响、相互促进。外部参与者通过内外协同的联结性与新型研发机构构成促进关系，又与内部参与者存在相互关系，共同构成内外部协同网络联系的桥梁。

　　在内部网络中，新型研发机构通过"资源信息整合""机制协助支持"来为内部网络参与者提供服务。"资源信息整合"是新型研发机构和内部网络参与者处理信息、整合资源、传递需求的重要路径，搭建生产要素转化为成果的平台，以整合为手段、转化为目的的资源信息流通率显著提升，促成内部网络参与者创新孵化、科技成果转化、产业产出。"机制协助支持"是新型研发机构为内部网络参与者的孵化、转化、产出保驾护航的重要手段，各种机制协作保障了需求产业化输出，确保了机构风险可控化运营，维护了科研市场平衡性。内部网络参与者之间通过"平台共建/知识协同"来相互促进和影响。企业、高校、科研院所三者的平台基础、知识体系有所雷同又不尽相同，在三者平台共建、知识共享的支撑下，推动内部网络参与者协同式发展。

在外部网络中，内部网络参与者和外部网络参与者通过"利益共赢合作"来增强联系。外部网络参与者只投入部分生产要素，仅仅是投资行为、科研合作的网络介入，考虑的是利益的分配和合作的力度。在利益驱使原则下，合作共赢是内外部网络交界成熟度提升的媒介，同样作用于协同网络结构交织融合，促进内部网络参与者与外部网络参与者的渗透性作用发展。新型研发机构与外部网络参与者之间围绕"利益共赢合作"和"平台耦合效益"协同运作。与前文类似，合作共赢是共性协同机制，两者谋求共同的目的和原则，相互促进发展、共产共研。机构平台、外部网络平台、协同平台在整个技术创新网络结构中是战略性组成，构成协同网络复合型平台，其中的耦合效益构筑内外部协同网络另一座桥梁，联结网络关卡，用以增加节点互动、增强内外网络流量。

五、小结

本节通过运用扎根理论，结合浙大滨海院技术创新结构系统的案例，归纳出浙大滨海院协同网络结构核心范畴，整合出核心范畴关系结构，构建出新型研发机构技术创新协同网络结构：以"机制协助支持"为扶助性保障，以"资源信息整合"为资源性保障，以"平台共建/知识协同"为原动力保障，以"利益共赢合作"为正反馈保障，以"平台耦合效益"为网络化保障；以资源信息、支持机制、平台及知识为节点基础，以平台耦合为网络联结，以利益共赢为结构反馈，搭载核心范畴关系系统。内部网络参与者、外部网络参与者、机构本身三者共合作共运营，推动新型研发机构网络化协同发展。

第二节　新型研发机构网络协同创新运行机理分析

新型研发机构作为一个创新组织，需要从环境中获得各种资源，以此来维持自身生存（Pfeffer and Salancik，1978）。对机构而言，资源是不同的创新主体参与机构建设运行的契机，但由于不同创新主体所拥有的资源不同，新型研发机构作为主体间融合的平台，是否能够高效整合各项资源影响着机构创新绩效的产出（王巉祐和孟溦，2019）。在协同网络中，当创新资源集聚，要进一步利用好资源，新型研发机构还需要对资源进行协同管理。区别于原始创新、集成创新，新型研发机构对创新资源管理的本质是实现管理创新，创新协同机制以实现新型研发机构的核心功能（夏太寿和李子萤，2014）。协同机制是新型研发机构为了保持稳定运作、实现可持续发展、促进协同创新而形成的机制，从本质上推动机构的各主体协同运作。协同机制内涵较广，对于新型研发机构而言，其协同机制可以认为是用人机制、利益分配机制、风险控制机制、知识协同机制和市场机制等多种机制的耦合（陈劲和阳银娟，2012），多种机制协同运作以确保机构瞄准市场需求输出成果，降低运营风险。可以认为，资源整合、协同机制通过协同网络促进新型研发机构创新绩效的产出，以进一步实现机构的高效运作。

本节将依托资源依赖理论和协同理论，构建新型研发机构网络协同创新模型，进一步挖掘探讨协同机制、资源整合如何通过影响协同网络之中各创新主体参与网络的意愿与主体间的网络关系，进而影响新型研发机构创新绩效，明晰绩效的提升路径，继续对新型研发机构网络化协同的内在逻辑和机理进行解析。

一、理论回顾与研究假设

创新绩效是新型研发机构网络协同创新最重要的结果导向指标，它反映了新型研发机构发展的优劣情况，也是判断协同网络是否科学建立、有效启用的关键要素（李润宜，2019；宋炳宜，2020；Sorenson and Waguespack，2005）。新型研发机构被赋予了创新、创业两大功能，科研与产业一体也是新型研发机构的显著特征：基于市场化定位，以科研成果的应用、产业化和商业化为目标，以衍生新企业或产业升级为导向（曾国屏和林菲，2014；张守华，2017）。故要完整地评价新型研发机构创新绩效，需要从科研成果、科技产出、经济效益等几方面，综合考察机构创新产出水平：科研成果主要考察论文、专著、基金课题、重大项目等成果；科技产出主要考察技术更新、产品研发、设备生产及发明专利等产出；经济效益主要考察新型研发机构技术转让、技术开发、技术咨询、技术服务的收入水平（简称"四技收入"）。提升新型研发机构创新绩效是机构实现独立行走的必要环节，也是机构运作的最终目的。本节以机构创新绩效提升为主要目标，将机构绩效作为因变量研究协同网络作用下资源整合、协同机制对机构绩效的影响，进而探索机构网络协同创新运作机理。

（一）网络关系和创新绩效

组织网络合作关系是提高组织竞争力的途径，建立在紧密联系网络基础上的知识传递是获取创新能力、提高绩效的关键。以新型研发机构为核心的协同网络是机构联合各创新主体的基础。在整个协同创新网络中，新型研发机构扮演着连接各创新主体、保障信息沟通与资源流动顺畅的"桥梁"角色；机构同时也可以从网络中获得所需要的外部资源和知识以供自身发展（刘言言，2018；张雨棋，2018）。机构与其他协同主体之间的网络关系决定了协同网络的整体创新成效。本节将新型研发机构网络关系定义为主体数量、沟通程度、信息流通、合作利益四个方面，强的网络关系具体表现为：参与协同网络的主体数量较多，主体间相互接触沟通时间长、程度深入、联系紧密，沟通渠道畅通、信息透明，各个主体通过参与网络可获得更多利益等（刘笑可，2019；Cantono and Silverberg，2009；Li and Kang，2012）。

对于新型研发机构而言，网络关系在网络协同创新中体现了网络的强度和韧度，是对多方协同主体是否有效沟通、是否共赢的考量（刘言言，2018）。在保证网络协同创新的利益驱动、合作运营不被扰乱的情形下，网络关系既提升了机构自身的科研实力水准和企业运作能力，也对机构绩效形成了推动和促进作用。网络关系决定了协同网络的整体创新成效。强网络关系可以使机构更好地发挥协同机制作用，整合创新资源。建立在此基础上，本节提出以下假设。

H1：网络关系对创新绩效有正向影响。

（二）协同主体合作意愿、网络关系和创新绩效

新型研发机构网络协同创新依托各协同主体参与创新网络的搭建，这些协同主体既包括政府、高校等非营利组织，也涵盖各行各业的企业、金融机构等营利性单位。协同主体被认为是新型研发机构网络协同创新体系中各类资源的主要来源，其参与协同创新合作的意愿必将影响网络的构建和创新绩效的产出水平。参考过往研究，将协同主体合作意愿定义为新型研发机构在构建和维护网络协同创新过程中，与协同主体之间合作的倾向性及相互信任的程度，具体表现为：合作前期，协同主体是否愿意与新型研发机构建立合作关系；合作中期，机构与协同主体间是否有充分的相互信任；合作的结果是否令人满意，机构与协同主体是否进行下一步或深层次合作（刘言言，2018；张雨棋，2018；刘笑可，2019）。

主体间的合作意愿是搭建协同网络体系的重要因素，影响着网络关系的强度、韧度（张雨棋，2018）。已有研究证实了提高合作意愿对网络关系的加强作用（闫莹和赵公民，2012），可见机构与协同主体间良好的信任关系可以营造出稳健的协同创新网络，网络的稳定又反作用于机构本身的发展，促进绩效的有效开展和产出，同时已有协同主体对当前合作关系的信任程度与满意程度会对创新绩效的产出产生影响，可以认为合作意愿的满意与否是机构绩效的侧面映照，满意的合作对创新绩效存在一定的共赢提升。建立在此基础上，本节提出以下假设。

（1）H2：协同主体合作意愿对网络关系有正向影响。

（2）H3：协同主体合作意愿对创新绩效有正向影响。

（三）资源整合和创新绩效

资源整合是新型研发机构的主要特征之一（何帅和陈良华，2019）。对于新型研发机构而言，资源整合是指机构能够获取到的自身发展所需要的各类资源，包括信息、知识、资本、人才等，同时利用自身能力对上述资源加以

进一步识别、提炼、融合、转化，来为网络协同创新提供更好的服务水平和发展空间，从而使网络协同进一步反馈于机构自身发展。一般认为，新型研发机构的资源整合能力，包括资源获取能力、资源规划能力、资源管理能力及资源合作能力等（李润宜，2019；宋炳宜，2020）。

已有研究表明，对于开放式创新组织而言，资源是开展一切学术活动、科研产出、成果转换的基础性要素，资源整合是提升自身竞争力的有效途径（Perkmann and Walsh，2007）。对资源的获取、利用、管理能力影响着机构运作效率，也影响着以新型研发机构为核心的产学研合作是否有效开展，资源整合的有效性是提高机构绩效的关键动作（Sorenson and Waguespack，2005）。可以认为，新型研发机构通过强化资源整合能力以直接提高自身绩效。建立在此基础上，本节提出以下假设。

H4：资源整合对创新绩效有正向影响。

（四）资源整合、网络关系和协同主体合作意愿

不同的协同主体具备不同的创新资源，出于不同的目的参与以新型研发机构为核心的协同网络。在进行协同创新的过程中，新型研发机构要对这些资源进行整合。资源整合的本质就是机构对其他协同创新主体的创新资源进行调动、支配的过程。在相关利益的驱动下，协同主体作为创新资源的提供方，参与协同网络的构建，并创造出新的创新价值（Mele et al.，2010）。新型研发机构资源整合能力决定了协同创新的最终成果，这会反映在协同主体参与协同网络建设的意愿上：一个具备优良资源整合能力的新型研发机构更容易受到协同主体的青睐，也更有意愿建立合作共赢的目标要求（张伟，2009），可见资源整合能力会影响到协同主体的合作意愿。此外，整合优良的资源对协同网络中各协同主体间网络关系的维护也有正向影响（Autio，1998）：优质的创新资源搭配机构良好的资源整合能力，能够实现资源在协同主体间顺畅流动，在一定程度上对主体间网络联系的强度起到正反馈作用，更好地凝聚创新力量，促进网络协同创新的开展。可以认为，机构的资源整合能力不但对机构自身的创新绩效产生影响，而且对网络协同创新的构建和运行产生影响。建立在此基础上，本节提出以下假设。

（1）H5：资源整合对网络关系有正向影响。

（2）H6：资源整合对协同主体合作意愿有正向影响。

（五）协同机制和创新绩效

有别于传统研发机构，新型研发机构面向市场，以企业化方式运作，各项业务的开展较大程度地依赖于机构创新协同机制。新型研发机构协同机制是指机构为了保持自身稳定运作、可持续发展及促进网络协同创新发展而制定并贯彻落实的制度与安排（何帅和陈良华，2019）。从本质上来看，协同机制推动着新型研发机构内部的各个体项协同管理和协同运营，并从外源上协助网络协同创新创建出合理的节点和链接路径，促使网络协同反制于新型研发机构，提升机构创新创造能力，推动区域"双创"水平发展。协同机制是新型研发机构运作发展的支柱性要素，现有研究赋予了协同机制较多的内涵，基于机构内部运作与外部协同发展的要义，将新型研发机构协同机制分为用人机制、利益分配机制、知识协同机制、市场机制、风险控制机制5个维度（李润宜，2019；刘笑可，2019；Yusuf，2008；夏太寿等，2014）。

协同机制作为一个相对复杂的、多维度的变量，综合考察了机构如何用人、如何分配利益、如何协同知识体系、如何控制风险、如何把握市场环境。具体来说，机构内部需要科学有效的用人机制与利益分配机制来引进高水平、多元化的人才，并激励高素质人才发挥创新活力，以实现创新绩效的产出。同时，为了维护稳定的协同创新网络，保持与协同主体的知识往来，机构需要制定稳定的知识协同机制，发挥协同网络作用，进一步推动机构创新效益的提高。面对变化莫测的市场环境，机构则要建立良好的市场机制与风险控制机制，及时对接市场需求，灵活适应市场环境，规避风险，实现自身利益的最大化。建立在此基础上，本节提出以下假设。

H7：协同机制对创新绩效有正向影响。

（六）协同机制、网络关系和协同主体合作意愿

网络协同创新本质上是一个基于多主体的、复合型的协同机制运作过程。纵观新型研发机构协同网络体系，协同主体之间的网络关系搭接着各协同机制，使得各协同主体依托协同机制联结为一体，新型研发机构调节协同机制，发挥协同作用，促使各个协同主体间构建起更紧密的合作关系。良好

的协同创新依托一个能够引进人才、懂得利益分配、善于协同知识、能够控制风险、懂得分析市场趋势的新型研发机构，由此产生的协同创新网络才能吸引有合作意愿的创新主体参与协同创新，这样的合作才能具备一定的稳固性和满意度。建立在此基础上，本节提出以下假设。

（1）H8：协同机制对网络关系有正向影响。

（2）H9：协同机制对协同主体合作意愿有正向影响。

（七）协同主体合作意愿和网络关系的中介效应作用

网络关系、协同主体合作意愿在资源整合和协同机制促进创新绩效中起着中介作用。通过网络关系和协同主体合作意愿构建起协同网络，可以实现资源的流动和活动制度的实施，强化新型研发机构资源整合、协同机制所发挥的作用，使得创新绩效进一步提高。建立在此基础上，本节提出以下假设。

（1）H10：资源整合通过协同主体合作意愿、网络关系的中介作用影响创新绩效，即协同主体合作意愿、网络关系在资源整合对创新绩效的影响中起中介效应作用。

（2）H11：协同机制通过协同主体合作意愿、网络关系的中介作用影响创新绩效，即协同主体合作意愿、网络关系在协同机制对创新绩效的影响中起中介效应作用。

基于上述研究假设，构建了新型研发机构网络协同创新模型（图7-4），包含自变量——资源整合、协同机制，因变量——创新绩效，中介变量——协同主体合作意愿、网络关系。其中，协同机制进一步分为用人机制、利益分配机制、知识协同机制、风险控制机制和市场机制5个维度。

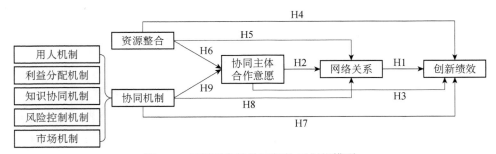

图7-4　新型研发机构网络协同创新模型

二、研究方法与数据获取

（一）变量设计与测度

本节采取问卷调查法来评估新型研发机构运行情况，所有题项均采用 Likert7 级量表形式，数值 1～7 代表同意程度。测量题项（表 7-2）包括以下几个方面。

（1）自变量为资源整合和协同机制。资源整合的测量结合 Moulaert 和 Cabaret（2006）、Perkmann 和 Walsh（2007）、张伟（2009）、苟尤钊和林菲（2015）等学者的研究，设计了包括机构能获取到足够的外部资源等 4 个测量题型。协同机制的测量结合宋炳宜（2020）、Cantono 和 Silverberg（2009）、Yusuf（2008）等学者的研究，在用人机制层面设计了包括机构能建立合理的人才引进制度来吸引充足的人才等三个测量题项；在利益分配机制层面设计了包括机构在协同网络中利益分配的计算方法清晰，能准确计算利益等三个测量题项；在知识协同机制层面设计了包括机构能与协同对象相互分享知识，用以知识创新或技术创新等三个测量题项；在风险控制机制层面设计了包括机构有能力和方法来规避和减少创新活动中的风险等三个测量题项；在市场机制层面设计了包括机构能将外部市场信息充分消化，来调整机构自身运行的走向等三个测量题项。协同机制变量共设计 15 个测量题项。

（2）因变量为创新绩效。创新绩效的测量结合李润宜（2019）、Crow 和 Bozeman（1987）、Lee 和 Om（1996）等学者的研究，设计了机构的"四技收入"多等三个测量题项。

（3）中介变量为网络关系和协同主体合作意愿。网络关系的测量结合了刘笑可（2019）、Li 和 Kang（2012）、Gao 等（2014）学者的研究，设计了协同网络中各个主体相互接触沟通时间长、程度深入、联系紧密等 4 个测量题项。协同主体合作意愿的测量结合刘言言（2018）、张雨棋（2018）、陈红梅（2016）等学者的研究，设计了机构对协同合作的其他主体有充分的信任等 4 个测量题项。

表 7-2　研究变量题项表

研究变量维度	题项编码	题项内容
资源整合	RI1	机构能获取到足够的外部资源
	RI2	机构能合理有效规划各类资源，使资源在涉及产业中合理分配

续表

研究变量维度	题项编码	题项内容
资源整合	RI3	机构能科学管理各类资源，使资源利用率最大化
	RI4	机构自身拥有独有资源，可以与外界主体进行合作
用人机制	TD1	机构能建立合理的人才引进制度来吸引充足的人才
	TD2	机构能将引进的人才科学培养，使人才发挥最大价值
	TD3	机构能为人才提供足够的成长空间，使人才进一步提升
利益分配机制	PD1	机构在协同网络中利益分配的计算方法清晰，能准确计算利益
	PD2	机构选用的利益分配结构较为合理
	PD3	机构在利益分配时考虑到各自劳动贡献量和承担风险量
知识协同机制	KC1	机构能与协同对象相互分享知识，用以知识创新或技术创新
	KC2	机构与协同对象传递创新知识与技术的沟通渠道畅通
	KC3	机构研发及产业化内容具有一定关联性，或在相关产业链上知识可以模块化
风险控制机制	RM1	机构有能力和方法来规避和减少创新活动中的风险
	RM2	机构与其他协同主体间的合作风险合理分担
	RM3	机构有措施来弥补协同网络的合作风险，来减少损失
市场机制	MM1	机构能将外部市场信息充分消化，来调整机构自身运行的走向
	MM2	机构能有效把握协同网络的市场走向
	MM3	机构能面对变化的市场环境进行市场机制的灵活调整
网络关系	NR1	协同网络中各个主体相互接触沟通时间长、程度深入、联系紧密
	NR2	协同网络的沟通渠道较畅通，信息较为透明
	NR3	协同网络中的各个主体在相互沟通合作过程中获得更多利益
	NR4	参与协同网络的主体数量较多
协同主体合作意愿	CW1	机构对协同合作的其他主体有充分的信任
	CW2	协同主体对合作结果比较满意
	CW3	协同主体想进行下一步合作或者更深层次的合作
	CW4	协同主体想与新主体建立合作关系
创新绩效	PE1	机构的"四技收入"多
	PE2	机构的科技成果产出多（比如技术更新、产品研发、设备生产及发明专利等）
	PE3	机构的科研成果产出多（比如论文、专著、基金课题、重大项目等）

（二）数据收集

本节采用整群抽样和分层抽样的方法进行数据收集。选择浙江大学工业技术转化研究院下属各研究院、浙江大学国际创新研究院等新型研发机构进行问卷调研，覆盖浙江、天津、江苏、山东、内蒙古等十多个省份。问卷由机构下发给管理层面、技术层面的人员进行填写，保障了调研的专业性、有效性。历经3个月的实地调研和线上收集，共回收问卷198份，剔除无效问卷和不标准问卷共7份，合计有效问卷191份，有效回收率达96.5%。

在调查对象中，男性占比为71.2%，女性占比为28.8%；年龄分布主要集中在"30～39岁"年龄段（51.3%），"30岁以下""40～49岁"和"50岁及以上"年龄段分别占比17.3%、26.7%和4.7%；工作职务类型主要为"新型研发机构中的运营管理人员"（28.3%）和"新型研发机构中的技术人员"（26.2%），其余类型如"入驻企业或孵化企业的管理人员""入驻企业或孵化企业的技术人员""对接机构的政府层人员""其他类型人员"占比分别为18.3%、14.7%、8.4%和4.1%。

（三）研究方法

新型研发机构的整个网络协同创新是一个复杂而庞大的体系，涉及机构本身（包括内部的研究团队、入驻企业、服务平台等的运作、协同、产出）、不同的主体（包括新型研发机构自身、高校、科研机构等科研类主体，政府、建设单位等支持类主体，投融资机构、企业等合作类主体，法律、财务、管理等专业类机构）、协同网络（各个创新的环节和节点形成的网络体系）等，一个运作优良的网络体系能使新型研发机构健康、可持续发展，使区域"双创"能力得到提升，而通过结构方程模型能将各类因素、体系节点和网络搭建起来，从而来研究网络协同创新运行机理。故本节拟构建结构方程模型来针对新型研发机构的网络协同创新进行因素分析和机理构造。

三、数据分析

（一）描述性统计分析结果

首先，对调查问卷中的网络协同创新题项进行描述性统计分析。由于后续数据分析过程需要用到的研究方法要求数据为正态分布数据（吴明隆，2010），在此先验证数据是否服从正态分布，主要考查偏度和峰度两个统计量。偏度表现为数据的偏移程度，偏度值为0表示该分布为正态分布，正值左偏，负值则右偏；峰度表现为数据的曲线平缓程度，峰度值为0则表示该分布为正态分布，正值更陡峭，负值则更平缓（卢纹岱和朱红兵，2015）。一般而言，准确的方法是运用显著性检验，以 Z 检验来检验偏度值和峰度值是否显著不等于0。当偏度值和峰度值的 Z 值绝对值小于1.96时（α 设定为0.05），即 $p>0.05$，方可认为数据服从正态分布（邱皓政和林碧芳，2009）。

网络协同创新题项的描述性统计结果表明：本节所有题项的均值介于4.67和6.21之间，标准差介于0.93和2.31之间；所有变量的题项均通过 Z 检验（即显著性 $p>0.05$），表明样本数据基本满足正态分布的要求，可以进一步进行结构方程模型分析（表7-3）。

表7-3 样本网络协同创新题项的描述性统计表（样本总量为191）

变量	题项编号	最小值	最大值	均值	标准差	偏度值 Z检验	峰度值 Z检验
资源整合	RI1	1	7	5.48	1.14	0.116	0.078
	RI2	1	7	5.11	1.34	0.103	0.080
	RI3	2	7	4.97	1.56	0.087	0.069
	RI4	2	7	5.06	1.63	0.076	0.081
协同机制	TD1	1	7	5.65	0.99	0.067	0.101
	TD2	1	7	5.76	1.43	0.121	0.098
	TD3	3	7	5.44	1.61	0.110	0.121
	PD1	1	7	5.61	0.93	0.103	0.190
	PD2	1	7	5.34	1.89	0.132	0.061
	PD3	1	7	6.14	0.96	0.079	0.083
	RM1	2	7	4.88	1.32	0.110	0.143
	RM2	1	7	4.76	1.56	0.154	0.150
	RM3	1	7	5.78	1.76	0.100	0.109
	KC1	1	7	5.01	2.03	0.088	0.132
	KC2	2	7	5.23	1.90	0.123	0.187
	KC3	1	7	5.27	1.76	0.101	0.074

续表

变量	题项编号	最小值	最大值	均值	标准差	偏度值 Z检验	峰度值 Z检验
协同机制	MM1	1	7	6.21	1.83	0.139	0.118
	MM2	2	7	4.67	1.24	0.152	0.122
	MM3	1	7	4.99	1.55	0.166	0.095
网络关系	NR1	1	7	5.37	1.74	0.121	0.083
	NR2	1	7	5.48	1.42	0.091	0.107
	NR3	3	7	5.77	1.29	0.090	0.178
	NR4	2	7	5.63	1.05	0.085	0.102
协同主体合作意愿	CW1	2	7	5.34	1.38	0.108	0.086
	CW2	1	7	4.89	1.80	0.111	0.099
	CW3	2	7	5.09	2.15	0.104	0.075
	CW4	2	7	5.11	2.31	0.095	0.086
创新绩效	PE1	2	7	5.67	2.11	0.142	0.115
	PE2	2	7	5.88	1.09	0.080	0.107
	PE3	2	7	5.56	1.99	0.097	0.120

（二）验证性因素分析

验证性因素分析（confirmatory factor analysis，CFA）是基于特定理论观点或概念框架，借助数学工具来评估该理论观点所构成的计算模型是否适当、合理（吴明隆，2010）。从验证性因素分析来判断模型适配度是否良好，主要考查绝对适配度指数和增值适配度指数。绝对适配度指数包含的统计检验量较多，选择其中较为重要的5个：卡方值（χ^2）、卡方自由度比（χ^2/df）、均方根误差逼近度（root mean square error of approximation，RMSEA）、拟合优度指数（goodness of fit index，GFI）、修正拟合优度指数（adjusted goodness of fit index，AGFI）进行测度。本节还将计算并呈现各个验证性因素分析模型的回归系数估计值，其中包含非标准化回归系数、标准化回归系数、临界比（C.R.）、显著性 p 值四项内容，为后文信度和效度的分析做铺垫。

1. 资源整合验证性因素分析

构建资源整合 CFA 模型，适配度指数及回归系数估计如表 7-4 所示，其中适配度指数均满足适配标准；RI1、RI2、RI3、RI4 四个变量的标准化回归系数估计分别为 0.853、0.692、0.801、0.764，均在 0.500～0.950，表明模型的适配度良好。

表 7-4　资源整合 CFA 模型的适配度指数及回归系统估计汇总表

适配度指数					
统计检验量	卡方值	卡方自由度比	RMSEA	GFI	AGFI
适配标准	$p > 0.050$	1～5	<0.080	>0.900	>0.900
结果数据	8.462 ($p = 0.109 > 0.050$)	4.231	0.059	0.962	0.914
适配判断	是				

回归系数估计				
路径	非标准化回归系数	标准化回归系数	临界比	p 值
RI1←资源整合	1.000	0.853	—	—
RI2←资源整合	0.883	0.692	3.011	**
RI3←资源整合	0.931	0.801	4.761	**
RI4←资源整合	0.912	0.764	10.464	***

注：***表示 $p < 0.001$；**表示 $p < 0.010$。

2. 协同机制验证性因素分析

首先构建协同机制的一阶 CFA 模型，适配度指数及潜在变量相关系数估计汇总如表 7-5 所示，适配度指数均满足适配标准，表明模型具有良好的适配度，而考量五个潜在变量的协方差估计值时，五组因素之间的相关系数均在 0.750 以上，表明这五个因素间有着更高一阶的共同因素存在，因此需要构建协同机制的二阶（FA 模型），这一结论也与本节的协同机制变量设计相吻合，即用人机制、利益分配机制、风险控制机制、知识协同机制、市场机制 5 个潜在变量受更高阶的潜在变量协同机制影响。

表 7-5　协同机制一阶 CFA 模型适配度指数及潜在变量相关系数估计汇总表

适配度指数					
统计检验量	卡方值	卡方自由度比	RMSEA	GFI	AGFI
结果数据	338.481 ($p = 0.067 > 0.050$)	4.231	0.070	0.912	0.966

续表

适配度指数	
适配判断	是

潜在变量相关系数估计	
相关对象	相关系数估计值
用人机制↔利益分配机制	0.779
利益分配机制↔风险控制机制	0.842
风险控制机制↔知识协同机制	0.877
知识协同机制↔市场机制	0.781
用人机制↔风险控制机制	0.809
利益分配机制↔知识协同机制	0.751
风险控制机制↔市场机制	0.773
用人机制↔知识协同机制	0.801
利益分配机制↔市场机制	0.765
用人机制↔市场机制	0.882

基于上述结论，接着构建出协同机制的二阶 CFA 模型，适配度指数及回归系数估计如表 7-6 所示，可以发现各项指标与一阶验证性因素分析相同，均满足适配标准，15 个观察变量的标准化回归系数介于 0.638 和 0.897 之间，处于 0.500～0.950，模型的适配度良好。

表 7-6 协同机制的二阶 CFA 模型适配度指数及回归系数估计汇总表

适配度指数					
统计检验量	卡方值	卡方自由度比	RMSEA	GFI	AGFI
结果数据	359.635 (p=0.067>0.050)	4.231	0.070	0.912	0.966
适配判断	是				

回归系数估计				
路径	非标准化回归系数	标准化回归系数	临界比	p 值
用人机制←协同机制	1.000	0.875	—	—
利益分配机制←协同机制	1.223	0.899	15.532	***
风险控制机制←协同机制	0.791	0.618	18.129	***

回归系数估计				
路径	非标准化回归系数	标准化回归系数	临界比	*p* 值
知识协同机制←协同机制	0.862	0.789	13.252	***
市场机制←协同机制	0.811	0.633	11.251	***
TD1←用人机制	1.000	0.841	—	—
TD2←用人机制	0.873	0.672	20.235	***
TD3←用人机制	0.901	0.773	29.367	***
PD1←利益分配机制	1.000	0.741	—	—
PD2←利益分配机制	1.180	0.859	31.378	***
PD3←利益分配机制	1.085	0.826	23.182	***
RM1←风险控制机制	1.000	0.638	—	—
RM2←风险控制机制	1.073	0.734	19.989	***
RM3←风险控制机制	1.104	0.753	24.720	***
KC1←知识协同机制	1.000	0.897	—	—
KC2←知识协同机制	0.930	0.841	12.209	***
KC3←知识协同机制	0.984	0.880	20.235	***
MM1←市场机制	1.000	0.817	—	—
MM2←市场机制	0.801	0.682	18.940	***
MM3←市场机制	0.856	0.743	19.982	***

注：***表示 *p* <0.001。

3. 网络关系验证性因素分析

构建网络关系 CFA 模型，适配度指数及回归系数估计如表 7-7 所示，适配度指数均满足适配标准，NR1、NR2、NR3、NR4 四个变量的标准化回归系数分别为 0.736、0.832、0.820、0.702，均在 0.500～0.950，表明模型的适配度良好。

表 7-7　网络关系 CFA 模型适配度指数及回归系数估计汇总表

适配度指数				
统计检验量	卡方值	卡方自由度比	RMSEA	GFI	AGFI
结果数据	8.037（*p*=0.179＞0.050）	4.018	0.067	0.923	0.956

续表

适配判断	是			

回归系数估计

路径	非标准化回归系数	标准化回归系数	临界比	*p* 值
NR1←网络关系	1.000	0.736	—	—
NR2←网络关系	1.319	0.832	10.346	***
NR3←网络关系	1.297	0.820	9.737	***
NR4←网络关系	0.875	0.702	11.634	***

注：***表示 *p*<0.001。

4. 协同主体合作意愿验证性因素分析

构建出协同主体合作意愿 CFA 模型，适配度指数及回归系数估计如表 7-8 所示，适配度指数均满足适配标准，CW1、CW2、CW3、CW4 四个变量的标准化回归系数分别为 0.762、0.731、0.817、0.774，均在 0.500～0.950，表明模型的适配度良好。

表 7-8　协同主体合作意愿 CFA 模型适配度指数及回归系数估计汇总表

适配度指数

统计检验量	卡方值	卡方自由度比	RMSEA	GFI	AGFI
结果数据	4.736 (*p*=0.078>0.050)	2.368	0.0623	0.974	0.947
适配判断	是				

回归系数估计

路径	非标准化回归系数	标准化回归系数	临界比	*p* 值
CW1←协同主体合作意愿	1.000	0.762	—	—
CW2←协同主体合作意愿	0.883	0.731	17.989	***
CW3←协同主体合作意愿	1.329	0.817	21.377	***
CW4←协同主体合作意愿	1.137	0.774	13.385	***

注：***表示 *p*<0.001。

5. 创新绩效验证性因素分析

本节构建出创新绩效 CFA 模型，创新绩效验证性因素分析模型为饱和模型。适配度指数及回归系数估计如表 7-9 所示，适配度指数均满足适配标准，PE1、PE2、PE3 三个变量的标准化回归系数分别为 0.739、0.876、0.913，均在 0.500～0.950，表明模型的适配度良好。

表 7-9　创新绩效 CFA 模型适配度指数及回归系数估计汇总表

适配度指数					
统计检验量	卡方值	卡方自由度比	RMSEA	GFI	AGFI
结果数据	—	—	0.053	0.972	0.934
适配判断	—	—	是	是	是

回归系数估计				
路径	非标准化回归系数	标准化回归系数	临界比	p 值
PE1←创新绩效	1.000	0.739	—	—
PE2←创新绩效	1.272	0.876	16.209	***
PE3←创新绩效	1.385	0.913	14.387	***

注：***表示 $p<0.001$。

（三）信度和效度分析

信度指测量结果的一致性或稳定性，表示测量的可靠程度。测量的误差越大，测量的信度越低。鉴于 Cronbach's α 系数适用于项目多重积分的问卷数据，采用 Cronbach's α 系数来进行信度分析（邱皓政和林碧芳，2009）。效度指测量的准确性，效度越高，则测量的结果越能反映测量内容的真实特征，主要采用聚合效度来对题项进行效度检测，检验结果如表 7-10 所示。资源整合、协同机制、网络关系、协同主体合作意愿和创新绩效的量表 Cronbach's α 系数均大于 0.700，信度较高，测量题项具有较好的一致性；各项的平均方差提取（average variance extracted，AVE）值均达到 0.500 的标准，聚合效度良好。综上所述，量表设计合理，具有一定的测量准确性。

表 7-10　潜在变量的聚合效度检验汇总表

潜在变量		Cronbach's α 系数	信度程度	AVE 值	效度程度
资源整合		0.743	可接受	0.608	良好
协同机制	总体	0.761	0.596	良好	可接受
	用人机制	0.835	0.585	良好	良好
	利益分配机制	0.792	0.656	良好	可接受
	风险控制机制	0.811	0.504	良好	良好
	知识协同机制	0.879	0.762	良好	良好
	市场机制	0.896	0.562	良好	良好
网络关系		0.805	良好	0.600	良好
协同主体合作意愿		0.750	可接受	0.595	良好
创新绩效		0.796	可接受	0.716	良好

（四）结构方程模型分析

1. 模型整体检验

根据前文提出的研究模型和变量设计，构建出新型研发机构网络协同创新的完整结构方程模型，如图 7-5 所示。该示意图是基于 AMOS 22.0 软件的原始模型，后续将对模型进行修正。原始模型以资源整合、协同机制为自变量，创新绩效为因变量，网络关系、协同主体合作意愿为中介变量，其中协同机制为外因潜在变量（也为二阶潜在变量），用人机制、利益分配机制、知识协同机制、市场机制、风险控制机制五个潜在变量为协同机制对应的内因潜在变量。

2. 模型修正及确定

经过多次修正后，得到多次修正模型，如图 7-6 所示。初始模型和多次修正模型，多了 7 条误差项的共变关系，自由度从 393 减少到 386。通过 AMOS 22.0 软件再次运行计算，初始模型和多次修正模型的适配度如表 7-11 所示。多次修正模型的适配度指数均满足适配标准，整体而言模型适配度效果理想，外在质量较高。

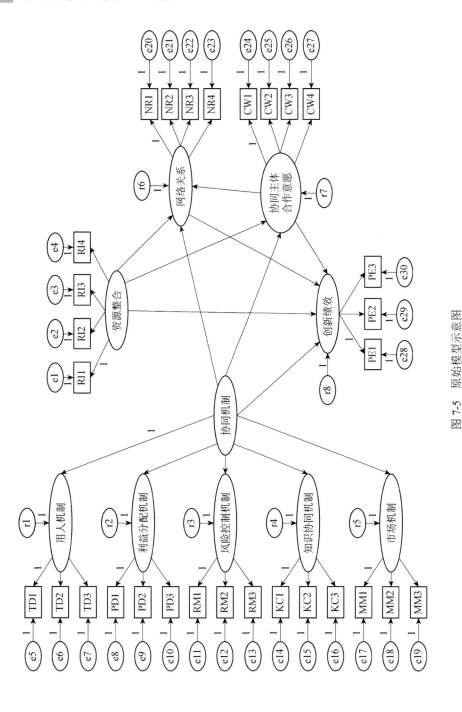

图 7-5 原始模型示意图

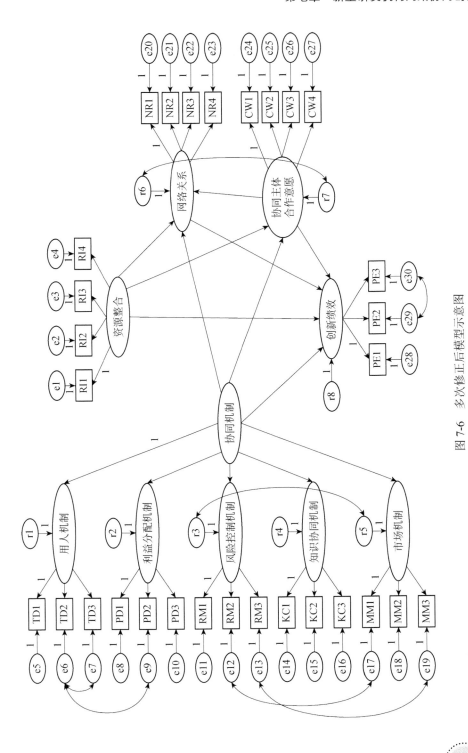

图 7-6 多次修正后模型示意图

表 7-11　模型整体适配度检验结果对比

统计检验量	卡方值	卡方自由度比	RMSEA	GFI	AGFI
多次修正模型指标值	1023.286 (p=0.061＞0.050)	2.651	0.079	0.976	0.971
初始模型指标值	2284.509 (p=0.045＜0.050)	5.813	0.090	0.951	0.942

再次对多次修正模型进行参数估计，潜在变量间回归系数估计结果如表 7-12 所示。在删除"创新绩效←协同机制""网络关系←协同主体合作意愿"两条未达显著的路径及增设误差项共变关系之后，其余各条路径的标准化回归系数有少许变化，其中"协同主体合作意愿←协同机制""创新绩效←网络关系"两条路径的显著性有所上升，并且标准化回归系数从 0.282、0.315 分别提升至 0.396、0.472。因此多次修正模型的潜在变量回归系数估计同样取得较好的效果，内在质量良好。

表 7-12　多次修正后潜在变量间的回归系数估计汇总表

路径	非标准化回归系数	标准化回归系数	临界比	p 值
网络关系←资源整合	0.621	0.515	16.176	***
协同主体合作意愿←资源整合	0.513	0.344	6.227	***
创新绩效←资源整合	0.601	0.507	9.829	***
用人机制←协同机制	1.000	0.879	—	—
利益分配机制←协同机制	0.832	0.801	4.106	***
风险控制机制←协同机制	0.793	0.783	8.196	***
知识协同机制←协同机制	0.989	0.878	7.278	***
市场机制←协同机制	1.241	0.899	11.151	***
网络关系←协同机制	0.781	0.777	5.780	***
协同主体合作意愿←协同机制	0.568	0.396	2.887	**
创新绩效←网络关系	0.582	0.472	3.001	**
创新绩效←协同主体合作意愿	0.611	0.573	7.471	***

注：***表示 $p<0.001$，**表示 $p<0.010$。

在多次修正后潜在变量回归系数结果良好的基础上，对潜在变量与对应观察变量间的回归系数进行评估和分析，如表 7-13 所示。多次修正模型中一共有 30 条潜在变量与观察变量间的路径，"RI2←资源整合""RI3←资源整合""TD2←用人机制""RM3←风险控制机制""CW2←协同主体合作意愿"五条路径呈现 0.01 显著，16 条路径呈现 0.001 显著。"RM3←风险控制机制""MM2←市场机制""MM3←市场机制"三条路径的标准化回归系数分别为0.412、0.498、0.403，不在 0.500～0.950 内，但是较接近 0.500，并且通过显著性检验，故接受该三条路径。其余 27 条路径的标准化回归系数均位于 0.500 至 0.950 区间内，表明模型内在质量良好。

表 7-13　多次修正模型潜在变量与对应观察变量间的回归系数估计汇总表

路径	非标准化回归系数	标准化回归系数	临界比	p 值
RI1←资源整合	1.000	0.728	—	—
RI2←资源整合	0.839	0.612	2.650	**
RI3←资源整合	0.891	0.679	3.167	**
RI4←资源整合	1.257	0.848	9.613	***
TD1←用人机制	1.000	0.833	—	—
TD2←用人机制	0.793	0.639	3.270	**
TD3←用人机制	0.836	0.712	10.989	***
PD1←利益分配机制	1.000	0.781	—	—
PD2←利益分配机制	1.194	0.816	5.188	***
PD3←利益分配机制	1.301	0.847	9.672	***
RM1←风险控制机制	1.000	0.517	—	—
RM2←风险控制机制	1.301	0.741	15.991	***
RM3←风险控制机制	0.893	0.412	2.588	**
KC1←知识协同机制	1.000	0.627	—	—
KC2←知识协同机制	1.420	0.783	16.661	***
KC3←知识协同机制	1.251	0.701	7.211	***
MM1←市场机制	1.000	0.516	—	—
MM2←市场机制	0.879	0.498	5.161	***
MM3←市场机制	0.767	0.403	27.377	***

续表

路径	非标准化回归系数	标准化回归系数	临界比	p值
NR1←网络关系	1.000	0.627	—	—
NR2←网络关系	1.251	0.737	20.519	***
NR3←网络关系	1.378	0.791	9.272	***
NR4←网络关系	0.893	0.602	10.626	***
CW1←协同主体合作意愿	1.000	0.691	—	—
CW2←协同主体合作意愿	0.861	0.567	2.971	**
CW3←协同主体合作意愿	1.118	0.730	8.926	***
CW4←协同主体合作意愿	1.265	0.802	6.162	***
PE1←创新绩效	1.000	0.682	—	—
PE2←创新绩效	1.255	0.885	14.727	***
PE3←创新绩效	1.170	0.849	10.892	***

注：***表示 $p<0.001$，**表示 $p<0.010$。

结合多次修正模型适配度分析、潜在变量间回归系数分析及潜在变量与观察变量间回归系数分析，从初始模型至多次修正模型的改进取得成效，本节以多次修正模型作为最终的结构方程模型结果。多次修正后的模型的标准化回归系数模型示意图如图7-7所示。

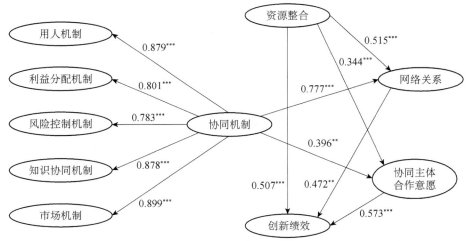

图7-7　多次修正模型的标准化回归系数模型示意图
***表示 $p<0.001$

3. 假设检验

根据修正后模型检验结果，网络关系对创新绩效的直接正向影响显著（$t=3.001$，$p<0.01$），假设 H1 成立；协同主体合作意愿对网络关系的路径在修正后模型中不存在，在初始模型中标准化回归系数不显著，假设 H2 不成立；协同主体合作意愿对创新绩效的直接正向影响显著（$t=7.471$，$p<0.001$），假设 H3 成立；资源整合对创新绩效的直接正向影响显著（$t=9.829$，$p<0.001$），假设 H4 成立；资源整合对创新网络关系的直接正向影响显著（$t=16.176$，$p<0.001$），假设 H5 成立；资源整合对协同主体合作意愿的直接正向影响显著（$t=6.227$，$p<0.001$），假设 H6 成立；协同机制对创新绩效的路径在修正后的模型中不存在，在初始模型中的回归系数不显著，假设 H7 不成立；协同机制对网络关系的直接正向影响显著（$t=5.780$，$p<0.001$），假设 H8 成立；协同机制对协同主体合作意愿的直接正向影响显著（$t=2.887$，$p<0.01$），假设 H9 成立。

为检验 H10，构建以资源整合为自变量、以创新绩效为因变量的模型，通过 AMOS 22.0 软件运算，得到"创新绩效←资源整合"路径的标准化回归系数为 0.869，并且在显著水平为 0.001 的情况下显著，结合前文检验结果，协同主体合作意愿、网络关系在资源整合对创新绩效的影响中起中介效应作用，假设 H10 成立。对于 H11 的验证，由于对原模型修正过程中，"绩效←协同机制"路径未达显著而被删除，故假设 H11 的中介效应检验未满足中介效应检验条件"直接影响作用具显著性"，因此假设 H11 不成立。假设检验结果见表 7-14 所示。

表 7-14　假设检验结果

假设	结果
H1：网络关系对创新绩效有正向影响	成立
H2：协同主体合作意愿对网络关系有正向影响	不成立
H3：协同主体合作意愿对创新绩效有正向影响	成立
H4：资源整合对创新绩效有正向影响	成立
H5：资源整合对网络关系有正向影响	成立
H6：资源整合对协同主体合作意愿有正向影响	成立
H7：协同机制对创新绩效有正向影响	不成立

续表

假设	结果
H8：协同机制对网络关系有正向影响	成立
H9：协同机制对协同主体合作意愿有正向影响	成立
H10：资源整合通过协同主体合作意愿、网络关系的中介作用影响创新绩效，即协同主体合作意愿、网络关系在资源整合对创新绩效的影响中起中介效应作用	成立
H11：协同机制通过协同主体合作意愿、网络关系的中介作用影响创新绩效，即协同主体合作意愿、网络关系在协同机制对创新绩效的影响中起中介效应作用	不成立

（五）研究结论

根据上述研究结果进行新型研发机构网络协同创新模型的综合分析。

在资源整合方面，数据分析结果表明资源合作能力（RI4）相比于资源获取能力（RI1）、资源管理能力（RI3）更为重要，资源规划能力（RI2）的重要性居后。资源用于自身运行发展是既定的规律和现状，在用于自身的同时与周边主体或者相关主体产生联动和合作，这能使得网络关系群体得到质的提升，合理科学把控自身资源和合作资源产生的效益远远大于埋头苦干的收益。不可忽略的是获取能力和管理能力，网络协同创新的各个主体自然需要能力强悍和运作优良，主动争取资源、利用网络互换资源、有效协调资源，将资源这一物质基础抬升至符合机构发展、满足网络构建的高度层面。

在利益分配机制方面，PD1～PD3 对应利益分配机制变量路径的标准化回归系数分别为 0.781、0.816、0.847，表明利益分配原则（PD3）相比于利益分配方式（PD2）更为重要，计算方式（PD1）的重要性次之。利益分配的对象包含两层，第一层是内部层面（机构与项目团队、孵化企业之间），第二层是外部层面（机构与企业、高校、科研院所、专业化中介机构等其他协同主体之间）。进行利益分配时，应始终秉承公平公正原则。网络协同创新的本质是创造更多的科研价值和经济价值，而在本质的背后是利益，利益在推动着协同网络前行，推动着各个主体愿意来协同网络，愿意共享共建共赢，进而作用于成果的转化和价值的创造。

在风险控制机制方面，RM1～RM3 对应风险控制机制变量路径的标准化回归系数分别为 0.517、0.741、0.412，表明风险分担制度（RM2）相比于风险规避能力（RM1）、风险补偿措施（RM3）更为重要。网络协同创新需要考虑较多的方面是风险，协同网络中出现的风险需要多方主体共同承担，有可能性波及相关性较小的主体。因此在协同网络中，主体会尤其重视风险分担机制，为自己争取最大利益的同时，承担本该属于自己的风险，减少外来风险对本身的侵扰。规避风险能保证一定的防范能力，但难以预防全部风险，从而还需要设立补偿措施来减少风险带来的影响。由于协同网络的存在，风险分担的作用效果优先于规范和补偿的作用范围和能力水平。

在知识协同机制方面，KC1～KC3 对应知识协同机制变量路径的标准化回归系数分别为 0.627、0.783、0.701，表明知识转移（KC2）相比于知识模化（KC3）更为重要，知识共享（KC1）的重要性居后。知识协同机制在协同机制中更具技术性和专业性，是主体进行网络协同创新的核心要素。在保证知识转移和共享畅通的前提下，促成协同创新的产业化知识链条形成。链条的形成是知识模块化的表现，模块化的知识使得产业具备系统性的框架，并且为更新换代、成果转化提供了相对夯实的平台基础。在网络协同创新过程中，知识转移、知识模化、知识共享三驾马车共同拉动创新发展，实现新型研发机构结合产学研，创造市场化价值，获取协同共谋利益，为区域"双创"理念搭建新的内涵构想。

在市场机制方面，MM1～MM3 对应市场机制变量路径的标准化回归系数分别为 0.516、0.498、0.403，表明个体市场化机制（MM1）和网络市场化机制（MM2）重要性相近，而动态调整机制（MM3）的重要性居后。市场方向在一定程度上影响了网络协同创新的发展方向，有市场方能导引航向，有客户方能增长价值，有风口方能输送利益。面对市场，新型研发机构和协同主体均有各自应对的方式，如何做到准确把握、深入吃透市场方向是必修之课。个体和网络的机制是前提，动态调整是中介，使个体和网络的市场进行交融是网络协同创新的运行灯塔，指明市场前行的航道，动态变更，灵活调整。网络协同创新是新型研发机构现阶段在运行道路上的核心动力，进一步促进区域创新市场的提质升级。

在协同机制方面，用人机制、利益分配机制、风控控制机制、知识协同机制、市场机制对应协同机制变量路径的标准化回归系数分别为 0.879、0.801、0.783、0.878、0.899，分析结果表明用人机制、知识协同机制和市场机制重要性相近，利益分配机制和风险控制机制重要性相近并次于前三者。人才、利益、风险、知识和市场是协同机制的五个要素，协同机制明确了新型研发机构开展以优质人才、充足物力、稳健财力为基础的科研科技发展，并在网络协同创新过程中应对风险、洞悉市场，以发展姿态、长远眼光处理协同网络，从而达到区域创新环境的有效引导和构建。网络协同创新需要协同机制来维护和支撑，"协同创新"和"协同机制"两个协同相辅相成，以机制建创新，以创新促机制。

在网络关系方面，NR1～NR4 对应网络关系变量的路径标准化回归系数分别为 0.627、0.737、0.791、0.602，表明网络利益（NR3）的重要性较高，网络畅通程度（NR2）的重要性次之，网络关系强度（NR1）、网络规模（NR4）的重要性相近并再次于前两者。网络协同创新中的整个网络是连缀多方协同主体，以共享方式创造更多价值和科研科技成果的平台。网络关系的好坏直接影响协同网络的构筑力度和维持时间。网络中形成的利益由多方共同参与取得，是网络强度的命门，一个利益不足的网络难以支撑起整个网络系统，而一个利益丰富的网络强力地鞭策各主体的交流互通，吸引外部主体融入协同网络中，促成更庞大网络的形成落地，进而一环推动一环，从而达到网络协同创新的再生创新、再生创造作用。

在协同主体合作意愿方面，CW1～CW4 对应协同主体合作意愿变量的路径标准化回归系数分别为 0.691、0.567、0.730、0.802，表明合作新建性（CW4）的重要性较高，合作前向性（CW3）的重要性次之，信任程度（CW1）的重要性再次之，合作满意度（CW2）排最后。协同网络的存在产生了主体对网络的考量，优质的网络使人满意，愿意继续维系该网络，而网络的建立需要新鲜血液的充实和融合，新主体加入网络意味着新的资源、新的节点、新的互通渠道搭建起来，促使协同主体成立新的合作意向，也促成双方合作或多方合作进一步加深固化。协同网络中的新老关系由信任度来联系，充分的相互信任是网络关系韧度的最佳考核。新建的关系正向推进合作意愿的构建，进一步的合作推动合作意愿的深入，信任程度和满意程度是未来合作顺利的基石。

在创新绩效方面，PE1～PE3 对应创新绩效变量的路径的标准化回归系数分别为 0.682、0.885、0.849，表明科技成果产出（PE2）和科研成果产出（PE3）的重要性相近且较高，"四技收入"（PE1）的重要性次之。新型研发机构是产学研合作的进化产物，同样需要技术、产品、工艺、材料、装置、软件、专利、论文、专著、基金课题和重大项目等科技科研成果的产出，并且作为机构角色还需要进行技术转让、技术开发、技术咨询、技术服务的收入支撑。经济效益、科技科研效益双管齐下，是对机构的效益度量指标，也同样是对网络协同创新的效果衡量标准。新型研发机构通过网络协同创新获取更高绩效是目的和导向，协同网络也是为了多个主体获得更大利益、更多效益而组建成立的。

资源整合和协同机制作为前端，影响到协同网络，协同网络再作用于创新绩效。资源整合对网络关系、协同主体合作意愿有着促进性推动作用，并且直接影响到创新绩效。网络关系、协同主体合作意愿作为中介影响节点来链接资源整合和创新绩效，起到承上启下的中介作用。网络关系、协同主体合作意愿也作为中介影响节点来链接协同机制和创新绩效，并且该影响途径也是协同机制搭建协同网络桥梁，达到创新绩效的唯一有效途径。创新绩效作为后端，被前端的因素影响着，也通过网络协同创新来促成整个体系的构建和运行。

四、新型研发机构网络协同创新运作机理

基于网络协同创新的结构方程模型分析结果，对新型研发机构网络协同创新的运作机理进行梳理：新型研发机构网络协同创新运行以多级联动为导向，以多层互通为纽带，引导输入产出相互递进，坚持多主体、多要素、深

合作、共产出的运作特点，建立健全多项基本性协同原则，规范主体在协同网络体系中运作的行动指南，推动新型研发机构的绩效产出，加大区域创新力度和强度。运作机理示意图如图 7-8 所示。

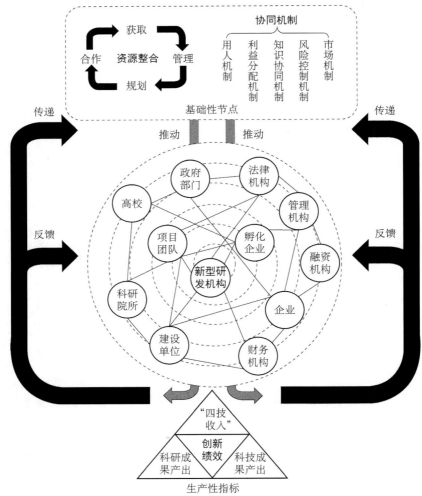

图 7-8 新型研发机构网络协同创新的运作机理示意图

资源整合和协合机制是协同网络搭建的基础性节点。资源是新型研发机构的起始源头，人力、物力、财力始终如一地围绕网络协同创新，人才的流入、设施的投入、资本的涌入是协同网络构建之初的要点动作。对于多元化的资源，新型研发机构对其获取、管理、规划显得尤为重要，主动的争取力、有效的分配力、科学的利用率促成新型研发机构对资源进行整合并令其所用。自身的资源是协同网络的入境门槛，互通的资源是协同网络的互补优势，新创的资源是协同网络的未来成就，三种资源的交融贯通是网络协同创新亟须实现的理想目标，在融合多类资源之后方能强化协同网络的基础命脉，抵抗风险，应对复杂多变的市场，创造众望所归的价值。机制同样是新型研发机构进行网络协同创新的源头保障，协同机制为协同网络护航，协同网络为协同机制增幅：用人机制给人才成长空间，更给协同网络增强机会；利益分配机制为机构谋划利益，更为协同网络添上吸引点；风险控制机制替机构抗压，更替协同网络有难同当；知识协同机制让机构多获多得，更让协同网络传导连通；市场机制为机构洞悉用户，更为协同网络把控脉络。资源的合理整合、机制的有效布局，是运作机理中源头动力化的基础，推动网络协同发展的步伐，反馈于后端的效益本质，启动中介的动态核心。

协同主体是协同网络运作的主导性对象。新型研发机构的网络协同创新是一个多主体的复合型综合体，它包含了多道网络关系层面，从内核到外沿，层层推进，层层协作，共同发展。内核是以新型研发机构为中心点，由项目团队、孵化企业进行发散，网络链条以公共服务、科技研发、成果转化等平台构成，形成项目导向、平台支撑的内在运行机制；外沿是围绕新型研发机构的合作主体，以政府部门为政策引领，以高校、科研院所为知识共储平台，以管理机构、法律机构、投融资机构为专业顾问对象，建立起共治、共享、共赢的外化协同机理。内核和外沿的联系互通是通过畅通的交流渠道、紧密的联系强度、透明的市场信息、互补的知识体系、双赢的合作利益来联结实现的，推动多方主体合作的深入性，增强多方主体合作的满意性，提升多方主体合作的信任性，引导更多主体加入的倾向性。协同主体作为主要参与者推动网络协同创新的运作，主体间的联动程度是协同网络活力的体现，也同样是协同网络稳定持续的关键所在。合作形式的创新、沟通渠道的拓展、接触层面的延伸、对象规模的加大，是协同主体为协同网络增加强度、提高广度的动作状态，是运作机理中动态核心化的过程、促进网络协同创新的发展力度、承接前端的源头动力、发挥后端的效益本质。

　　创新绩效是协同网络持续的生产性指标。绩效亦称效益，新型研发机构的发展态势好坏、网络协同创新的强度优良、多方主体合作结果的优劣都是通过创新绩效来考量的，创新绩效存在于多个维度，是通用的考量标准，是整个协同网络体系中产出端口的代名词，包括技术转让、技术开发、技术咨询、技术服务等收入类创新产出，技术更新、产品研发、设备生产及发明专利等科技类创新产出，论文、专著、基金课题、重大项目等科研类创新产出。生产性指标量化细而杂，不同定位的新型研发机构对于指标的考量标准也各不相同，使得网络协同创新所构成的生产架构也形式各异。资源的整合、机制的制定、网络的搭建，都是为创新绩效所服务的，并且创新绩效的完成率和完整性反作用于资源、机制、网络，进一步推进资源优化、机制优化、网络优化。正循环和正反馈的双向联动体系使得网络协同创新获得稳步前行的动力和自我调整的机遇。正循环将资源、机制糅合后参与网络联结，将创新绩效正向产出推进；正反馈从创新绩效反馈于资源整合、协同机制，以新视角、新要求磨合网络，力求更高创新绩效。创新绩效的产出，是运作机理中效益本质化的标准、考核网络协同发展的发展程度、承袭中介的动态核心、传递于前端的源头动力。

本章参考文献

陈超逸. 2013. 复杂协同网络下产学研合作的管理运行机制研究. 天津：天津大学.

陈红梅. 2016. 新型研发机构运行机制研究. 广州：中共广东省委党校.

陈劲, 阳银娟. 2012. 协同创新的驱动机理. 技术经济, 31（8）：6-11, 25.

陈忆. 2014. 中国生物医药产业产学研知识协同研究. 福建：福州大学.

苟尤钊, 林菲. 2015. 基于创新价值链视角的新型科研机构研究：以华大基因为例. 科技进步与对策, 32（2）：8-13.

郭安元. 2015. 基于扎根理论的心理契约违背的影响因素及其作用机制研究. 湖北：武汉大学.

郭百涛, 王帅斌, 王冀宁, 等. 2020. 基于网络层次分析的新型研发机构共建绩效评价体系研究. 科技管理研究，40（10）：72-79.

李润宜. 2019. 基于创新价值链视角的新型研发机构科技成果转化研究. 广州：广东工业大学.

刘笑可. 2019. 基于G1法与熵权法的新型研发机构备案指标筛选研究. 石家庄：河北科技大学.

刘言言. 2018. 新型研发机构内部控制研究. 青岛：中国石油大学（华东）.

卢纹岱，朱红兵. 2015. SPSS统计分析. 5版. 北京：电子工业出版社.

邱皓政，林碧芳. 2009. 结构方程模型的原理与应用. 北京：中国轻工业出版社.

宋炳宜. 2020. 基于ANP的新型研发机构成长性评价研究. 兰州：兰州理工大学.

王飖祎，孟澂. 2019. 资源依赖视角下新型研发机构绩效评估研究：以上海生物医药功能型平台为例. 东华大学学报（社会科学版），19（4）：467-474.

吴明隆. 2010. 结构方程模型：AMOS的操作与应用. 2版. 重庆：重庆大学出版社.

夏太寿，李子萤. 2014. 江苏省企业研发机构竞争力评价分析. 中国科技论坛，（6）：94-100.

夏太寿，张玉赋，高冉晖，等. 2014. 我国新型研发机构协同创新模式与机制研究：以苏粤陕6家新型研发机构为例. 科技进步与对策，31（14）：13-18.

闫莹，赵公民. 2012. 合作意愿在集群企业获取竞争优势中的作用. 系统工程，30（2）：29-35.

曾国屏，林菲. 2014. 创业型科研机构初探. 科学学研究，（2）：242-249.

张华，胡国春，唐家容，等. 2016. 企业社会网络与协同创新绩效关系研究：以中国科技城为例. 科技与管理，18（6）：9-15，22.

张守华. 2017. 基于巴斯德象限的我国科研机构技术创新模式研究. 科技进步与对策，34（20）：15-19.

张伟. 2009. 区域创新体系中产学研合作行为与微观机制研究. 武汉：武汉理工大学.

张雨棋. 2018. 我国新型研发机构的运行机制研究：基于"行动者网络理论". 北京：北京化工大学.

朱静毅. 2017. 基于分层系统的隐性知识协同效应评价模型研究. 江苏：南京邮电大学.

Ansoff H I. 1965. Corporate Strategy: An Analytic Approach to Business Policy for Growth and Expansion. New York: McGraw-Hill.

Autio E. 1998. Evaluation of RTD in regional systems of innovation. European Planning Studies, 6(2): 131-140.

Cantono S, Silverberg G. 2009. A percolation model of eco-innovation diffusion: the relationship between diffusion, learning economies and subsidies. Technological Forecasting and Social Change, 76(4): 487-496.

Crow M, Bozeman B. 1987. R&D laboratory classification and public policy: the effects of environmental context on laboratory behavior. Research Policy, 16(5): 229-258.

Gao Y H, Gao L, Cheng P, et al. 2014. The cooperative mechanism of industry-university-research and the analysis of the interaction between factors. Advanced Materials Research, 926/927/928/929/930: 4008-4011.

Glaser B G, Strauss A L. 1967. The Discovery of Grounded Theory: Strategies for Qualitative Research. Chicago: Aldine Pub. Co.

Lee M, Om K. 1996. Different factors considered in project selection at public and private R&D institutes. Technovation, 16(6): 271-275.

Li X, Kang Y Q. 2012. Analysis on stability of the cooperation of industry-university-research. Applied Mechanics and Materials, 263/264/265/266: 3517-3521.

Mele C, Spena TR, Colurcio M. 2010. Co-creating value innovation through resource integration. International Journal of Quality and Service Sciences, 2(1): 60-78.

Moulaert F, Cabaret K. 2006. Planning, networks and power relations: is democratic planning under capitalism possible? Planning Theory, 5(1): 51-70.

Perkmann M, Walsh K. 2007. University-industry relationships and open innovation: towards a research agenda. International Journal of Management Reviews, 9(4): 259-280.

Pfeffer J, Salancik G R. 1978. The External Control of Organizations: A Resource Dependence Perspective. New York: Harper & Row.

Sorenson O, Waguespack D M. 2005. Research on social networks and the organization of research and development: an introductory essay. Journal of Engineering and Technology Management, 22(1/2): 1-7.

Yusuf S. 2008. Intermediating knowledge exchange between universities and businesses. Research Policy, 37(8): 1167-1174.

第八章 新型研发机构的评价

第一节 新型研发机构的区域价值评价模型

一、背景

在知识经济不断发展的今天，世界各国围绕知识要素的竞争更加激烈，国家创新体系间的竞争日趋激烈，高新技术的出现和更迭越来越快，产品的生命周期越来越短，消费市场发生了革命性变革，消费者需求趋向多样化和个性化，消费变化表现为消费行为感性化，消费方式个性化，消费需求模糊化、无主流化等。消费者需求的变化，促使产业发展从"要素驱动"转向"创新驱动"，党的二十大报告中指出"必须坚持科技是第一生产力、人才是第一资源、创新是第一动力"，但目前我国的产业创新缺乏有效协同，而产业链与创新链协同度不高、协同机制缺失等问题已经成为当前影响我国产业高质量发展的主要瓶颈。

因此，将以新技术、新材料、新知识、创新人才、高等院校、科研院所等组成的创新链和以设计、生产、物流、销售、服务组成的产业链，有机地融合成一个链条——产业协同创新链，利用产业协同创新链参与主体国家、高校、科研院所、中介机构和企业的优势，建立风险共担、利益共享的合作机制，以求达到"1+1＞2"的效果。通过产业与创新两个动力因子之间的关联性，不断提升产业创新能力，加快建设新型研发机构区域产业创新生态体系，打通产业协同创新链条，通过"创新驱动"和"提质增效"双螺旋提升，促进新兴产业培育和优势产业升级，最终实现产业高质量发展。

二、创新链与产业链的内涵

伴随技术快速变革，消费者的需求和市场发生革命性变革，形成了对多样化、复合功能、绿色健康和高品质的产品需求，以及对方便快捷、情感满足、个性定制、高品质的服务需要。只有符合消费者的产品需求和服务需要，才能最终实现产品和服务的使用价值、品牌价值、体验价值和社会价值。代明等（2009）概括并总结了创新链的几大内涵，认为创新链存在若干功能节点且节点间存在协作关系，能够在创新链中一个或多个环节发挥作用的企业、政府、高校、科研院所、孵化器和实验基地等，都可以是创新链中一个或多个功能节点的提供者或参与者，且各个创新主体在提供相关功能节点时需要在资源整合的基础上进行协同合作，创新链应当是相互依赖和相互影响的交互过程，而非孤立的简单线性模式。

此外，创新链至少需要一个核心主体作为创新行为人，根据市场的需求和自身条件，确立创新的方向与目标，自主选择创新的方式和方法，并对创新过程进行有效的管理。代明等（2009）认为，拥有核心竞争力、自主知识产权和自有品牌的"龙头"企业应当成为核心主体，也有研究认为，中小企业作为我国数量最大、创新能力最活跃的企业群体，应当不断催生新的生产模式、组织结构和产业形态，成为引领创新的重要主体（宋煊懿，2016）。

最后，创新链依赖一定的物质技术基础并受到外部环境的影响，相关人力、财力、物力、科技、信息等资源都是创新链的物质基础，并且创新资源的数量、质量、结构及其配置、利用机制，都直接影响创新链的运行效率，而外部环境，如法律、体制、政策、教育、文化、社会等软环境及基础设施等硬环境，同样会影响各节点的协作关系及创新链的运行效率。

总的来说，创新链是围绕创新领域的知识转换（科学知识—技术知识—产品或服务知识）、流动（在企业、科研院所、高校、政府间流动）的形态及价值创造、增值过程的结构表达。将创新链置于全球范围内，形成的全球创新链是知识要素在全球范围内的链接模式、流动形态、增值过程的结构表达，其本质是知识要素在全球范围内的形态变换、产权转换、流动增值、组合创新的过程，并且可以通过如图8-1所示的三维分析模型去看待创新链所能够包含的层面和阶段。

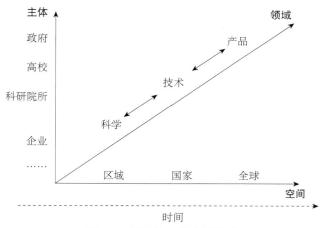

图 8-1　创新链三维分析模型

同样，学者也对产业链的内涵进行了相关研究，总结研究可得，根据产业链的定义和阐释，可以发现产业链的重要内涵包括四个维度，分别是产业链、企业、空间和地理、价值链，具体解释如下。

（1）产业链以供需关系和投入产出为纽带。产业链中包含着许多的中间产品，这些产品不会最终被消费者购买，而是继续作为下一企业的生产投入要素，上一企业生产的产品，成为下一企业的投入，直到最终产品的购买行为发生后，产业链进入最终节点。

（2）企业是产业链的载体和具体体现形式。产业链中不同环节的所有企业通过纯粹的市场交易关系、产权关系和契约关系等三种主要关系形成线性链接。众多企业围绕某一核心企业或某一产品系列在垂直方向上形成了前后关联的一体化链条。产业链的交易既含有链内企业间的交易，也含链内企业与链外企业的交易。

（3）空间和地理：同种产业链可以分布在不同的地区，且如果产业链在地理位置上呈现出集中分布的特点，就形成了所谓的产业集聚。

（4）价值链是引领产业链形成和发展变化的重要关系链。原材料和原始资源被上游企业使用，并转化为中间产品，经由链条层层递进，最终成为消费品，原材料和原始资源在这一过程中被不断赋予新的价值，直到最终消费环节，以最终销售价格的方式得以呈现。产业链上不同环节附加值的不同就产生了价值链，从宏观的角度上，一个国家的产业水准和产业竞争力，很大程度上取决于其在全球价值链中所处的位置或阶段，取决于有多少条以该国为主导的产业的价值链在全球布局。

三、新型研发机构与创新链和产业链

（一）新型研发机构在区域创新链中的作用

创新是引领发展的第一动力，目前国内产业大都处在价值链的低端，创新链前沿环节的自主创新能力还比较薄弱，较之于发达国家水平还有很大距离，特别是研发、设计、核心技术、软件、关键设备、营销和品牌等关键环节薄弱，为实现产业高质量发展，需要从源头开始研究开发高价值专利等知识产权，激活创新链，将高价值专利转化为关键技术，解决制约产业发展关键核心技术的瓶颈，实现技术创新。

新型研发机构在建设之时，多由政府、高校、科研院所和企业等不同主体共同组建，在建设之初就充分考虑了创新链各个环节之间的衔接性（图 8-2）。以高校型新型研发机构为例，高校作为知识和创新的主要产出者之一，大多成果被束之高阁而无法落地于实际生产，而高校型新型研发机构则在弥补高校技术成果到产业化之间的断层，使优秀科研成果得以产业化，打通市场驱动的技术创新链方面起到了关键作用。

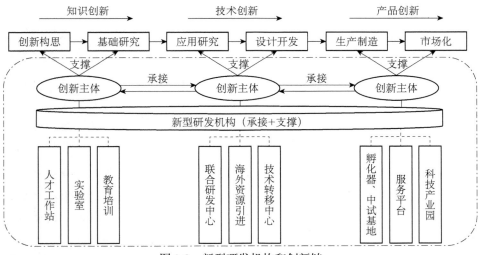

图 8-2　新型研发机构和创新链

新型研发机构将高校内的教授、科研人员，甚至是科学家带入新的舞台，作为一个桥梁和窗口，将高校内的研究成果从知识创新转变为技术创新，通过研发中心和实验平台等的建设，紧密分析当地的产业技术壁垒和难题，配以相当的资金支持（多为政府资金），助力科研团队将其成果面向应用研究和设计开发，从小试进入中试；同时，机构鼓励研究团队成立自己的企业，并为企业提供各种支持，旨在通过企业将其产品和服务进行大规模的推广，从技术创新迈向产品创新。

支撑作用则是新型研发机构最基础的功能构架，主要由创新技术平台、人才开发平台、企业协作与技术转移平台等组成，其主要任务是完成对高科技企业的技术创新、人才培养和管理服务这三大职能。这些职能一般可以满足大部分高科技企业创业初期的需要。

新型研发机构借力高校和科研院所的科研资源，为处于萌芽期的技术和产品雏形的早期成长提供孵化空间，帮助其形成完整的技术路线并成长为初步产品。孵化器通过提供研发、生产、经营的场地，通信、网络、办公等方面的共享设施，以及系统的培训、咨询及政策、融资、法律和市场推广等方面的支持，降低企业的创业风险和创业成本，提高企业的成活率和成功率。以浙大滨海院为例，2020 年，该院围绕产业孵育，打造了包括众创空间、留创园、中试基地、科技孵化器、科技园在内的一系列创业孵化平台，通过聘请高水平创业导师、引进专业服务机构为孵育企业、团队提供一站式服务。

不仅如此，新型研发机构能够加速研究成果在产业的应用，高校科研成果技术成熟度一般在 2～4 级，而实现应用和产业化需达到 7～9 级。因此，新型研发机构在空间上打破了原有高校的地理位置约束，将科学家及其团队请到地方企业，并在地方企业需求牵引下，完成核心技术的二次开发，实现基础研究和应用研究的交叉融合。以华科大无锡研究院为例，通过其对地方产业的实地调研，该院发现风电、交通等行业存在的困难，由此攻关国际难题，使航发叶片机器人磨抛技术转型应用，迅速切入产业化。

（二）新型研发机构在产业链中的作用

产业链中每个企业的运作都有其目的，都是为了取得价值的最大化。为了达到其目的，它们需要进行一系列的运作活动，包括设计、生产、营销及对产品起辅助作用的各种活动的综合，所有这些活动都可以用价值链表示。价值链通过一系列的增值行为，展现出企业的竞争优势。若要不断提高竞争优势，需要有核心的关键技术及有竞争优势的供应链，而新型研发机构可以紧密对接企业的技术难题，帮助企业摆脱核心技术和零部件受制于国外企业的困境，使得企业借助新型研发机构的先进技术，进入全球价值链的中高端环节。

新型研发机构对产业链具有延伸的作用：延伸产业链则是将一条已经存在的产业链尽可能地向上游延伸或下游拓展。产业链向上游延伸一般使得产业链进入基础产业环节或技术研发环节，向下游拓展则进入市场销售环节。因此，以"知识和技术立院"的新型研发机构无疑向区域产业链向基础环节延伸提供了巨大的可能性，同时，新型研发机构对于数字经济和智慧化的把控也比较高，通过示范中心、展会和各类路演等方式，嫁接电子商务技术，优化产业链末端的营销环节，扩大了产业市场空间，为区域产业培育出新的竞争优势。

（三）新型研发机构与双链融合

创新链和生产链可以有效而紧密地融合，具体如图 8-3 所示。新型研发机构可以通过两种模式去实现双链的融合，分别是技术"短板"导向模式和技术先进性导向模式。在技术"短板"导向模式下，由产业链任一环节内的企业提出技术需求，通过新型研发机构的科研功能实现技术的突破，也就是以产业链为主，并围绕产业链建立创新链，在产业链的每一个环节上都将科技创新与产业创新融合，打通从科技强到产业强、经济强、国家强的通道，实现从"科学"到"技术"的转化。

在技术先进性导向的模式下，通过将高校和科研机构内的知识创新和已有技术的先进性，进一步走向孵化的平台，并在平台上以企业的方式进行交流，最终把高端核心技术加以应用，也就是说，以先进性的技术为基础建立产业链，在产业链上实现高端价值，围绕创新链建立产业链。

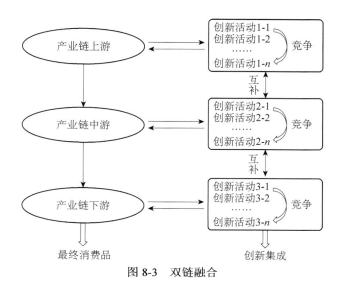

图 8-3 双链融合

第二节 模型路径与模型指标体系

新型研发机构是在区域经济发展新阶段出现的一类吸引高层次创新创业人才、凝聚海内外优质创新资源、以市场为导向、开展高新技术的研发和产业化的创新平台。作为区域经济发展新时期产生的新事物，对区域创新效率的提升和经济增长起到了重要的推动作用。随着新型研发机构的发展，地方政府、高校院所、企业及社会各方均对其创新价值越来越关注，不少地方政府出台了相关考核标准。一般而言，政府倾向于从人才引进、技术研发、企业孵化、就业、税收、提升区域创新能力等方面考核新型研发机构，更希望能通过新型研发机构促进区域创新生态发展和提升区域创新水平。研究发现，新型研发机构的成效尚未达到期望值，多数机构在初创阶段严重依靠政府提供基本人员、资金等支持，更有甚者长期依靠政府供给而难以独立发展（陈雪和叶超贤，2018；徐顽强和乔纳纳，2018）。量化新型研发机构对区域创新的价值具有重要意义，将影响地方政府对新型研发机构发展的支持政策及机构自身的可持续发展战略。

一、通用新型研发机构区域创新价值评价指标体系的原则

评价指标体系是进行科学评价和预测的前提，科学合理的评价指标体系能够将抽象的研究对象依据其本质特征分解为具有可视化、可操作化的结构，同时还能够对指标体系的构成单元赋予相应的权重。区域创新价值评价指标体系能否科学地构建直接关系到分析结果的客观性及政策措施提出的可操作性。因此，为构建一个科学化、规范化的创新价值评价体系必须遵循以下原则。

1. 科学性

在进行指标体系的构建过程中，始终要以科学性为指导，其中包括指标的提取要能充分反映区域创新的特点；指标的分类既要遵循科学的理论又要与区域发展实际相结合；指标体系要符合区域创新价值水平的客观规律。

2. 系统性

指标体系是一个科学合理的有机整体，各指标间具有很强的内在逻辑性，既彼此独立又相互依托。因此，在评价指标体系的构建上要从各个层面、各个角度进行指标的提取，力争形成一个最具代表性、针对性、逻辑性的指标体系，从而确保分析结果的科学性、准确性。

3. 可量化

评价指标体系构建的一个主要目的就是将抽象的研究对象进行可视化分解，各指标的可量化有利于评价的客观性。因此，在进行指标的选取上尽量选取那些微观性强、便于收集的指标，同时也要充分考虑进行定量处理的可行性。量化指标的选取绝非将定性的内容数字化，而是以充分的理论为基础，深挖定性内容背后的定量表现。

二、基于全要素生产率的评价模型

（一）全要素生产率与经济增长

正文西方经济学理论中，经济增长可以定义为给居民提供各类日益繁多的经济产品的能力上升，这种不断增长的能力建立在先进技术及所需要的制度和思想意识相应调整的基础上，并表现为对不断增长的人口提供更多的人

均商品和劳务的能力不断提高（Kuznets，1971）。

回顾历史，自改革开放以来，中国经济发展取得了举世瞩目的成就。1979～1990 年，我国的 GDP 年均增长 9.15%，在此高速增长的 11 年的基础上，1991～2004 年我国的 GDP 仍然保持了年均增长 9.71%的较高水平（郭庆旺和贾俊雪，2005），尽管其间遭受到了亚洲金融风暴和国内严重急性呼吸综合征（severe acute respiratory syndrome，SARS）的冲击。中国在复杂多变增长滞缓的世界经济环境里独树一帜，成为世界上增长速度最快的国家，地区经济增长和社会发展无论是在规模、质量、社会参与水平还是改革程度上都是史无前例的，这被国际社会公认为是一个奇迹。专家学者们将更多的目光投向引起这种现象的各种原因上，于是国内外经济界很多学者纷纷将中国的经济增长作为自己研究的重点，用各种理论和工具来分析探索中国经济增长的成因，试图破解造成中国"增长奇迹"的"增长之谜"。

在西方现代经济增长理论（新古典主义）中，最具贡献的人是索洛和斯旺，索洛在 1957 年发表了一篇题为《技术变化和总量生产函数》的论文，由此开创了增长核算（growth accounting）这一计量方法的先河。在索洛模型中，人均产出的长期增长仅仅取决于外生的技术进步，但短期增长却由技术进步、资本积累和劳动投入三者共同决定。

基于新古典经济理论，大量的专家学者对中国的经济增长成因做了探究，一般结论认为，中国经济的快速增长主要依靠的是大量的要素（劳动力和资本）投入，特别是投资的增长。改革初期，中国经济呈"粗放型"发展，产出增长过度倚重要素投入的增加，而非依靠全要素生产率（total factor productivity，TFP）的提升（Young，1994）。然而，随着中国低劳动力成本优势的流失、人口生育率的降低和老龄化的程度不断加深、资本边际报酬的递减、能源产品价格的不断上涨和能源供应紧张，这种增长方式显然是不可持续的。习近平总书记在党的十九大报告中指出"创新是引领发展的第一动力，是建设现代化经济体系的战略支撑"（习近平，2017）。通过走具有中国特色的创新之路，深入实施创新驱动发展战略，这是在发展的关键时期、攻坚阶段做出的重大抉择，对加快完善市场经济体制和转变经济发展方式具有重要的意义。大力推动创新发展，有利于开创国际竞争新优势，为我国可持续发展提供强大动力。

另一方面，中国经济增长的确也在向全要素生产率驱动型转变。Young（2003）的研究发现，1952～1978 年，中国的全要素生产率年均增长 0.5%，对 GDP 增长贡献 13.4%；而在 1978～1998 年，全要素生产率年均增长 3.8%，对 GDP 增长贡献 40.1%。刘伟和张辉（2008）的研究也肯定了全要素生产率对于中国经济增长的贡献。将目光聚焦到中国境内的各个省份，傅晓霞和吴利学（2006）将各地区劳均产出差距分解为劳均资本差异、经济规模差异和全要素生产率差异三个部分，并利用 1978～2004 年的省级数据进行实证研究发现，地区差异的重要决定因素是全要素生产率，而不是要素投入量的差异；并且全要素生产率在地区劳均产出差异中占的份额越来越高，这表明今后中国地区经济增长的主要差异仍将是全要素生产率。

综上，全要素生产率对于国家及地区经济增长有着愈来愈重要的推动作用，相较于要素投入的增加，其作用力更具可持续性，更符合我国创新驱动发展的战略背景，故可将新型研发机构对于经济发展的作用量化为其对区域经济和产业中全要素生产率的影响，从而评价新型研发机构的区域创新价值。

（二）全要素生产率的影响因素：创新链和产业链视角

技术进步和生产发展都是提高新型研发机构全要素生产率的途径，延续第一节创新链和产业链融合的理论：随着创新资源流动性的增强，区域创新的资源优势逐渐弱化，为了突出区域的创新优势，地方政府开始重视营造具有地方特色的创新网络。新型研发机构作为地方政府与高校、科研院所和大型企业等合作落地的创新创业平台，以其为核心的协同发展网络是重要的地方特色创新网络，将从服务、产品、技术、知识等方面支撑区域产业高质量发展。目前，众多国家级高新区建立了以产业链和创新链结合的双螺旋发展模式，以产业协同创新为核心的产业高质量发展路径。

本节分别收集创新链和产业链上能对单一机构全要素生产率产生影响的因素，并利用元分析（Meta 分析）方法开展实证研究，揭示研究机构能提升区域经济全要素生产率的重点路径和影响因素。

新型研发机构的存在与我国国情息息相关，而又鲜有文献对机构全要素生产率进行研究，考虑到企业也是新型研发机构的重要组成部分，故将文献检索范围定义为我国国内高新技术产业相关的企业全要素生产率影响因素相关文章。2023 年 9 月，通过中国知网一轮文献检索后，获得相关文献 95 篇后，按照如下标准继续筛选：一是选取以高新技术相关企业作为全要素生产率研究对象的文献，剔除以城市、区域作为研究对象的文献；二是选取明确报告了样本数量、因素相关系统 r 或者可以转化为 r（t 值、F 值等）效应值的实证研究文献，剔除综述类、理论研究类等非实证类型文献，以及缺乏可计算数据的文献。经过多次遴选排查，最终获得 38 篇文献用于元分析，包括期刊论文 35 篇、学位论文 3 篇，文献的时间跨度为 2015～2021 年。

1. 文献编码和变量选择

基于上述目标文献，对包括文献内容、文献特征、效应统计量在内的数据进行编码整理。首先根据文献研究的具体内容，也就是全要素生产率的具体影响因素进行分类，在分类过程中将不同研究中内涵一致但有命名差异的因素归为一类（如将研发补贴、政府支持、政府补助等相似因素合并为政府补贴），对每一类影响因素的下的相关文献，记录文献的作者、研究对象（如哪一类别的企业）、数据处理的方法和回归方法，以及实证分析得出的影响因素作用于要素生产率的回归系数。进而根据回归系数记录或计算效应值（r）记录或计算效应值，具体处理方式为：如果同一个影响因素在同一样本下被使用多种方法进行回归，则取回归系数的算术平均值作为效应值；反之，如果研究中记录了含有多个不同独立样本的回归系数，则将每个回归系数作为独立的效应值进行记录和编码。

同时，文献的编码由两位研究人员分别独立完成，并对两份结果进行交叉核对与校准，最终得到编码一致性为 92.5%。总体来说，上述 35 篇目标文献共识别出影响企业全要素生产率的 74 个不同因素。根据 Rosenthal（1991）和目前研究的处理方法，将效应值频次大于等于 3 的 11 个影响因素保留，进行下一步的元分析，这 11 个因素及其定义如表 8-1 所示。

表 8-1　企业全要素生产率的元分析变量选择结果

因素名称	变量定义
政府研发补贴	从政府所获的研发补助
创新强度	开展研发的金额占营业收入的比例
专利产出	是否开展专利产出
信息化	信息、知识、技术流动强度
金融活动	金融化资产占总资产的比例
社会责任感	对社会作出的贡献评价得分
产出绩效	新产品销售收入占营业收入的比例
管理集中	第一大股东的持股比例
人力成本	员工工资的平均数
管理费用	开展管理活动资金占营业收入的比例
创业投资	是否获得创业投资

2. 元分析结果

根据元分析的结果，剔除存在发表偏倚的变量，表 8-2 展示了主效应分析的结果，考察政府研发补贴与企业全要素生产率的研究最为丰富（$k=21$），同时，剔除发表偏倚后余下的 9 个影响因素均与企业全要素生产率之间存在显著的相关关系。具体来说，开展金融活动（$r=-0.142$）与企业全要素生产率负相关，而政府研发补贴（$r=0.018$）、创新强度（$r=0.025$）、专利产出（$r=0.217$）、产出绩效（$r=0.114$）、人力成本（$r=0.244$）、信息化（$r=0.144$）、社会责任感（$r=0.008$）、管理集中（$r=0.109$）则与企业全要素生产率正相关。

表 8-2　主效应分析的结果

关键因素	k	N	r	LL	UL	Z
政府研发补贴	21	2 280 186	0.018	0.017	0.020	23.254***
创新强度	11	1 431 286	0.025	0.102	0.103	9.909***
专利产出	6	335 959	0.217	0.213	0.220	9.241***
产出绩效	5	1 287 603	0.114	0.100	0.127	16.396***
信息化	5	2 012	0.144	0.116	0.126	8.236***
金融活动	4	24 768	−0.142	−0.118	−0.093	−16.704***
社会责任感	5	54 758	0.008	0.004	0.013	3.71***
管理集中	14	37 496	0.109	0.107	0.110	12.122***

续表

关键因素	k	N	r	LL	UL	Z
人力成本	11	341 007	0.244	0.238	0.251	12.731***

注：k 为效应值的个数；N 为 k 个效应值对应的累计样本量；r 为基于样本量大小和效应值标准误为权重的总加权效应值；LL 和 UL 分别为效应值的 95%置信区间下限和上限，Z 为 Z 检验值。

剔除存在发表偏倚的影响因素后，基于主效应分析的结果，绘制如图 8-4 所示的影响关系强度图。

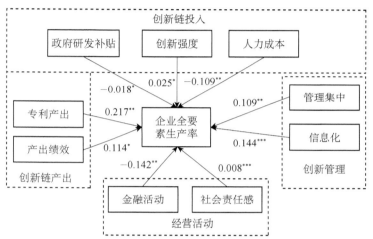

图 8-4　企业全要素生产率的影响因素与强度图

结合影响关系强度图，从产业经济分析的视角，以创新链与产业链发展为支撑点，构建机构绩效考核体系，以深入评价新型研发机构为实现自身全要素生产率的提高而做出的努力，将新型研发机构区域创新价值量化评价分为两个方面的一级指标，即创新指标及产业指标，以及 4 个方面的二级指标，即技术价值、知识价值、服务价值及产品价值，并建立新型研发机构网络协同区域创新价值量化模型，如图 8-5 所示。

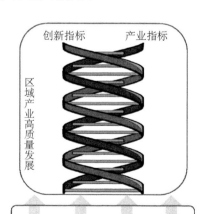

图 8-5　新型研发机构区域创新价值量化模型

按照作用模型，结合构建了如表 8-3 所示的基于全要素生产率的新型研发机构绩效评价体系（毛义华和李书明，2021）。

表 8-3　基于全要素生产率的新型研发机构绩效评价体系

一级指标	二级指标	三级指标
创新指标	技术价值（10 个）	R&D 经费额
		固定资产投资
		研发仪器设备原值
		技术创新中心/重点实验室/企业技术中心数量
		评价周期内的市财政科研项目经费收入
		评价周期内获得国家级科研项目经费收入
		评价周期内承担市财政科研项目数
		评价周期内获得国家级科研项目数
		评价周期内企业委托研发项目数
		创办企业中高新技术企业数量
	知识价值（17 个）	研发机构从业人员
		R&D 人员数量
		R&D 人员数量占职工总数比例
		博士或高级职称人员总数占职工总数比例
		入驻创新人才团队数量
		境外创新人才团队数量
		引进高层次创新人才数量
		培养的科研人才获得各类人才计划支持数
		有效发明专利拥有数
		有效实用新型专利拥有数
		有效软件著作权数
		国内核心期刊科技论文数
		国际三大数据检索系统收录的科技论文数
		论文总体被引用次数
		评价周期内牵头或参与制定标准数
		评价周期内获得科技奖励数
		R&D 课题数

续表

一级指标	二级指标	三级指标
产业指标	服务价值 （8个）	成立或管理的基金规模
		累计服务所在行业企业数
		是否加入产业技术创新联盟
		是否加入行业协会
		创办企业获得重点新产品数量
		创办企业获得撒手锏产品数量
		在境内外上市和挂牌的企业数（含新三板）
		创办企业实缴所得税增值税总额
	产品价值 （6个）	创办企业中高新技术产业营业收入额
		技术转让/开发/咨询/服务合同额
		评价周期内创办企业数
		评价周期内成果转化累计收入
		新产品开发数目
		创办企业获得股权融资资本总额

　　该评价指标体系较为全面地涵盖了区域创新价值所需要的各项基本指标，这样不仅能看到创新主体新型研发机构的变化和发展趋势，也能够观测到对区域创新价值的影响和作用。遗憾的是，鉴于数据获取的难度，目前缺乏对机构发展环境、政策、政府效率等方面的直接度量，这也是笔者今后工作中努力的方向和提升的空间。此外，为了保证指标体系的科学性，使得评价结果能够真正成为反映区域创新的技术价值、知识价值、服务价值和产品价值的先导性信息，今后将根据区域创新的发展需求和统计口径不断调整相关指标。

（三）确定新型研发机构区域创新价值评价指标的权重

　　根据指标选取原则，结合新型研发机构发展现状及数据统计指标，剔除重复指标、效率较差指标和难以获得数据指标，在对相关概念及理论界定的基础上，通过区域创新价值评价指标汇总和筛选，最终选取三级指标35个，构建综合的新型研发机构区域创新价值评价指标体系。综合考虑各种权重确定方法之后选取 AHP 对各指标权重进行确定。基于 AHP，以产业高质量发展指标体系模型为基础，对指标体系 35 个三级指标进行权重设计，其中技术价值 25%、知识价值 30%、服务价值 25%、产品价值 20%，具体设计如表 8-4 所示。

表 8-4　创新与产业指标评分及权重设计表

一级指标	二级指标	三级指标	权重/%
创新指标	技术价值 25%	R&D 经费额	3
		研发仪器设备原值	2
		技术创新中心/重点实验室/企业技术中心数量	4
		评价周期内的市财政科研项目经费收入	3
		评价周期内获国家级科研项目经费收入	3
		评价周期内承担市政科研项目数	2
		评价周期内获得国家级科研项目数	2
		评价周期内企业委托研发项目数	4
		创办企业中高新技术企业数量	2
	知识价值 30%	R&D 人员数量	2
		博士或高级职称人员总数占职工总数比例	2
		入驻创新人才团队数量	2
		引进高层次创新人才数量	3
		培养的科研人才获各类人才计划支持数	3
		有效发明专利拥有数	4
		有效实用新型专利拥有数	1
		有效软件著作权数	2
		国内核心期刊科技论文数	2
		国际三大数据检索系统收录的科技论文数	3
		评价周期内牵头或参与制定标准数	3
		评价周期内获得科技奖励数	3
产业指标	服务价值 25%	成立或管理的基金规模	2
		累计服务所在行业企业数	4
		是否加入产业技术创新联盟	3
		是否加入行业协会	3
		创办企业获得重点新产品数量	2
		创办企业获得撒手锏产品数量	2
		在境内外上市和挂牌的企业数（含新三板）	3
		创办企业实缴所得税增值税总额	6

续表

一级指标	二级指标	三级指标	权重/%
产业指标	产品价值 20%	创办企业中高新技术产业营业收入额	5
		技术转让/开发/咨询/服务合同额	4
		评价周期内创办企业数	3
		评价周期内成果转化累计收入	2
		新产品开发数目	3
		创办企业获得股权融资资本总额	3

本节基于产业经济发展视角，引入产业链和创新链结合的双螺旋发展体系，从理论上构建出三层次多指标的新型研发机构区域创新价值评价指标体系，该评价体系包含 2 个一级指标、4 个二级指标及 35 个三级指标。

第三节　新型研发机构与区域创新产出

在相关扶持政策的导向下，新型研发机构蓬勃发展，带动了各类创新主体积极参与关键共性技术、科技成果转化、创新孵化等活动，承担着解决区域创新发展需求的重要使命，为区域创新发展带来了新的活力。然而，从区域创新的角度来看，新型研发机构对区域发展的整体作用仍然不明确，无法得知政府扶持新型研发机构的发展是否推动了区域创新发展。现有关于新型研发机构推动区域创新发展评价的研究多关注评价指标的量化。为了更进一步评价新型研发机构区域发展效应，本节从新型研发机构扶持政策的层面出发，探究新型研发机构的发展是否对区域创新产出带来了实质性的推动作用。

一、理论假设

新型研发机构组建的重要目的在于加快理论成果向产业端转移，实现产学研各方的互动和交流，大量已有研究均证实了新型研发机构在知识转移、传播过程中所发挥的重要作用。例如，马文静等（2022）构建了知识从知识源（高校院所等知识生产主体）传播扩散到知识接收者（企业等知识应用主体）并被吸收、应用的知识转移模型，新型研发机构是介于高校和企业之间的中间组织，对既有理论知识的加工，形成以专利等为代表的研发成果是新型研发机构转移知识的途径之一。章小兵等（2023）认为，发挥好母体组织的成果，加快推进高校的科技成果转化效能，培育高价值专利是依托高校发展的新型研发机构的主要发展路径。吴浩等（2020）认为，新型研发机构贴合市场和产业、体制机制灵活等特征使其能更好地与企业开展合作，更高效地产出高价值专利，发挥重要的引领作用。归纳起来，新型研发机构产出专利的路径大多包含以下两条：一是可以依赖于高校等母体组织的创新知识，在既有成果的基础上开展进一步开发形成专利；二是可以和企业等创新组织进行合作，在技术和市场的双重导向下开发有利于产业发展的专利。从新型研发机构的绩效评价指标来看，专利产出是评价新型研发机构创新产出的重要指标之一。一方面，从各级政府评价政策层面来看，专利是考核新型研发机构发展情况的主要指标，如孙雯熙等（2020）对政府出台的新型研发机构评价指标进行了横向对比，专利产出情况是不同新型研发机构政策评价体系之间存在的共性；另一方面，在定量评价新型研发机构创新成效时，大多数研究将专利情况列举为关键要素，例如，把专利情况视为新型研发机构的创新产出，基于专利产出情况的变化来研究影响新型研发机构运作的因素（吴浩等，2020）。

因此，综合来看，专利是新型研发机构开展创新活动的重要产出。新型研发机构既具备了开展专利研发的人员、资金、场地等基本条件，同时拥有连接产学研各方的网络连接能力和集聚各方创新资源的资源整合能力，使得新型研发机构能快速发挥转化科研成果、满足产业需求的作用，产出数量、质量可观的专利成果，这也进一步导致了专利成为衡量新型研发机构发展情况的重要指标。更深入地来看，为了实现创新产出，新型研发机构带动各创新主体参与创新，实现了创新主体的协同，扩大了产学研合作的范围，形成了创新投入-产出之间的良性循环；为了融合科技与经济，新型研发机构针对产业创新不足开展创新活动，开发有助于区域产业升级转型的专利成果，形成了产业创新-产业进步的螺旋上升路径。可见，专利产出不仅是新型研发机构实现自身创新价值的重要手段，也是反映区域产学研协同情况的具体方式，更是带动区域产业创新的重要路径。综上所述，本文提出以下假设：发展新型研发机构有助于提升区域的创新水平。

二、研究设计

新型研发机构的发展得益于政策的扶持，政府牵头引导也是新型研发机构发展的优势之一。各级政府出台的系列针对新型研发机构的鼓励、引导、支持、认定政策为其提供了良好的发展环境。由于各区域新型研发机构的发展状况无法逐一评价，故以各区域政府出台的对新型研发机构的扶持政策来反映新型研发机构的发展。深圳市、广州市自 2015 年以来最早开始发展新型研发机构，对新型研发机构在我国的快速增长发挥了积极的示范引领作用。得益于广东省发展新型研发机构所带来的显著成效，2018 年以来，我国多数区域逐步开始效仿新型研发机构的发展模式，各区域政府纷纷出台相关扶持政策以形成一股推动区域创新的新兴力量。因此，为了科学地评价新型研发机构发展对区域创新所发挥的作用，本节以 2015 年深圳市、广州市出台的新型研发机构扶持政策作为研究对象，以区域专利产出情况作为区域创新产出的直观指标，采用 Abadie 和 Gardeazabal（2003）提出的合成控制法（synthetic control methods，SCM）进行政策效应研究，以反映政府扶持新型研发机构发展是否对区域创新带来了显著的推动作用。

合成控制法可以通过参照组的加权平均构造每个政策干预个体的"反事实"参照组，来模拟新型研发机构扶持政策未实施时的区域专利产出情况，以对比新型研发机构发展前后的专利产出差异。类似于进行了一种准实验研究，在同一时间对同一区域是否发展新型研发机构的两种状态进行对比，对比结果能较好地说明新型研发机构的发展是否对区域创新带来了显著的作用。相较于双重差分（difference in difference，DID）法和倾向得分匹配（propensity score matching，PSM）法，合成控制法通过对多个参照组对象进行加权，构造出一个与处理组完全相似的参考对象，能够更客观地评价扶持新型研发机构发展的效果，既减少了主观判断带来的误差，避免了政策内生性问题，又通过多个参照对象加权来模拟处理对象的情况，清晰地反映每个参照对象"反事实"时间的贡献。

假设本节选取了 $N+1$ 个区域在时间 T 内的专利产出情况，其中区域 1 在 T_0 时刻开始实施对新型研发机构的扶持，其他 N 个区域尚未实施。Y_{1i} 表示区域 i 在 t 期扶持新型研发机构发展的潜在结果，Y_{0it} 表示区域 i 在 t 期没有扶持新型研发机构发展的潜在结果，从而区域 i 扶持新型研发机构发展的效应为 $\tau = Y_{1it} - Y_{0it}$，其中 $i = 1, \cdots, N+1$，$t = 1, \cdots, T$。区域 i 在 t 期观测到的专利产出情况为 $Y_{it} = D_{it}Y_{1it} + (1 - D_{it})Y_{0it} = Y_{0it} + \tau_{it}D_{it}$，其中 D_{it} 为区域 i 在 t 期的扶持政策出台状态，若区域 i 在 t 期开始发展新型研发机构则取值为 1，反之则为 0。由于区域 1 在 T_0 时刻开始实施对新型研发机构的扶持，而其他 N 个区域尚未实施，那么对于 $t > T_0$，新型研发机构发展的效应可以表达为 $\tau_{1t} = Y_{11t} - Y_{01t} = Y_{1t} - Y_{01t}$。实际上在 $t > T_0$ 时期，虽然可以直接观测到 Y_{1t}，但无法得知其未发展新型研发机构时的潜在结果 Y_{01t}，为了估计区域 1 的反事实结果，Y_{01t} 可以按照 Abadie 等 (2010) 提出的模型表示：

$$Y_{0it} = \delta_t + \boldsymbol{\theta}_t \boldsymbol{Z}_i + \lambda_t \boldsymbol{\mu}_i + \varepsilon_{it} \tag{8-1}$$

其中，δ_t 是时间固定效应；$\boldsymbol{Z}_i$ 表示控制变量；$\boldsymbol{\theta}_t$ 是对应估计参数向量；λ_t 是一个 $1 \times F$ 维无法观测到的公共因子向量；$\boldsymbol{\mu}_i$ 是 $F \times 1$ 维系数向量；ε_{it} 是均值为 0 的随机误差项。进而通过对备选参照组区域的加权，拟合出实验组区域未出台新型研发机构扶持政策下的特征，估计出区域发展新型研发机构的创新效应。则式（8-1）可转化为

$$\sum_{j=2}^{N+1} \omega_j Y_{jt} = \delta_t + \boldsymbol{\theta}_t \sum_{j=2}^{N+1} \omega_j \boldsymbol{Z}_i + \lambda_t \sum_{j=2}^{N+1} \omega_j \boldsymbol{\mu}_i + \sum_{j=2}^{N+1} \omega_j \varepsilon_{it} \tag{8-2}$$

其中，$\omega_j (j = 2, 3, \cdots, N+1)$ 构成 $W \times 1$ 维权重向量组 $\boldsymbol{W} = (\omega_2, \cdots, \omega_{N+1})'$，对于 $\forall N$，均满足 $W_j \geqslant 0$，且 $v_2 + \cdots + v_{N+1} = 1$，同时假定向量组 $\boldsymbol{W}^* = (\omega_2^*, \cdots, \omega_{N+1}^*)'$，使得

$$\sum_{j=2}^{N+1} \omega_j^* Y_{j1} = Y_{11}, \quad \sum_{j=2}^{N+1} \omega_j^* Y_{j2} = Y_{12}, \quad \sum_{j=2}^{N+1} \omega_j^* Y_{jT_0} = Y_{1T_0}, \quad \sum_{j=2}^{N+1} \omega_j^* \boldsymbol{Z}_j = \boldsymbol{Z}_1 \tag{8-3}$$

若 $\sum_{t=1}^{T_0} \lambda_t^* \lambda_t$ 为满秩，即可得

$$Y_{01t} - \sum_{j=2}^{N+1} \omega_j Y_{kt} = \sum_{j=2}^{N+1} \omega_j^* \sum_{s=1}^{T_0} \lambda_t \left(\sum_{n=1}^{T_0} \lambda_n' \lambda_n \right)^{-1} \lambda_s' (\varepsilon_{js} - \varepsilon_{1s}) - \sum_{j=1}^{N+1} (\varepsilon_{jt} - \varepsilon_{1t}) \tag{8-4}$$

参考 Abadie 等（2010）的结论，在 $T_0 < t \leqslant T$ 时，式（8-4）等号两边趋于 0，表示区域 1 的反事实结果可以近似用合成控制组来表示，$\hat{Y}_{01t} = \sum_{j=2}^{N+1} \boldsymbol{\omega}_j^* Y_{jt}$，从而得到实施的效果估计值为

$$\hat{\tau}_{1t} = Y_{1t} - \sum_{j=2}^{N+1} \boldsymbol{\omega}_j^* Y_{jt} \tag{8-5}$$

三、实证检验

（一）数据来源及变量说明

由于广东省于 2015 年最早出台并落实针对新型研发机构的扶持政策，故选取广州市、深圳市作为实验组，和广州市、深圳市具有相似创新发展情况的多为我国省会及大中城市，而这些区域也基本于 2018 年起逐步实施对新型研发机构的扶持政策。为了更精确地模拟广州市、深圳市发展新型研发机构前后的实际情况，本节采用 2008~2018 年中国 42 个大中城市的平衡面板数据来分析新型研发机构的发展对区域创新的影响。数据来源于历年《中国城市统计年鉴》和国家统计局网站。

新型研发机构对区域发展的贡献体现在诸多层面，本节选取区域专利产出情况作为度量城市创新的变量。为了考虑合成控制对象的拟合效果及结果的稳健性，参照刘甲炎和范子英（2013）的做法，需要尽可能加入一些影响产业转移的重要因素作为预测控制变量。本节选取人均 GDP、进出口额、财政教育支出、财政科技支出、工业企业利润、高技术产业（计算机信息软件业、科技勘查业）从业人员数为预测控制变量，其中对人均 GDP 取对数（ln 人均 GDP）代表区域的劳动生产率；对进出口额取对数（ln 进出口额）代表区域对外开放情况；对财政教育支出、财政科技支出取对数（ln 财政教育支出、ln 财政科技支出）代表区域政府对教育、科技事业的支持情况；对工业企业利润取对数（ln 工企利润）代表区域产业发展情况；高技术产业从业人员数量反映区域创新活动的强度。

（二）合成控制结果

尽管广州市和深圳市均是我国第一批鼓励支持发展新型研发机构的区

域，但由于创新活动的倾向性存在一定差异，同时各地级市政府对区域发展新型研发机构的支持手段也略有区别，因此，本节不考虑采用将两个试点城市混合研究的方法，而是分别构建广州市和深圳市的合成控制城市，分别对其发展新型研发机构的情况进行实证。

首先对广州市发展新型研发机构对区域创新的贡献情况进行实证。在 40 个参照区域中计算出构成合成广州市的权重组合，其中北京市、天津市、上海市、宁波市、厦门市共 5 个区域的权重分别为 0.123、0.221、0.059、0.025、0.572，因此选择这些城市合成广州市。对 2015 年发展新型研发机构之前真实广州和合成广州的重要预测变量进行对比，如表 8-5 所示。从预测变量的拟合程度来看，相较于 42 个区域的平均水平，真实广州市和合成广州市的差距进一步缩小，而从随机抽取的 2010 年、2012 年拟合的效果来看，拟合的差异度也较小。基本可以认为，合成控制法较好地拟合了发展新型研发机构前广州市的真实发展情况。继而，进一步分析发现新型研发机构前后真实广州市和合成广州市专利申请数量的路径演进情况，如图 8-6 所示。在 2015 年之前，真实广州市和合成广州市专利申请的发展路径基本吻合，而在 2015 年广州市开始发展新型研发机构之后，真实广州市的专利申请情况显著提升，尽管合成广州市专利申请的数量也有逐年提升的趋势，但专利申请数的增长情况远不及真实广州市，甚至在 2017～2018 年呈现出下滑的趋势。实证结果证实了，广州市在 2015 年开始发展新型研发机构以来，确实带动了其专利申请情况。

其次更换研究对象，对深圳市发展新型研发机构前后的情况进行实证检验。在 40 个参照地区中构建匹配深圳市发展的地区权重组合，经检验，北京市、天津市、上海市、苏州市、厦门市分别以 0.022、0.468、0.316、0.183、0.011 的权重拟合构成"合成深圳市"。表 8-5 同样给出了真实深圳市和合成深圳市关键预测变量的对比，及抽取 2010 年、2012 年专利申请情况进行拟合的情况。从真实深圳市、合成深圳市的拟合效果来看，在 2015 年深圳市发展新型研发机构前，真实深圳市和合成深圳市的情况基本一致，二者之间拟合的整体差异度也较低，基本认为合成控制法较好地对深圳市发展新型研发机构前的情况进行了拟合。进一步对发展新型研发机构前后真实深圳市、合成深圳市专利申请数量的路径演进情况进行分析，如图 8-7 所示。可见，在 2015 年前，真实深圳市和合成深圳市之间专利申请数量的发展趋势基本保持一致，2015 年及之后，随着深圳市大力推动新型研发机构的发展，真实深圳市专利申请数量的增长趋势远远快于合成深圳市，相比之下，合成深圳市专利申请数量的增长略显缓慢，2016～2017 年出现了平缓的发展趋势。可见，对于深圳市而言，新型研发机构的发展为区域专利申请水平的提升带来了一定的正面作用。

表 8-5 预测变量拟合结果对比

变量	平均值	真实广州市	合成广州市	真实深圳市	合成深圳市
计算机信息软件业从业人员数/万人	4.854 264	6.477 143	8.078 866	7.145 714	7.840 800
科技勘查业从业人员数/万人	5.239 740	9.601 429	9.599 714	5.882 857	10.900 190
ln 人均 GDP/ln 亿元	11.175 130	11.600 460	11.307 010	11.818 22	11.425 630
ln 进出口额/ln 亿元	5.736 842	9.058 854	6.868 392	8.274 011	7.531 350
ln 财政教育支出/ln 万元	13.911 470	14.287 260	14.007 430	14.443 120	14.909 670
ln 财政科技支出/ln 万元	12.149 060	12.822 610	12.553 010	13.645 040	13.639 470
ln 工企利润/ln 万元	15.402 900	15.994 160	15.312 930	16.409 020	16.418 980
2010 年专利申请数/件	18 368.52	20 803.00	20 808.48	49 422.00	50 101.09
2012 年专利申请数/件	31 615.00	33 387.00	32 705.48	73 109.00	73 071.14

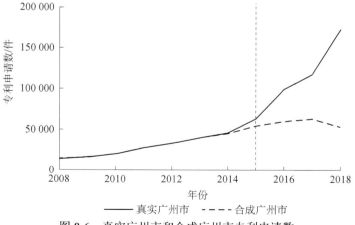

图 8-6 真实广州市和合成广州市专利申请数

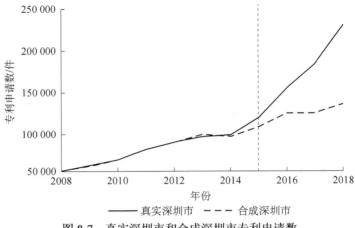

图 8-7　真实深圳市和合成深圳市专利申请数

（三）稳健性检验

1.排序检验

为检验合成控制法检验结果的稳健性，证明实证分析中产生的差异确实是由发展新型研发机构造成的，而非未观测到的其他外在因素，本节采用Abadie 等（2010）提出的一种类似于中秩检验（rank test）和排序检验（permutation test）方法，用以判断其他城市出现与广州市、深圳市相似创新发展情况的概率。具体思路为，假设参照组地区均于2015年开始发展新型研发机构，利用合成控制法为每一个地区构建一个对应的合成控制对象，然后将其与广州市、深圳市实际发生的创新产出进行比较，若二者之间的差距足够大，就可以认为发展新型研发机构为区域专利产出带来的提升效果是显著的，而非偶然的。

根据上述方法，本节对控制组中的所有城市进行了安慰剂检验，模拟了其余40个地区的实际专利产出水平和与之对应的合成控制地区的专利产出水平之间的差距，并将每个地区的差距与原广州市、深圳市的估计结果进行了比较。若某一地区在2015年之前年份的拟合结果就不理想，即实际专利产出情况和合成专利产出情况的差距过大，则会导致2015年之后测算结果的波动变大，那么这一类地区参与模拟的意义就不大。参考Abadie 等（2010）的研究，本节去除了均方差距大于实验地区1.5倍的城市，以满足实验条件。经计算，本节进行广州市专利申请数的排序检验时，剔除了北京市等 3 个城市，保留了其余的 37 个参照组城市；而在进行深圳市专利申请数的排序检验时，仅剔除了北京市，保留 39 个参照组城市。最终稳健性检验结果如图 8-8、图 8-9 所示。在政策实施前，广州市、深圳市和其他市的差距并不大，但在政策开始实施后，广州市逐步与其他城市拉开差距，并在 2017 年及之后位于所有城市的最上方，说明如果发展新型研发机构对广州市专利申请没有产生实际效果，则广州市位于所有城市上方的概率应为 1/38，即 2.63%，可以认为发展新型研发机构对广州市创新发展起到了提升作用，且这种作用在 5%的水平上是显著的。对于深圳市而言，自 2015 年开始推动新型研发机构的发展以来，深圳市的发展情况始终保持在其他所有城市之上，说明如果发展新型研发机构对深圳市专利申请没有产生实际效果，则深圳市的专利产出差值高于其他城市的概率应为 1/40，即 2.5%，可以认为发展新型研发机构对深圳市创新发展起到了十分显著的促进作用，这种促进作用在 5%的水平上显著。综上可知，新型研发机构的发展对提升广州市、深圳市专利申请数，带动地区创新发展的作用是显著的，研究假设成立。

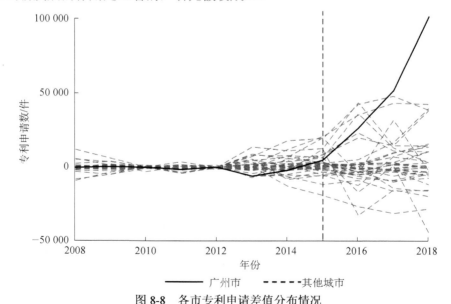

图 8-8　各市专利申请差值分布情况

实线代表广州市，虚线表示均方预测误差的平方根（root mean square prediction error，RMSPE）比广州市 1.5 倍低的城市

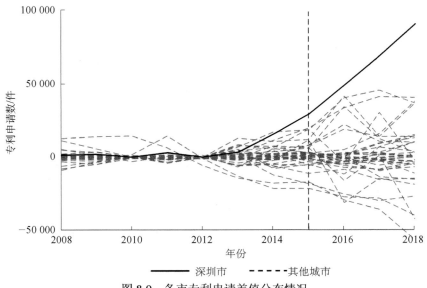

图 8-9　各市专利申请差值分布情况
实线代表深圳，虚线表示 RMSPE 值比深圳市 1.5 倍低的城市

2. 处置组变化

为了进一步地证实研究结论的稳健性，选择天津市、青岛市两个城市，采用虚假实验的方法进行检验。一方面，由于天津市在广州市、深圳市两个城市的合成中都占据了相当大的比重；另一个方面，由于青岛市虽然未在广州市、深圳市的合成中占有权重，但是青岛市同样属于东部沿海城市，地区创新水平较强，在地域特征上与广州市、深圳市类似。对天津市、青岛市两个城市利用合成控制法进行检验，合成控制结果如图 8-10 及图 8-11 所示。对比广州市、深圳市的情况可发现，假设二者于 2015 年开始发展新型研发机构，实验结果显示，天津市、青岛市的实际专利申请情况都与合成天津市、合成青岛市的专利申请情况类似，并未表现出较大的差异，甚至合成市的专利申请情况超过实际的专利申请情况。该结果在一定程度上证实了新型研发机构的发展确实影响了广州市、深圳市的专利创新，而未实施新型研发机构的城市则没有表现出相应的创新结果，新型研发机构带动区域专利创新的结果并非偶然。

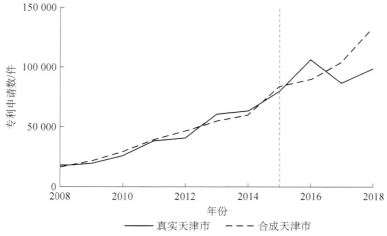

图 8-10　真实天津市和合成天津市专利申请数

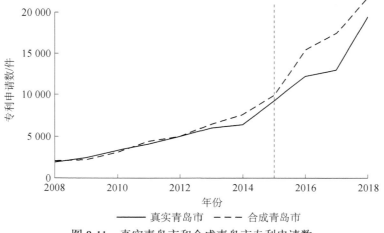

图 8-11　真实青岛市和合成青岛市专利申请数

3. 更换结果变量

新型研发机构的本质仍然是一种区域创新组织，因此站在区域创新的角度，发展新型研发机构不仅表现在对城市创新产出具有驱动作用，而且会直接引起区域研发机构数量的变化。因此，为了证实研究结论的可靠性，进一步将专利产出更换为当年研发机构数进行合成控制。广州市、深圳市的合成结果分别如图 8-12、图 8-13 所示，不管是广州市还是深圳市的实际研发机构数都远远超过了合成广州市、合成深圳市的研发机构数，结果证实了发展新型研发机构对地区创新有推动作用。

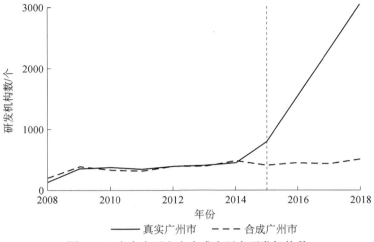

图 8-12　真实广州市和合成广州市研发机构数

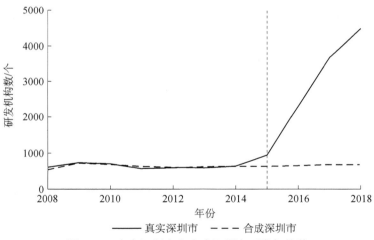

图 8-13　真实深圳市和合成深圳市研发机构数

四、小结

创新驱动发展是我国需要长期实施的重要战略。发展新型研发机构正是在创新导向下形成的、带动区域创新的重要路径。为了证实发展新型研发机构对区域创新的作用，本节基于我国 42 个大中城市 2008～2018 年的平衡面板数据，采用合成控制法对广州市、深圳市发展新型研发机构前后区域专利产出的情况进行对比量化分析。研究结果证实了新型研发机构确实推动了区域创新发展，新型研发机构是区域创新发展的重要路径之一。

一方面，广州市、深圳市发展新型研发机构所取得的显著成效为后续在我国大面积推广新型研发机构这种新兴发展模式提供了一个较好的实践参考。2018 年以来，我国东部沿海地区逐渐开始尝试推行新型研发机构，将新型研发机构纳入区域创新发展体系，区域政府尝试通过扶持新型研发机构来带动区域创新发展。2019 年科技部印发的《关于促进新型研发机构发展的指导意见》积极支持把新型研发机构列入我国创新路径之一，各区域政府也随着这股发展的浪潮积极实施对新型研发机构的扶持政策，政府是新型研发机构发展的重要推手。在这个发展趋势下，区域政府应加快完善对新型研发机构的扶持制度，既要鼓励支持其发展，又要加快落实对其监管。新型研发机构要快速发展，但也不能只在机构数量上盲目发展，必须针对区域发展的技术难题，针对性地组建发展新型研发机构，使其成为区域创新的引领者和支柱。

另一方面，现阶段新型研发机构的发展对区域创新的贡献在很大限度上得益于区域政府给予的资金、场地等层面的支持，但新型研发机构作为科研组织发展的新模式，最终要摆脱对政府支持的依赖，实现独立行走。区域政府在扶持新型研发机构的同时要认识到自身的定位，政府应起到引领其发展、适时给予其帮助的作用，而非过度参与或过度支持。因此政府在现阶段给予新型研发机构扶持的同时，也要关注培养、考察机构自身的"造血、供血"能力，帮助其实现自我行走，实现独立运作；同时不能过分参与新型研发机构的日常管理和运作，保证机构管理层能自主完成科研团队的引进和科研项目的推进。

在区域政府的引导和支持下，新型研发机构的发展对区域创新的贡献不容忽视，进一步完善支持其发展的政策，制定更合理的绩效考察制度，引领而非干预其发展，是政府发展区域新型研发机构、推动区域创新所应该着重考量的内容。

本章参考文献

陈雪，叶超贤. 2018. 院校与政府共建型新型研发机构发展现状与问题分析. 科技管理研究，38（7）：120-125.

代明，梁意敏，戴毅. 2009. 创新链解构研究. 科技进步与对策，26（3）：157-160.

傅晓霞，吴利学. 2006. 技术效率、资本深化与地区差异——基于随机前沿模型的中国地区收敛分析. 经济研究，（10）：52-61.

郭庆旺，贾俊雪. 2005. 中国全要素生产率的估算：1979—2004. 经济研究，（6）：51-60.

刘甲炎，范子英. 2013. 中国房产税试点的效果评估：基于合成控制法的研究. 世界经济，36（11）：117-135.

刘伟，张辉. 2008. 中国经济增长中的产业结构变迁和技术进步. 经济研究，43（11）：4-15.

马文静，胡贝贝，王胜光. 2022. 基于新型研发机构的知识转移逻辑. 科学学研究，40（4）：665-673.

毛义华，李书明. 2021. 新型研发机构区域创新价值量化及提升路径：基于浙江大学的产业经济分析视角. 中国高校科技，（6）：8-11.

宋煊懿. 2016. 中小企业在创新链中的主体作用研究. 经济纵横，（5）：50-56.

孙雯熙，陈春，高峰，等. 2020. 新型研发机构评价研究综述及启示建议：评价流程视角. 科技管理研究，40（23）：100-107.

吴浩，李雪，崔荣，等. 2020. 新型研发机构高价值专利培育. 合作经济与科技，（14）：98-99.

习近平. 2017. 习近平：决胜全面建成小康社会 夺取新时代中国特色社会主义伟大胜利——在中国共产党第十九次全国代表大会上的报告. https://www.gov.cn/zhuanti/2017-10/27/content_5234876.htm[2023-10-27].

谢建新，杨钋. 2021. 政府与高校共建新型研发机构的创新成效提升路径. 科技管理研究，41（12）：94-99.

徐顽强，乔纳纳. 2018. 2001—2016年国内新型研发机构研究述评与展望. 科技管理研究，38（12）：1-8.

章小兵，韩冰，高文通. 2023. 校地融合高校新型研发机构的发展路径. 高等工程教育研究，（1）：116-121.

Abadie A, Diamond A, Hainmueller J. 2010. Synthetic control methods for comparative case studies: estimating the effect of california's tobacco control program. Journal of the American Statistical Association, 105(490): 493-505.

Abadie A, Gardeazabal J. 2003. The economic costs of conflict: a case study of the Basque country. American Economic Review, 93(1): 113-132.

Kuznets S. 1971. Modern economic growth: findings and reflections. American Economic Review, 63(3): 247-258.

Rosenthal R. 1991. Meta-analytic procedures for social research. Beverly Hills: Sage Publications, Inc.

Young A. 1994. Lessons from the East Asian NICS: a contrarian view. European Economic Review, 38(3-4): 964-973.

Young A. 2003. Gold into base metals: productivity growth in the People's Republic of China during the reform period. Journal of Political Economy, 111(6): 1220-1261.

第九章　可持续发展的路径

新型研发机构属于新生事物，其功能定位特殊并且业务范围广泛。在当前的国际形势下，新型研发机构的发展存在诸多不确定性，世纪疫情影响深远，经济复苏乏力，局部冲突和动荡频发，我国发展进入战略机遇和风险挑战并存、不确定难预料因素增多的时期，各种"黑天鹅""灰犀牛"事件随时可能发生。对于新型研发机构来说，大部分机构依靠政府的资金支持，自我造血能力较弱，未来的发展方向和路径也存在诸多不确定性。在区域层面，尽管各地拥有较多新型研发机构的支撑基础，但是我国区域创新生态的发展大多处于规划和建设初期，仍然面临着诸如创新功能和区域功能空间隔断、体制机制束缚、创新要素集聚能力弱、创新主体协同度不高等问题。明确已有创新组织融入区域创新体系并发挥重要作用的具体路径，是我国区域创新所面临的重要任务，也是新型研发机构未来的发展方向之一。本章以科技创新体制的传统与新模式为出发点，选择科技园区、创新联合体和区域创新中心三种创新生态内可形成的群落形式，积极探索新型研发机构与三种群落之间交互发展的可操作性路径。各节分别介绍了三种创新群落的内涵与特征，进而有针对性地提出了新型研发机构与之融合的路径，为新型研发机构参与全国创新网络建设和发展提供一定的参考。

第一节　与创新联合体的交互

2020 年 10 月 29 日，中国共产党第十九届中央委员会第五次全体会议通过的《中共中央关于制定国民经济和社会发展第十四个五年规划和二〇三五年远景目标的建议》中指出，应"强化企业创新主体地位，促进各类创新要素向企业集聚。推进产学研深度融合，支持企业牵头组建创新联合体，承担国家重大科技项目"。次年，习近平总书记在两院院士大会中指出要"加快构建龙头企业牵头、高校院所支撑、各创新主体相互协同的创新联合体，提高科技成果转移转化成效"（习近平，2021）。同年，"创新联合体"首次被写入2021年版《中华人民共和国科学技术进步法》，其重要程度可见一斑。

一、创新联合体的定义和内涵

创新联合体是由行业内的龙头企业（包括但不限于科技领军企业）牵头，聚焦其所在产业内的创新发展需求和重大科技攻关任务，联合产业链内上下游的企业，以及有关高校和科研院所，乃至有关的产业园区和投融资机构，以政府引导、企业出题、多方出资、科企共研、企业验收、成果共享的合作思路，围绕解决制约产业发展的关键核心技术问题这一共同目标与使命，不断探索成熟的组织模式和运行机制，构建产业创新生态并实现技术与市场之间的协同螺旋上升式发展的新型创新组织。

根据创新联合体的定义可将其特征概括为如下三个方面。

（1）创新联合体由行业龙头企业（包括但不限于科技领军企业）牵头，围绕"卡脖子"技术展开攻关。创新联合体的牵头单位为企业，且是行业内具有一定影响力的企业。尤其对于创新型的领军企业来说，其针对产业前沿技术展开了大量的研发工作，具备了参与全球竞争的实力，也有能力联合高校和院所开发前沿技术，争做创新联合体的牵头单位义不容辞。因此，牵头单位不仅要有能够组织其所在产业内上下游的企业积极参与的能力，同时能够明确产业内的关键核心技术需求所在，并以市场需求为纽带，进而有效联合高校和科研院所，展开自主研发，进行国家重大科学技术的层层突破。

（2）联合体内的成员单位应至少包括产业链内上下游企业和学研机构。创新联合体内的其他企业应积极配合牵头企业，以企业自身的技术需求为出发点，主动与相应的高校和科研院所匹配，组建并形成研发团队，不断探索成熟的组织模式和运行机制，充分发挥各方优势。

（3）联合体建设的方式呈现多样化的特征。在目前创新联合体的定义下，其运作有多种组织与建设方式：可联合各成员单位通过"揭榜挂帅"等多种形式共同申请承担国家和省重大科技计划项目；也可以组建实体型的创新联合体，由各个单位，并在必要时联合金融机构出资建设，充分运用企业和学研方的人才组建研发团队，推动技术共享、技术转移，推进科技成果转化和产业化发展。

二、创新联合体现阶段的建设困境

加快创新联合体建设是推进国家科技创新体制结构改革、全面强化国家创新体系效能、提升国家创新资源配置效率和解决关键核心技术"卡脖子"问题的重要手段，也是有效解决高校科技成果存在的市场导向不足、提升中小企业创新能力等微观创新主体面临的科技创新及其成果转化的现实问题的重要方式。

然而，地方在展开创新联合体的建设工作中，存在以下几个方面的问题。

首先，行业共识与资源合力未形成，行业领军企业和高校院所之间未能形成有效的协同合作与创新模式，具体来说，许多地方的创新联合体在建设过程中存在行业领军企业数量不足这一问题，如苏州和上海等地，而在协同创新层面，主要在于院所的协同创新能力不足，有学者发现，企业-高校、企业-企业成为企业牵头创新联合体合作网络的主要模式，也就是说，科研院所在创新联合体的建设过程中并未能充分发挥其应有的作用和价值。

其次，创新联合体的组建运行与治理机制不成熟，基于博弈论构建理论模型模拟各方的合作行为发现，创新联合体利益主体的多元化及其利益诉求的复杂性导致各方在创新协作中不可避免地存在着利益冲突，增加了利益整合与平衡的难度，影响了创新联合体的发展。特别是对于富有创新能力和创新精神的中小企业来说，企业参与创新联合体的初始目的是追求短期利益最大化，因此创新联合体在成立的初期，会存在信任问题下的不稳定性。只有随着主体间合作程度和时长的加深，成员间开始相互依赖，才能就产业链价值链的发展、降本增效等方面密切配合，形成创新联合体自身的自主创新能力。

最后，创新联合体建设的专项政策不完善，尽管我国多个省市已经下发有关创新联合体组建工作的方案和政策，但仍存在对于创新联合体的扶持政策不够具体等普遍问题，多数的保障和支持政策是将创新联合体纳入创新生态建设这一类广义的政策范围，而并未对其发展建设提供针对性的支持。

三、新型研发机构与创新联合体

针对创新联合体现阶段存在的问题，结合新型研发机构的功能定位，本节从协同创新和运行管理两个层面，提出了新型研发机构与创新联合体共同发展的对策建议。

（一）加强三类协同，增强创新能力

1. 院企协同

新型研发机构与高校、企业三方协同，是协同网络中较为广泛使用的链接，高校提供科研技术能力，企业提供市场化支持和商业化运作，新型研发机构既提供一定技术，又提供平台进行协同创新。加强院企协同，构建可靠、前沿、高效的协同体系，布局产业行情的未来趋势，优化网络协同创新的网络关系韧度，加大开放产业平台，畅通院企循环通道，依托协同平台加大区域协同创新的发展力度，完善科研节点联动体系，改善行业市场的瓶颈现状。

2. 科研机构协同

当前高校在全国范围内纷纷建设隶属于高校的科研机构，不同科研机构的侧重点和研究亮点有所区别，不同机构间的交流互通促进网络协同创新的机会成本，提高协同创新的效率。推动科研机构协同，打通创新创业资源和协同网络的沟通渠道，确保协同网络有能力填充，有机会担当，有资源供应，打破科研机构壁垒，形成科研、科技、知识、技术的良性循环，改善行业均衡发展趋势，实现同行之间优势互补的良好风气。

3. 学科交叉协同

科研科技并不能只靠一门学科或者一项技术就能实现和达到，它需要多项学科的共同合作交流，需要多项技术的融会贯通。促进学科交叉协同是行业发展的必然趋势，它能促进一个新产业的诞生，在现有基础上进行科学研究和技术创新，提高创新创业的效率，增强学科的互补性，顺应时代的交融性。网络协同创新中的科学交叉协同能极大完善技术结构的调整，保持知识交叉协作的合理性，发挥多学科体系对协同创新的助力作用。

4. 求同存异的原则

协同主体间的性质并非完全一样，并非完全战略相同，企业、新型研发机构、高校、科研院所、政府、投融资机构等都属于协同主体的一员，每个单位所追求的目标和利益不一样，然而在创新创业这一层面，各个主体的目标性会相对明确，能走在同一条道路上。因此网络协同创新要求协同主体们坚持求同存异的原则，在保证自己利益不减少并且不损害大众利益的基础上，发挥自身独特的优势特色，为主体创造出更多的价值和产出，从而促进协同网络的可持续性发展。

（二）明确功能定位，完善运行制度

"发展创新功能"强调汇聚更多的高水平人才、资金等资源用于创新研发，"发展创业功能"则更强调拓宽横向纵向资金来源、招募多样化人才和加强固定资产投入。二者在资源需求、管理模式等方面的区别要求组织做好自身功能定位，选择匹配系统所处阶段的发展方向与战略，依据创新创业发展进度适时转变发展战略。

1. 分阶段匹配相应的管理机制

为更好地推动创新联合体的运行，可借鉴新型研发机构的某些特色模式。以清华大学电子信息研究院为例，在项目攻关和科研成果产出阶段，研究院通过"知识产权收益分配制度"将大部分产权收益分配给成果完成人，在鼓励专利成果产出的同时，无论是新型研发机构本身，还是创新联合体内的成员单位，均应根据产业需求最大效率地进行经费支持；而在项目创业发展阶段，团队的负责人将不直接参与成果转化阶段的企业运营管理工作，而是通过"首席科学家制度"为后续技术提供指导意见，并对外招募专业执行主管（chief executive officer，CEO）、技术主管（chief technology officer，CTO）负责孵化企业的运作与管理。因此，新型研发机构在创新联合体中能够发挥的作用要区分对待，应根据项目的不同阶段，在新型研发机构内匹配相应的人才展开工作。

2. 建立优胜劣汰的项目竞争机制

机构不缺项目，缺的是有产出、有前景、有产业认同性的项目，在资金有限、资源有限的前提下，对项目的甄别和淘汰是必需的措施。机构建立优胜劣汰的项目竞争机制，保证社会资源流往高产能、高价值、前沿性、优质性的项目团队中去，剔除无法完成目标任务或者前景堪忧的项目团队，从而巩固壮大优胜劣汰的竞争氛围，督促每个项目保持逐步增长的状态，及时反思，及时复盘，时刻维持冲锋向前的研究状态。

3. 组建稳定的技术研发团队

技术研发团队是新型研发机构专业层面的人员，是成果产出、收入创造的中坚力量，并且是知识协同体系中不可或缺的纽带。但是当下现状，技术研发团队并不稳定，岗位调动、地域调动、技术能力不足、专业知识匮乏等现象时常存在。机构需要集中精力组建一支稳定的技术研发团队，加大重要项目和关键核心技术的攻关力度，提升机构产业技术能力，形成具有更强创造力、更高凝聚力、更深钻研力、更广知识面的专业化人员关系网络。

4. 健全考核激励机制

技术层人员、管理层人员、运营层人员是新型研发机构的主要人员，在机构中人员的工作状态、工作积极性间接影响到整个机构的发展力度。机构建立健全考核激励机制，对创新人才与创业人才予以差异化管理模式，如实施具有针对性、周期性、合理性的员工绩效考核体系：对于从事研发的科研人员而言，以创新成果考量其工作绩效；对于从事孵化企业管理、生产等非研发人员而言，则应强调按照企业绩效考评标准考核其工作成效，以提高孵化企业运转的效率。在奖惩上，对未达工作指标的人员进行批评教育，对完成工作指标的人员进行奖励，对超额完成工作指标的人员进行加倍奖励，营造机构整体积极向前的工作氛围，带动协同网络中人员的互通有无程度，打通人员间的沟通渠道，进而促进网络协同创新体系的健康发展和良性进步。

5. 落实严格化的财务结算规范

新型研发机构的资金流入、"四技收入"、工资流出、奖励支出是财务层面的重要动态，当下机构对财务管理缺失一定的严谨性和规定性，使得机构虽有产出，但财务状况不够明晰、透明。机构需要落实更为严格的财务结算规范，保证资金的流动状况得到充分的监控，使得成果产出的收益同样得到监督，从财务角度对机构绩效进行考核，正反馈于科研中心、项目团队、孵化企业，促进科研科技、平台服务、项目孵化工作的推进。

第二节　与区域创新中心的交互

党的十八大以来，创新被置于国家发展全局的核心位置，国家创新发展能力取得长足进步，但创新发展的整体布局仍然存在不平衡、不充分等问题。为优化我国创新资源配置，形成"以点带面，全面发展"的创新格局，"十四五"规划和党的二十大报告中均指出，要加快推进区域科技创新中心建设。

一、定义和内涵

随着全球新一轮科技革命和产业变革的到来，构建高效的国家创新体系已经成为各国提高创新能力的主要途径。区域创新中心被认为是国家创新体系的重要基础设施，其与区域创新体系之间存在紧密联系，是区域经济增长的重要引擎。作为重振制造业的一部分，美国奥巴马政府曾提出要在全美设立 45 家制造业创新研究所，并将其链接成为网络，拜登政府则延续了相关做法，出台的《2021 年美国创新与竞争法案》提出在美国国内设立 10～15 个"区域技术中心"（Regional Technology and Innovation Hub），构建除硅谷外的更多高科技产品和产业的研发网络。Kulikova 等（2016）提出了区域创新中心发展的流程、阶段及其组织架构的关键要素，为该中心建设提供了理论参考。

"十四五"以来，我国提出了发展区域创新中心的重要任务。区域科技创新中心（简称"区域创新中心"），是在北京建设全国科技创新中心和上海建设具有全球影响力的科技创新中心的基础上提出的新兴概念，旨在建成"创新人才、科技要素和高新科技企业集聚度高，创新创造创意成果多，科技创新基础设施和服务体系完善"的区域，进而逐步提高我国创新体系的整体效能。从宏观上看，区域创新中心的建设是国家创新驱动发展的重要支撑，从微观上看，区域创新中心的发展将带动区域产业技术创新，进一步提升区域的自主创新能力。

在区域创新中心的内涵上，国内学者对其理解有所差异，如周凯（2012）认为，区域创新中心是一个由众多子系统相互联系而支撑起的孵化体系；丛海彬等（2015）认为，区域创新中心由一组具有共有性结构和制度安排的新型产学研联盟组织构成；黎晓奇和罗晖（2021）进一步将区域创新中心定义为对区域、全国乃至世界产生关键性的引领示范作用和辐射带动效应的创新网络。总的来说，学者们基本认同将区域创新中心的本质理解为，集聚创新资源要素并为区域发展提供创新动力的合作创新网络体系。

二、区域创新中心的网络特征和结构

（一）特征

创新网络作为一种创新主体之间通过创新合作形成的关系总和，具有不同于一般集群或者网络的特征。具体来说，具有动态交互性（嵌入性）、开放性、系统性和嵌入/根植性等几个特征。动态交互性有两个方面，一个是同一主体下不同个体的交互，如随时间发展而变化的企业间的交互作用，另一个是不同主体的交互，如科研机构与企业之间不断进行交流而调整自己的发展方向；开放性是指创新网络不是封闭的系统，需要与外界随时保持联系，进行资源、人才、知识、技术的交流联系；系统性或自组织性是指网络内的资源、知识信息的扩散、传递、反馈等可以在整个网络中自主完成，并在一定条件下保持自身稳定；根植性指的是根植地方或本地，借助其各类资源，包括地方经济规模、人口规模、创新投入水平、外商投资、交通设施等层面的资源，不断发展壮大。

（二）结构

创新网络包括外部网络和内部网络两部分，外部网络是指创新网络与外界的信息、资源、人才、技术等交流联系的开放网络，主要对创新系统起到保护与维持稳定的作用。一般认为，创新网络可以分成星形网络、树形网络、网状网络等形式。内部网络是核心，可以继续分为创新核心层和创新支撑层，其中创新核心层主要由企业组成，这是创新系统中最重要的创新主体；创新支撑层是由政府机构、高等院校、研发机构及中介服务机构组成的，创新支撑层的组织机构联系比较紧密，各行为主体之间相互合作并发挥各自不同的作用。

（三）网络发展演化

创新网络的演化进程可与生命周期理论相关联，一般来说，网络的演进过程有四个阶段，分别是创生/结网阶段、扩张/成长阶段、稳定/成熟阶段，以及衰退/转型阶段。关于创新网络的发展动力，不同学者则提出了不同的假说。从知识角度出发，可将创新网络的演化动力分为内生推动力、内生调控力、结构制约力及外生拉动力四种，其中，内生推动力是指企业自身为追求更有利的知识地位而自主学习；内生调控力是指利用知识权力对组织关系进行调控；结构制约力是指内部形成的稳定结构使网络演化稳定进行；外生拉动力是指外部环境发生变化会引起创新网络演化。

在创新网络的形成条件上，有研究指出，创新网络形成的条件包括新技术和战略相互依赖性，其中新技术是不同创新主体进行合作的凝聚点，创新经常在不同创新主体之间的交叉位置产生；战略相互依赖性是不同创新主体相互需要的基础，企业需要的资产及人才可以通过其他机构补充，社会结构影响企业对创新网络其他主体的选择。

三、新型研发机构与区域创新中心

新型研发机构作为近年来兴起的网络化知识型组织，可在区域范围内协同各创新主体，集聚创新资源，发挥衔接和中介作用，促使区域技术经济活动产生"1+1＞2"的效果。新型研发机构在定位与功能等层面都与区域创新中心存在一定共通之处，具备引领区域创新中心发展的潜力，图 9-1 对新型研发机构和区域创新中心之间的逻辑关系进行了构想，该图包含了两个重要的特征，分别是自下而上的去中心化外部结构特征，以及自上而下的层次化内部结构特征。

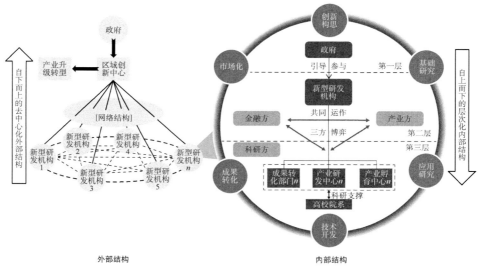

图 9-1　区域创新中心结构模型图

（1）自下而上的去中心化外部结构特征。区域创新中心自身是一个网络结构，网络下的每一个新型研发机构都能成为一个网络节点。网络节点的重要特征是具有高度自治性，也可以理解为"去中心化"。因此，每个新型研发机构作为一个网络中的参与者，可以共同运作和管理整个网络，并且从动态性来看，能够相互影响和作用，最终某些突出的节点能在网络中自下而上逐渐成为主导或主流。

（2）自上而下的层次化内部结构特征。针对区域创新中心内单一节点的新型研发机构个体，可发现其内部结构中较为明显的层次化特征。其中，政府为一级规划引导层；机构董事会（院班子）为二级管理决策层；机构内设的各类研发、转化和孵育部门为三级实施层。理论上来说，内部的运转要根据一、二级层的贯序决策结果，围绕三级层内的科研方，会同以企业为代表的产业方及以金融、中介机构为代表的金融方等两类利益相关方形成博弈过程，以此来确定可能存在的均衡点。

在新型研发机构的支撑下，区域创新中心呈现网络化特征。根据复杂网络理论，不同的网络具有不同的结构特征（规模、中心性、密度、集聚程度、关系强弱等）。网络的结构特征随着时间推移发生自组织演化；同时也因受到外部事件冲击而产生变化。一方面，政策的施行、政策的异质性，以及所在区域的经济社会文化异质性会对网络演化产生外部引导；另一方面，新型研发机构在性质、组建规模等自身异质性作用下会产生不同的合作网络和特定的演化规律。因此，可从以下几个方面进行引导，增强区域创新中心稳定性和创新性的持续输出。

（一）建立优胜劣汰的机构竞争机制

为形成良好的竞争风气，并且提升社会资源的有效利用率，政府可建立健全的机构竞争机制，对机构进行合理化考核监督，形成优胜劣汰的氛围，鼓励新型研发机构周度反馈、月度总结、年度复盘，使机构时刻把握自身的发展方向，坚定发展道路。机构竞争机制的存在使得社会资源从低利用率单位转移到高利用率单位，以更少的资源优化更佳的产业结构，以更小的代价创造更多的价值，以更强的运行方式引领更远的发展目标。

（二）实现机构间的交叉协同

相似专业的新型研发机构所研究的内容有所交叉，仪器设备有所交叉，人员能力有所交叉，在多维度交叉的情形下，实现研究中心间的交叉协同是新型研发机构提升创新能力的有效手段。研究中心交叉协同同样是协同网络中的一个节点，落实其交叉协同，强化资源的网状分布，加快科研科技的成果转化，保持原有设备装置有效工作率，锻造协同共同的知识链，打通网络协同创新的发展潜能，促进新型研发机构的科学运作，促进区域创新的战略性发展。

（三）促进基金建立、平台建设、设备更新

机构需要促进基金建立：建立项目基金来吸引项目的引进和落地，给予项目团队入驻优惠政策，包括启动资金、办公场地、设备援助；建立孵化基金来吸引孵化企业，给予资金的支持，并为后续产业化做铺垫。机构需要推

动平台建设：推动平台的建设完善，推动新协同平台的建成，促进协同网络的进一步交流深化。机构需要进行实时设备检验，对有必要的设备进行更新换代，从而使科研科技创新不受阻碍。

（四）优化多样化收入来源

网络中不同的节点具备不同的规模，有的新型研发机构拥有场地、资金、人才等资源条件，可运用市场化手段进行收益转变，通过租借场地、投资开发、人员聘用、项目帮扶等手段来扩大收入来源，以多样化的收入来源充实协同网络的节点强度。优化多样化收入来源，完善相应资源的规划布局，进行资源的多边应用，提供协同网络更多资源，并从中获得自身收益，实现网络协同创新的多方共赢，促进共同发展、共同帮扶、共同进步的有利局面，从而为国家创新战略体系添砖加瓦。

第三节　与科技园区的交互

一、科技园区的概念与内涵

科技园区是世界很多国家集聚创新资源和推动高技术产业发展的有效载体。美国硅谷、英国剑桥、法国索菲亚、印度班加罗尔及我国台湾新竹等科技园区，在引导和推动国家和地区高新技术产业的发展方面发挥了重要的作用。全球第一家科技园区于 20 世纪 50 年代设立于美国加利福尼亚州斯坦福，亚洲的第一家科技园区设立于新加坡。中国在科技园区上进行大量投资的时间比较晚，1998 年国家高科技产业发展计划（简称火炬计划）将发展科技园区作为工作重点，我国科技园区进入快速发展阶段。

根据国际科学园区协会官方定义，科学园区由专业人员管理，主要目标是通过促进相关企业和知识机构的创新文化和竞争力从而增加该区域的财富。为了确保目标的实现，科学园区需要对研发机构、高校、公司和市场中的知识和技术的流动进行激励和管理；同时园区通过企业孵化服务，为创新型企业的设立与成立提供便利条件，另外还要提供高质量园区场地与设施，以及提供其他附加值服务。

此外，学者也对科技园区的演化进行了研究，并根据演化过程将科技园区分为三代，分别是传统工业园区、科技园区和全球性知识社区，具体如表9-1所示。其中，第三代科技园区突出强调以人才为引领，以激发创造活力为根本使命，以网络互动创新为基础，有效集聚各类人员、企业、网络和知识，并开展有效合作而创造知识生态。

表 9-1　科技园区演化形态

演化过程	名称	关键词
第一代	传统工业园区	工厂经济、规模化生产、线性创新模型
第二代	科技园区	科技与产业融合、知识扩散、循环回路创新模型
第三代	全球性知识社区	科技经济一体化、共生关系、网络创新模型

二、科技园区与创新网络建设

科技园区在创新网络建设中有着其独特的优势，首先是邻近性，由于地理邻近，节约了信息传递的时间和成本，便于提高知识和技术外溢的速度和效率。特别是对知识来说，作为半公共产品，其可以在非市场中进行转移，也就是说，不需要以买方和卖方之间的供求关系为基础进行转移。虽然知识在地理空间上的流动不会降低其经济价值，但地理距离仍然是知识流动的一个限制因素，而科技园区的出现则在很大程度上便利了知识的流动。

其次是政府的作用，我国许多科技园区的发展都得益于政府在其中发挥的重要引导作用，也就是说，政府通过各种政策和资源的倾斜，为科技园区的规划、建设和发展保驾护航，例如，在北京的中关村科技园及上海的张江高科技园区，政府专门制定了针对园区的人才政策（《中关村高端领军人才聚集工程实施细则》，2010年；《上海市张江高科技园区激励自主创新人才发展的暂行办法》，2007年），吸引高端人才长期留在科技园区。在其他各类政策上，据不完全统计，早在2009年，各级政府推动张江园区建设发展的各种规定和办法已达 70 条（沈开艳和徐美芳，2009）。

最后，创新网络的建设与产业集群密不可分，产业集群带来了各类创新要素的集聚，为区域创新网络的形成提供了必不可少的条件，例如，在上海张江科技园区，政府规划的重点之一是"产业链招商"，将与张江重点产业链相关的跨国企业引入园区，有代表性的企业包括中芯国际、罗氏和辉瑞等；而在深圳高新区，重点培育的产业以电子信息技术为主，中兴、华为、腾讯等多家企业形成了深圳自主创新的成功范例。

尽管科技园区取得了优异的成绩，但其发展中还存在一些问题。特别是在创新能力上，科技园区的企业仍呈现出"聚而不集，多而不高"的现象，也就是说企业的空间集聚已达到一定程度，从某种程度上来说，并未实现产业链的有效拉长和优势产业的集聚。企业对即期效应的重视必然伴随着对其核心竞争力的忽视，因此，区内企业和研究机构的关联度存在一定问题。除了需要在政策上对企业加以引导，还需要更具多元化、灵活性的新型研发机构与园区内的企业形成深度绑定，提高整个产业链的核心技术水平。

三、科技园区与新型研发机构

从科技园区的演化过程来看，科技园区的成长目标之一就是能够形成网络化的创新模式。一般来说，网络化创新中的主体具有多样性。李永周等（2009）认为，区域创新网络由企业、高校和科研院所、政府、中介服务机构、风险投资机构构成，也就是说，高校和科研院所在科技园区的成长及区域创新网络中的建设中是不可或缺的。

在产学研合作方面，中关村科技园形成了以清华大学为主导的产学研合作体系，早期的清华紫光和清华同方均是这一体系下的产物；在深圳高新区，除了市校共建的深清院作为新型研发机构及产学研合作的早期成功范本，深圳也建设有虚拟大学园，集聚了 70 所国内外知名院校（包括清华大学、北京大学等 51 所内地院校，香港大学、香港中文大学等 8 所香港院校，佐治亚理工学院等 8 所国外院校及中国科学院、中国工程院院士活动基地和中国社会科学院研究生院）[①]。

---

① 深圳虚拟大学园简介. https://www.szvup.com/Html/xygk/3840.html[2024-08-23].

许多新型研发机构有高校背景，若能参考深圳的虚拟大学园模式或其他产学研合作的成功模式，以集聚科技园区的方式深化未来的发展，无论对其成果转化、产业化和企业孵化来说，都有正向积极作用。对园区内的企业来说，也有更多的机会与新型研发机构形成战略联盟，帮助提升和优化区域内的价值链和产业链。未来，对促进新型研发机构与科技园区的融合来说，可在以下几个方面进行相关的引导和规划。

（1）知识协同。若能与大型企业或产业链上下游企业共建或共同进驻科技园区，可将具有一定相关性的团队研发或产业化内容整合到同一产业链上，搭建相应的知识模块体系。这对促进各团队间的合作协同，使新型研发机构赋能并完善产业知识链，巩固产业的核心竞争力大有裨益。

（2）技术转移和成果商业化。新型研发机构通常在前沿科技领域进行深入研究，产生许多创新成果和技术。科技园可以成为这些技术的转移平台，将研发成果转化为商业化的产品和服务，推动技术的应用和市场化。例如，科技园区内的科技中介服务机构可以为新型研发机构的科研人员提供创业支持，如技术咨询、法律支持、知识产权服务、市场推广等，帮助他们将创新技术转化为创业项目，同时，凭借着敏锐的市场洞察能力，中介组织可将了解到的市场信息反馈给新型研发机构，为其研发方向和创新项目提供指引。

（3）风险投资等资金支持。风险投资是创新网络和生态体系建设中的重要组成部分，在国内知名的科技园区内，风险投资的发展均很迅猛，上海张江科技园区的"张江创业投资广场"内入驻了包括软银、红杉基金和美商联讯等多家国际知名投资机构。对于科技园区内的新型研发机构，当机构内研究中心的科研成果逐渐成熟，并开始转入中试或产业化阶段，仅依赖机构经费支持无法较好地开展创业，此时园区内的投融资机构会给予初创项目更多的经费支持和资产配套。不仅如此，在政府支持力度较大的科技园区，也设有政府引导下成立的创投基金、天使基金，这类基金能以政府资本引导、社会资本跟投的方式，发挥财政资金的杠杆撬动效应，通过各种担保措施和贷款绿色通道，为科技型企业提供更多的支持，缓解了创业初期的生存压力。

（4）创新与创业环境打造。在科技园区内，新型研发机构可参与各类创新竞赛、技术挑战或创业比赛，激发创新思维，让机构内更多的科研人员参与其中；在创业上，成熟的项目团队及负责人可参与创业活动、研讨会、培训课程，通过技术开发、商业模式打造等各方面的经验交流，分享经营心得，营造一种双赢的创新与创业环境。

第四节　面向未来的创新与产业发展

当前产业前景下，各类竞争日益激烈，企业在这个竞技场中必须不断创新以保持竞争力。近年来，人工智能技术的崛起引发了一场技术革命，各大科技巨头竞相投入研发，争夺在人工智能领域的领先地位。截至 2023 年，IBM 拥有最大的人工智能专利组合，涉及近万项专利。2022 年，科技部发布《关于支持建设新一代人工智能示范应用场景的通知》，支持建设包括智慧农场、智能港口、智能矿山、自动驾驶等在内的 10 个示范应用场景，因此，为了在竞争激烈的市场中脱颖而出，制定产业创新战略是核心和关键。

此外，产业的发展也在为创新提供动力和场景，以可再生能源产业为例，随着全球对可持续发展的不断追求，太阳能和风能等可再生能源的需求迅速增加。这一趋势推动了太阳能电池技术和风力发电技术的创新，企业致力于提高能源转换效率、降低成本，以满足市场不断增长的需求，同时，数字化转型也是产业发展推动创新的重要方向。在制造业中，工业互联网的兴起为企业提供了更高效、智能的生产方式，而企业通过引入物联网、大数据分析等技术，优化生产流程、实现智能制造，从而提高生产效率和产品质量。

一、创新对产业的影响

（一）创新在产业中的应用

随着先进技术如人工智能、物联网和区块链等创新技术在产业中的广泛应用，产业的发展和变化也更加显著。物联网技术的广泛应用使得设备和物品之间实现了信息共享和互联互通；物联网传感器的广泛应用使得生产设备之间能够实时通信，提高了生产线的协同效率；在供应链管理中，物联网技术提供了实时的物流追踪和库存管理，优化了供应链的可见性和响应速度。

此外，物联网技术还极大地推动了智能城市的建设，通过连接城市中的设施和服务，提升了城市管理的效率，改善了居民生活品质。具体体现在智能交通管理、智能能源管理、智能垃圾管理和智能安防系统等几大领域。

在智能交通管理领域，城市通过在交通要道安装传感器和监控摄像头，实时监测道路流量、车辆行驶状态和交叉口情况，通过实时数据分析，优化交通信号灯控制，有效减缓交通拥堵，提高道路通行效率。

在智能能源管理领域，智能电表和能源传感器被广泛应用于居民日常生活和企业建筑领域，实时监测能源消耗情况，包括电力、水和气体。这种实时监测的能力使得城市能够采取节能优化措施，例如，优化照明系统、调整供暖和空调系统，从而实现能源的有效利用和减少浪费。

在智能垃圾管理领域，通过智能垃圾桶和相关传感器的使用，城市能够实现对垃圾容量的实时监测，并在垃圾桶即将满时发送信息通知相关部门。这为城市提供了优化垃圾收集路线的机会，提高了垃圾收集效率，减少了能源消耗和交通拥堵。

智能安防系统是另一个重要应用领域，通过在公共区域和关键设施部署监控摄像头和传感器，城市能够实时监测异常事件和活动。这些数据通过物联网技术进行实时响应，例如，监测到突发事件时自动调动警力或启动紧急通知系统，提高城市的安全水平。

综合而言，智能城市中物联网技术的应用形成了一个相互连接、智能协同的系统，推动了城市管理的数字化和智能化，提升了城市的可持续性和居民的生活质量。物联网技术在多种场景中的全面铺开，体现了创新应用的多元化特征，也体现了其对产业发展的带动和引领作用。

（二）创新与产业链升级

创新对产业链的升级带来了多维度的价值提升。首先，在技术层面，创新引入了先进的生产技术和工艺，使整个产业链的技术水平得以升级。自动化、智能化的生产过程提高了产品的质量和性能，为企业带来了更高的附加值。这种技术升级不仅体现在产品层面，同时也延伸至生产流程的数字化和供应链的优化，从而大幅提高了生产效率。

其次，创新改变了产业链的商业模式，使得企业更灵活、适应市场变化更迅速。新兴技术的应用催生了共享经济、云计算等新型商业模式的崛起。这种商业模式的创新不仅改变了消费者的购买方式，也促使企业更加注重服务创新，进而提高了市场竞争力。

同时，创新推动了产业链的可持续发展。例如，绿色技术、清洁能源等领域的创新为产业链注入了环保和可持续发展的理念。通过引入环保技术和可再生能源，产业链实现了对环境友好的生产方式，迈向更为可持续的未来。社会责任的履行成为创新型产业链的一部分，强调员工福祉、社区参与及对社会的积极贡献。

最后，创新提升了整个产业链的客户体验。例如，数字技术的广泛应用使得产业链能够提供更智能、个性化的服务。客户可以享受到更便捷的购物体验、更智能的产品使用方式，使其对产业链的满意度得以提升。通过创新，产业链更能够紧密地迎合市场需求，提供符合时代潮流的产品和服务。

二、产业发展反哺创新

产业发展对创新有着深远的影响，这种影响体现在多个层面，包括技术、市场、组织和社会等多个方面。产业的发展通常伴随着技术水平的提升。新兴产业和行业的兴起往往会激发技术创新的需求，促使企业投入研发，推动科技前沿的延伸与发展，同时，产业的需求和挑战往往催生新的技术解决方案，推动创新活动。例如，在制造业的数字化转型中，通过引入先进的信息技术，制造业实现了从传统制造到智能制造的飞跃，推动了智能制造、定制化生产、供应链优化、数字化设计等多个领域的创新。这一转型不仅提升了企业的生产效率和灵活性，还带来了服务型模式的崛起，从而在全球竞争中确保了制造业的竞争力。

产业的不断扩张不仅推动了技术创新，还为创新提供了广阔的市场支持。市场的需求驱动企业不断寻找新的解决方案，推动了产品和服务的不断升级。这种市场压力迫使企业关注创新，从而在激烈的竞争中取得优势。例如，在电动汽车领域，产业对清洁能源的需求推动了电动汽车技术的发展，并形成了一个以创新为引领的新能源汽车市场。因此，产业的繁荣不仅是市场活力的体现，也是创新能力的源泉。

产业的发展还推动了创新生态系统的形成。不同企业、研究机构、初创公司等之间形成合作与竞争的关系，形成共享资源、共同创新的生态圈。产业发展助推了创新生态系统的形成，通过合作共赢的方式推动技术的快速传播和应用。以生物医药领域为例，近年来人工智能在医学影像分析上取得了巨大进展，这促成了医疗技术初创公司的崛起，这些公司专注于开发创新的医学影像诊断工具，同时，医疗机构的数字化转型推动了人工智能技术在医疗领域的广泛应用，改善了医学影像的管理、分析和诊断流程。医疗机构、初创公司和科研机构之间的合作关系推动了这一生态系统的形成，促使医学影像分析领域不断提升，为医疗服务带来更高效、精准的诊断方案。

三、小结

在快速变化的商业环境中，创新战略为产业的发展提供了明确的方向，帮助其在激烈竞争中脱颖而出，同时，通过深入分析产业前景，企业可以更准确地识别市场需求、消费趋势和竞争格局。这种洞察力使企业能够避免盲目地创新，从而有目的地将资源投入最有潜力的领域。更重要的是，企业的资源是有限的，因此必须明智地分配企业资源以实现收益最大化。通过对产业前景的深入了解，企业可以明确其核心竞争力，并将资源集中在最具战略意义的领域。这样，企业不但能够更有效地运用有限资源，而且能够确保创新活动与整体业务目标一致。

综合而言，离开产业的创新是不切实际的，产业发展中故步自封也是不可取的。产业发展和创新应当相互促进、相辅相成，形成紧密的协同关系，共同推动着经济和社会的发展。

本章参考文献

从海彬，蒋天颖，邹德玲. 2015. 浙江省区域创新中心空间格局及其驱动机制研究. 人文地理，30（4）：95-101.

黎晓奇，罗晖. 2021. 我国建设科技创新中心的战略研究——基于全球知名科技创新中心发展规律的启示. 全球科技经济瞭望，36（7）：9-14.

黎振强. 2011. 基于知识溢出的邻近性对企业、产业和区域创新影响研究. 长沙：湖南大学.

李永周，姚娴，桂彬. 2009. 网络组织的知识流动结构与国家高新区集聚创新机理. 中国软科学，（5）：89-95.

习近平. 2021. 两院院士大会中国科协第十次全国代表大会在京召开　习近平发表重要讲话. https://www.qstheory.cn/yaowen/2021-05/28/c_1127504935.htm[2023-05-04].

刘晓燕，阮平南. 2013. 基于生命周期的技术创新网络演化动力研究. 现代管理科学，（5）：66-68.

罗林波，王华，邓云云，等. 2019. 基于新型研发机构的技术创新体系研究：以高校成果转化为视角. 中国高校科技，（12）：83-86.

任静. 2012. 软件产业集群创新网络研究：以大连软件产业集群为例. 大连：大连交通大学.

沈开艳，徐美芳. 2009. 上海张江高科技园区创新集群模式的特征及主要政策. 社会科学，（9）：3-9, 187.

石乘齐，党兴华. 2013. 创新网络演化动力研究. 中国科技论坛，（1）：5-10.

孙洪昌. 2007. 开发区创新生态系统建构、评价与二次创业研究. 天津：天津大学.

唐军，蓝志威. 2022. 融合"政产学研用金"各类要素　打造战略产业创新联合体. 广东经济，（12）：6-11.

汪孟艳，陈通. 2003. 基于企业成长视角的产学研合作创新网络研究. 中国农机化学报，34（1）：54-57.

王大洲. 2006. 企业创新网络的进化机制分析. 科学学研究，24（5）：780-786.

夏永红. 2013. 产业集群创新网络的经济效应分析. 市场周刊，（8）：39-41.

徐从祥. 2013. 产业集群创新网络研究：以南京市软件服务业为例. 南京：南京邮电大学.

叶文忠，刘友金. 2007. 集群式创新网络与区域国际竞争力分析. 湖南科技大学学报，10（2）：94-98.

尹西明，陈劲，贾宝余. 2021. 高水平科技自立自强视角下国家战略科技力量的突出特征与强化路径. 中国科技论坛，（9）：1-9.

余桂玲. 2021. 构建企业创新联合体提升创新资源配置效率的实践逻辑及政策建议. 环渤海经济瞭望，（10）：7-9.

曾国屏，刘宇濠. 2012. 创新集群视角对中关村、张江和深圳高新区的比较. 科学与管理，32（6）：4-12.

张赤东，彭晓艺. 2021. 创新联合体的概念界定与政策内涵. 科技中国，（6）：5-9.

张仁开. 2022. 上海支持企业牵头组建创新联合体的思路及建议. 科技中国，（5）：12-16.

周凯. 2012. 我国区域创新中心发展模式探析. 学术论坛，（7）：125-132.

Kulikova N N, Kolomyts O N, Litvinenko I L, et al. 2016. Features of formation and development of innovation centers generate. International Journal of Economics and Financial Issues, 6(1): 74-80.